上:800中隊所属バ
ル』航空団。1965年
中:フレッド・セッ
路上に自身の800中
た。1966年7月
右:1964年、809中隊所属のバッカニアMk 1

上:1966年、736中隊の指導教官たちによる編隊でのループ
右:『トリー・キャニオン』に対する再度の任務のためブローディで爆装を行う
下:雪を蹴散らして。736中隊のバッカニアMk.2、デンマーク、カーラップ飛行場

上:『ハーミーズ』艦上、801中隊のバッカニアが制動索をとらえた瞬間。1970年
左:12中隊はライム・ジャグ演習中、RAFルカに駐屯した
下:12中隊のイアン・ヘンダースンがホーム-オン-スポルディング-ムーアを訪ねる

上:ラーブルック大隊のバッカニアとハンターT７
左:HMY『ブリタニア』に女王陛下への表敬飛行
下:大忙しの『アークロイヤル』飛行甲板

上：809中隊の士官、1976年（指揮官キース・サマヴィル-ジョーンズ少佐提供）
右：『アークロイヤル』の甲板に進入する空中給油ポッド装備の809中隊機
下：HMS『アークロイヤル』

上:決別のペナントを掲げた『アークロイヤル』が最後の航海のためジブラルタルを出港する
右:ネヴァダ砂漠上空の208中隊機、最初の『レッドフラッグ』で
下:『レッドフラッグ』におけるRAFドイツ大隊

上:Mk.82 250kg爆弾16発の最大積載量で飛ぶSAAF24中隊機
左:脚上ゲ！　速やかに発進
下:RAFアクロティーリから進空

上:1980年の237OCU曲技飛行チーム。左から3人目がフィル・ウィルキンスン
右:208中隊のハンターF 6。1980年、ホニントン基地において
下:パルセイター作戦に向けアクロティーリの分散駐機場に待機

上:237OCU中隊所属のハンターT.7
中:サイドワインダー搭載の237OCU所属機
左:111中隊所属ファントムに給油中。1987年

上:北スコットランドの上空を行く237OCU所属機
右:機種誕生の30周年記念に向け整列するロッシマウス大隊機群。1988年4月30日
下:シーイーグル対艦ミサイルを目一杯搭載したロッシマウス洋上大隊所属のペア

上:エジプト上空の208中隊機。1990年
左:『グランビィ』作戦時、目標に向かう途上
下:イラクの砂漠上空、湾岸戦争時の『グランビィ』作戦において

上:乗機に収まるグレン・メイスンとDFC帯勲ノーマン・ブラウン。バーレーンのRAFムハッラク基地において
右:バッカニア部隊は常に彼らの“印”を残して去って行った。ここデチモマンヌにも
下:女王公式誕生日の儀礼飛行

上:北スコットランド上空にて
左:ベニー・ベンスンによるミルデンホール上空での飛行展示
下:リック・フィリップスとナイジェル・マドックス、女王陛下の公式誕生日に行われる儀礼飛行チームとともに。マンストンにおいて

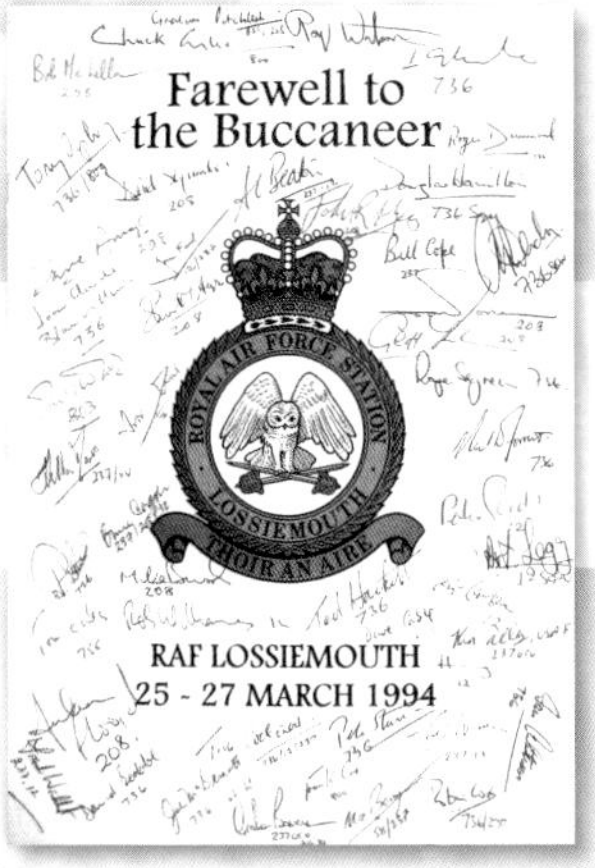

上：ナイジェル・ハッキンス率いる最後のチーム
右：別れの寄せ書き
下：最後の儀礼飛行中に飛行場を“襲撃”する12中隊機（マルコム・アーヴィング提供）

上:ケープ・タウンのサンダー・シティにおける元XW586
下:1998年4月25日、ヨークシャー航空博物館にXX901をロールアウトさせたバッカニア飛行員協会の面々

上:XV865の修復を終えた2005年9月、“バッカニア・ボーイズ”がダックスフォードに集う
右:16中隊のマーキングを施したXW544。ブランティングソープにおいて
下:プレトリアで開催された南アとイギリスの“バッカニア・ボーイズ”の戦友会、2008年11月

HOBBY JAPAN
軍事選書

# バッカニア・ボーイズ

## 最後の純英国製爆撃機を飛ばした男たちの物語

BUCCANEER BOYS

グレアム・ピッチフォーク 編・著
岡崎淳子 訳

Hobby JAPAN

# 序文

## サー・マイケル・ナイト空軍大将　KCB、AFC、FRAeS

バッカニア「ボーイズ」だって……？　はてさて、それはいかがなものか。とは言え、私たちは遠く過ぎ去ったあの幸福な日々を今なお鮮明に思い出し、夢にも見る。

ブラックバーン・バッカニア――最後の純英国製爆撃機――は、間違いなく最高の傑作機のひとつだ。いや実際のところ、本書に登場する往年の〝やんちゃ坊主〟どもなら「～のひとつ」は不要だと主張するだろう。確かに、その可能性や汎用性において、あるいはその他いくつも挙げ得る「○○性」においても、我らが〝バック〟はトップの位置につけていた。

本来はイギリス海軍に超低高度・洋上打撃／攻撃能力を付与すべく、その特定任務の効果的遂行を狙って大胆に設計された機体は、対地任務を課されてもじゅうぶん以上の適応力を発揮できることを、まずは南アフリカ空軍で、後には我がイギリス空軍でも実戦運用されて、証明した。武骨な見た目ながら高速で機動性抜群、常にこちらの意図に応えてくれて、操縦するのが楽しかった。ただし、そんな彼女に無礼があってはならない。およそどんな航空機（あるいは、それを言うなら、人類が手に入れた多くの工業技術的産物）とも同様に、バッカニアとて不当な扱いを受け、当然払われるべき注意や敬意を払われていないとなれば、牙を剥くことだってある。だが、運用の境界線は実に柔軟で、時には少々の拡張も難なく可能だった。本書にも、それを象徴する傑作なイラストが二点ほど掲載されている。

それは私たちを強い絆で結びつけてくれた飛行機だったという事実を踏まえつつ、ひとまとめに言えば本書『バッカニア・ボーイズ』は、イギリス海軍の航空部隊および南ア空軍そしてイギリス空軍に一線級の戦闘用航空機として配備されたバッカニアを、通算三三年の長きにわたり飛ばし続けた人間たちの話だ。

私自身の話をするならば、バッカニアとの初めての関わり合いは一九六五年、旧航空省で航空機管理次官（ＲＡＦ担当）の下で働いていた当時のことで、私たちは時の新政権が空軍調達計画を攻撃した結果生じた惨憺たる事態の収拾に追われていた。喫緊の課題は、開発中止となったＴＳＲ２に代わる機材を確保することだった。そして、いくつかの候補のなかに、いわゆる〝バッカニア２・スター〟――著しく性能向上が図られた艦隊航空隊保有の素晴らしい財産――があった。例によって、決め手となるのはコストであり、常につきまとってその後押しをするのは妥協である。諸方面から難色を示されながらも、私たちは最終的にはバッカニアを獲得したが、あいにく２・スターの――私たちの賭けをより有利にし、いずれはＭＲＣＡ／トーネード導入の必要性をも怪しくしたかもしれない――さらなるアップグレード版とはいかなかった。

バッカニアが空軍に配備されて数年後、刺激に満ちた機種転換を済ませて、私は実戦部隊の活動の現場により近く身を置くことになった――まずはRAFラーブルック基地（XVならびに16中隊駐屯）の基地司令として、後には（空軍の全バッカニア部隊を管轄下に置く）第1航空団司令官として。そうした地位にあって〝指揮〟権を行使するのはさほど難しいことではない。だが、〝統制〟はなかなか一筋縄ではいかなかった。何しろ、バッカニアの飛行クルーというのは目立って〝自由人〟の傾向があり――それは今日に到るも変わらないが――、軍規に抵触しないぎりぎりの範囲にどうにか踏みとどまるのに、あの手この手を駆使する連中だった。まさしく曲者集団だが、揃って凄腕の飛行機野郎であり、骨の髄までプロフェッショナル、自分の仕事に心底情熱を持ち、その人生を目一杯楽しもうとする並外れて強烈な〝個性派〟の集まりだった。グレアム・ピッチフォークは、本書の寄稿者の選定にあたり、それをすべて引き出すような人選をしてくれた。

本書は、関わった人間が例外なくその虜になるという点でほとんど比類なき飛行機を巡る記録でもある。バッカニア飛行員協会――この種の団体としてはおそらくもっとも活動的で、もっとも熱心に維持されている――成立の特異な経緯にもご注目あれ。ここに語られているとおり、この協会が設立されたのは、一九九四年三月、RAFロッシマウス基地でバッカニアの〝引退式〟がいともの感動的な演出とともに執り行われた直後のことだ。実に〝社交的〟な週末は、完璧な八機編隊を組んだバッカニアの、観衆の目を奪う（というだけでは足りない、観衆を熱狂させる）デモンストレーションで幕を開けた。編隊飛行の後は各機散開して、長年世話になった飛行場への、これまた最高に凄まじい〝お礼参り〟をかける。来賓席で思わず頭を抱えたのは私だけではなかったはずだ。これは査問会議ものだ、見なかったことにしよう、あとで目撃者として呼び出されてはかなわない——。だが、結局は事故も起こらず、身元確認案件は生じなかった。つまり、最後の〝バッカニア・ボーイズ〟も、やはり最後の最後までプロフェッショナル、限界に迫る飛行を披露し、低空性能で一時代を築いたバッカニアの引退式にふさわしいクライマックスを提供したのだった。

各章よく研究され、また巧みに語られた本書を一読すると、深刻な記述のなかにも所々に絶妙なユーモアが織り込まれているのがわかる。この緊張と緩和のブレンドこそ、〝バッカニア・ボーイズ〟たる者の人生の真髄だった——いや、真髄「である」。これは、あるひとつの軍用機の運用の実態について、その乗員経験者が彼ら自身の言葉で活き活きと語っている貴重な一巻である。熟読玩味いただければ幸いだ。

マイケル・ナイト

# 謝辞

本書は、我が同僚〝バッカニア・ボーイズ〟の寄稿と多大な支援なくしては、とうてい出版にこぎつけなかっただろう。まずは以下の各章を提供し、いわば〝企業秘密〟を惜し気なく開陳してくれた寄稿者に感謝する。本来ならばここに列挙すべき彼らの名前は各章冒頭に掲げて、それぞれに素晴らしい手記に対する敬意の表明としたが、その点は彼らにも伝わるものと信ずる。

手記を寄せるのとはまた別の、さまざまな形で本書の編纂に協力してくれたバッカニア・ボーイズには、ここで名前を挙げて謝意を示さないわけにはいかない。ティム・コックレル、ヨハン・コンラーディ、バリー・ダヴ、アンディ・エヴァンズ、ユアン・フレイザー、ピーター・グッディング、ジョン・ハーヴィー、ピーター・ヒューエット、スティーヴ・ジャーメイン、ベン・レイト、ケン・マッケンジー、トニー・リチャードスン、ノーマン・ロバースン――皆に心から感謝する。

かくも多くの同僚たちから支援を受けておきながら、さらに特定の個人に言及するのは不公平感を誘うかもしれないが、それでも私としては、最年長〝ボーイ〟であるサー・マイケル・ナイトには特段の謝意を表したい。彼の心打たれる序文に対して、またバッカニア飛行員協会への貢献に対して。それから、我が旧友トム・イールズ。彼は数々のアイディアをひねり出し、校正も引き受け、出版までの実作業をおおいに手助けしてくれた。南アフリカ在住のヤン・フイトは現地における、なくてはならない仲介役だった。そしてデイヴィッド・ヘリオット。彼の支えがなければ、本書の出版計画そのものがとんでもなく難航しただろう。彼は、事実上の我が副官だった。執筆に気乗り薄なボーイズの面々を時には真摯に激励し、時にはおだてて盛り上げ、私たちと南ア空軍の仲間たちを繋ぐ優秀な連絡将校でもあり、寄せられた原稿の校閲係も務めて修正や追加を提案したうえ、自身でも傑作手記と写真を提供するなど、常に旗振り役の熱血漢だった。本書が世に出て好評を博すならば、それは彼の一途な努力が実を結んだのだと言っても過言ではない。

掲載写真の大半は、私自身のも含めて各章の寄稿者のコレクションから提供されたものである。著作権保持者の確認には細心の注意を払ったが、図らずも侵害行為にあたる例が生じているならば、この場を借りてお詫び申し上げる。ごく少数ながら、寄稿者以外から提供された写真には、キャプションに適宜その旨を明記した。ここでは特にそうした貴重な写真を提供してくれた南ア空軍24中隊のデニス・カルヴァート、マルコム・アーヴィング、フランク・モルモーニに謝意を表する。

そして、私をせっせと励まし、冴えた意見と助言をくれた我が息子ポールにも感謝したい。

最後になったが、グラブ・ストリート社の担当チームにもお礼申し上げねばなるまい。ジョン・デイヴィス、ソフィー、セーラ、ナタリーの、一貫したサポート態勢は素晴らしかった。彼らと一緒に仕事ができたのは実に我が喜びとするところである。

グレアム・ピッチフォーク

CONTENTS

CONTENTS

カバーイラスト
佐竹政夫

カバーデザイン
金井久幸
［TwoThree］

本文デザイン
川添和香
［TwoThree］

編集協力
アルタープレス合同会社

本文中の語句に※とともに付された数字は、各章末にある訳注の番号に対応しています。

なお本書においては、RAF航空機部隊の編成に関する訳語を以下のようにあてています。

Flight →小隊、Squadron →中隊、Wing →大隊、Group →航空団、Command →軍団

# バッカニア・ボーイズ

## 最後の純英国製爆撃機を飛ばした男たちの物語

# 01

# 我が人生のバッカニア

グレアム・ピッチフォーク

Graham Pitchfork

一九六五年初頭、私は駐西ドイツ英国空軍キャンベラ写真偵察飛行中隊での三年の年季奉公を終えようとしていた。君もそろそろ次の身の振り方を考えてみるか、と中隊長が言った。私は即答した。交換勤務を希望します、と。

数週間後、私は彼の執務室に呼ばれた。「君に打ってつけの交換勤務先があるぞ」。オーストラリアのビーチか、それともカリフォルニアの青い山脈か。思い浮かべている端から、彼は言った。「海軍が新型のバッカニアの乗員に空きがあると言ってきた。君は航法士要員として四月にロッシマウスに出頭したまえ」。深いため息を吐きつつ、形ばかりの礼を言って、地図でエキゾチックなビーチや山並みをスコットランド北部にむなしく探したあと、私は行きつけのバーで考えた。まあ、Vフォース［※1］行きよりはましだろう――。まだ自分ではほとんど気がついていなかった。人生の変わり目が訪れようとしていたこと、バッカニアの存在が自分の人生において大きな比重を占めようとしていたことに。

この新鋭機バッカニアについては、慎重に判断しようとは考えていた。ロッシマウスの教官陣と顔を合わせるまでは。その開発の経緯をたどるなら、一九五〇年代初頭にまでさかのぼらねばならない。ソ連が世界規模で運用可能な海軍の建設に乗り出して、いわゆる〝冷戦〟という新世界秩序が構築されつつあった時代だ。その建艦計画の目玉は、重武装のスヴェルドロフ級巡洋艦一万七〇

イングランド南西沖で給油中のスヴェルドロフ級巡洋艦

○○トンの建造だった。
この脅威に対抗すべく、一九五三年、英国海軍委員会は海軍航空要求NA39を公表した。それによれば、この海軍航空機の主たる任務は、洋上の艦船もしくは沿岸の――遠距離からレーダー探知可能な――大規模目標を攻撃することにあるとされた。主要搭載兵器として位置づけられたのは対艦誘導爆弾および戦術核爆弾であるが、その他広範囲の通常兵器の搭載も要求に入っている。機体は、空中給油機としての機能をも有すること。運用構想は大略以下のごとし。行動半径は四〇〇マイルとし、攻撃目標のレーダーの探知範囲のすぐ外側で、高高度から超低高度に急降下し、そのまま高速低空で目標に迫り、攻撃を加えて離脱する。機体重量に厳しい上限が課されたのは、英国海軍の現用航空母艦の艦載機として行動する前提に基づく。つまり、発艦・着艦時の最大重量が重視され、機体サイズも空母の格納デッキにエレベーターで上げ下ろし可能であることが求められた。

これら一連の要求は技術上の無理難題の提示も同然だったが、一九五五年七月、ブラフのブラックバーン・アンド・ジェネラル・エアクラフト社が、試作機二〇機の製造契約を獲得した。そのわずか三年後の一九五八年四月三〇日、ブラックバーン社の主任テストパイロットで艦隊航空隊《FAA》出身のデリク・ホワイトヘッドが新型機の初飛行に成功し、ほどなくそれに『バッカニア』なる名前がつけられた。

その後の開発も順調に進み、一九六一年三月には、海軍のバッカニア集中飛行試験部隊である７００Ｚ飛行小隊がＨＭＳフルマー（＝ロッシマウス）に創設された。翌年七月には、最初の運用部隊である８０１飛行中隊が、そして一九六三年一月には司令部飛行中隊である８０９飛行中隊が編成された（後者は一九六五年四月に７３６飛行中隊に一時的に改番）。その間に、初代量産型Ｍｋ１の二番目にして最後の運用部隊となる８００飛行中隊は、ＨＭＳ『イーグル』に配されて、これに乗り組んでいる。

グレアム・スマートと私がロッシマウスに到着し、７３６中隊で訓練を開始したのが、ちょうどこの時期だった。到着後さっそく、ビル・ライスとジェフ・ホーマンによるシミュレーターでの〝下稽古〟が始まり、私たちはバッカニアＭｋ１が投げつけてくるだろう数々の機能不全について警告を受けた。その大半を、私たちはその後の三年間で身をもって経験することになるわけだが。そして、私はＦａｍ１すなわち習熟飛行訓練の一回目を迎える。それにつきあうという貧乏くじを引いたのはアンディ・オルソップだった。

　飛行前点検で機体の周囲を歩いてみて驚愕した。そのサイズと量感に。特に、その鋳鉄製らしき脚など、船のボイラー室にあってもおかしくないほどに見えた。ジャイロンジュニア・エンジン二基は最大出力で咆哮しているにも関わらず、離陸滑走は永遠に続くかに思われたが、滑走路23の末端は下り坂で、追加の推進力を提供してくれた。低高度での滑らかな乗り心地、後席からの眺めは最高だった。のんびりしたキャンベラに慣れた身には、万事が迅速に展開している感があって、私はたちまち実感した。これぞ自分が乗るべき機種だ、と。私はその後二〇年にわたって英国空軍《RAF》で飛行任務に従事したが、この最初の思いが変わることはなかった。

　グレアムも私も意識していなかったが、空軍初のバッカニア要員として私たち二人がロッシマウスに赴いたのは、海軍と空軍それぞれの飛行員との間にほとんど前代未聞の驚くべき連携が成立する、その先駆けになったのだった。そこには、ただ一緒に飛行機を飛ばすという以上の意味があった。それ以降、ＦＡＡのバッカニア部隊にＲＡＦ飛行要員の姿が増えるにつれて、互いのプロ意識に対する敬意に加えて、積極的かつ時には傑作な交流が生まれ、花開いた。

　私たちが短期間の転換課程に入る直前には、南アフリカ空軍《SAAF》から最初に派遣されてきた二組の研修生が転換訓練を終えたところで、その24飛行中隊の創設を控えたＳＡＡＦからは、さらに六組が迎え入れられることになっていた。というわけで、〝バッカニア戦友会〟は国境を越えてまた新たな会員を獲得しつつあった。

六月、Ｍｋ１での飛行時間わずか二七時間で、私たちは８００中隊に加わることになり、時を置かず『イーグル』に乗艦した。同艦は当時インド洋から極東に向けて航行中だった。

この時すでに、より強力なロールスロイス・スペイ・エンジンを搭載したバッカニアＭｋ２の最初の機体が７００Ｂ飛行小隊で運用開始されていて、これがほどなく８０１中隊のＭｋ１と置き換えられる予定だった。南ア空軍にはバッカニアＳ50（輸出仕様のＭｋ２）の配備が確定し、一九六五年一〇月二七日、八機がはるか南アフリカへ飛び立った（うち一機が途中で失われている）。続く八機は海路で送られ、彼の地では24飛行中隊の編成が完了した。

『イーグル』で一五四回の着艦をこなして冒険の一年を過ごしたのち、私はロッシマウスに戻って、その後二年間は教官として７３６中隊に勤務することになる。グレアム・スマートは私より数ヵ月先に戻っていて、認定飛行教官《ＱＦＩ》の仲間入りを果たしていた。

当時は労働党政権が次々と大幅な防衛費削減を宣言していた時代で、ＴＳＲ－２攻撃機や、海軍のＣＶＡ01級次世代空母の開発・建造計画も中止された。後者はＦＡＡの固定翼機乗員の訓練の規模縮小が決定されるという結果にもつながった。一九六六年九月に自分が736中隊に出戻った際、訓練課程に空軍パイロットや航法士の姿が少なかった理由も、それでわかった。

その後二年間で、ロッシマウスに来る空軍研修生は増えて、彼らの多くは一九七〇年代初頭に編成されるRAF飛行中隊の基幹要員となるのだが、一九六六年の時点では、それはまだ先の話だ。その間に、彼らは『ヴィクトリアス』『ハーミーズ』『イーグル』『アークロイヤル』各艦に乗り組む飛行中隊に配されている。こうして、RAFの搭乗員《クルー》がFAAの飛行中隊で勤務するシステムは、その後一一年にわたって継続する。

一九六八年、空軍が陸上基地から発進して洋上部隊の航空支援を引き受けることになった旨の発表があった。艦隊航空隊のバッカニアは、空軍に直接納入される予定だった新造の機体とともに、空軍に移管された。という次第で、一九六九年初頭には我がFAA勤務時代も終わり、私はRAFバッカニア部隊の本拠地に指定されたホニントン空軍基地で、ロイ・ワトスン中佐の指揮下に入った。

すでに、実に短期間のうちに、ロッシマウスでFAAがRAF研修生の訓練を、まずは八期生まで実施することに決まっていた。このときには、交換勤務で空母乗り組みの経験を持つ空軍クルーも、736中隊の教育スタッフとして海軍の同僚たちのなかに加わっていた。つまり、一九六九年一〇月一日に、ホニントンで12飛行中隊がRAF初のバッカニア部隊として改めて発足する際には、空海の飛行員が一緒に勤務し交流して何年か経っていたのだった。

　この「特別な関係」は一九七一年にいっそう強化される。もはやＦＡＡは自前の訓練中隊を維持するのが採算割れで不可能となり、ＲＡＦが、ホニントンに設置されて間もない２３７運用転換部隊《ＯＣＵ》で、ＦＡＡのバッカニア要員の訓練を請け負うようになったからだ。当初、ここで主導的な役割を果たしたのは、空軍と海軍のクルーの混成部隊であり、その態勢は一九七八年一一月に８０９中隊が任を解かれるまで続く。これは申し分なく有効な人事システムと言えた。

　ホニントンで12中隊が編成された直後、ＲＡＦドイツ駐屯部隊の指定を受けた二個中隊のうちのひとつ、ＸＶ＝15中隊が編成を終えて、速やかにラーブルック（ラールブルッフ）に発った。ほどなく16中隊もそれに続いた。その間に、８０９中隊がホニントンに入り、海軍航空大隊一個が編成された。これを率いるはロジャー・ディモック海軍中佐、自身がバッカニア部隊の指揮経験を持っていた。この部隊は、その後五年間存続する。当然ながら、ロッシマウスおよび空母の艦上で完成の域に達した空軍と海軍の交流も、ホニントン基地ならびに地元サフォークのパブで引き続き繰り広げられることになる。

　バッカニア運用部隊の本拠地として強化されてゆくホニントンでの四年にわたる勤務は、実に刺激的だった。このユニークな時代――バッカニア乗りのあいだで〝兄弟の絆〟が育った時代のあらゆる局面を体験したこと、バッカニアの世界に飛び込んできたＲＡＦの新参者と一緒に、ＦＡＡ時代の仲間と共有した同業者意識や密な交流が維持できたことが。

一九七四年、幕僚養成大学校で一年間の研修を終えたのち、私はホニントンに復帰し、ＲＡＦバッカニア部隊として新しく編成されたばかりの２０８飛行中隊の小隊指揮官を拝命した。中隊長はピート・ロジャーズだ。この中隊がほかと違っていたのは、北部欧州連合軍《AFNORTH》への派遣部隊であるということだった。そのため、演習はほとんどノルウェイで実施されることになっていた。今やホニントンは、三個の飛行中隊と大所帯のＯＣＵを抱え、ドイツの姉妹部隊の定期的な訪問も受けて、おおいに賑わっていた。

一九七九年春、国防省《MOD》勤務を経て、私はホニントンに戻った。ホニントンに世話になるのは、それが最後だったが、フィル・ピニーから２０８中隊の指揮を引き継ぐにあたっては、まずＯＣＵでの再研修が必要だった。我が中隊は、２１６中隊と〝Ａ〟格納庫を共有した。ＲＡＦバッカニア配備中隊として最後に編成されたのがこの２１６で、指揮官は旧友ピーター・スタートだった。

残念ながら、２１６はバッカニア部隊としては短命に終わる。一九八〇年、『レッドフラッグ』演習での不運な事故を受けて、バッカニア配備の全隊が飛行停止となった後、部隊存続を可能にするまでの機体の補充が受けられず、飛行要員と地上要員ともに、ＲＡＦロッシマウス基地に移駐し

筆者最後のフライト、1981年12月3日

て間もない12中隊に吸収合併という形になったのだ。
　208中隊の指揮を執るという夢のような経験を経て――珍しく悪ふざけとは無縁の（！）真面目で優秀なパイロットのエディ・ワイヤーが組んでくれたおかげだ――、一九八一年一二月、私は頼もしきバッカニアに別れを告げる日を迎えた。私の最後の任務飛行だというので、ロブ・ライトが八機編隊による記念飛行を計画してくれた。ロッシマウスに飛び、現地で送別の一夜を過ごすため。その飛行チームとの忘れがたい一夜が明けて、潤んだ目をした、よれよれのピッチフォークは、朝のブリーフィングに臨もうとしていた。それに、基地司令で旧い付き合いの〝サンディ〟・ウィルスンによる送別の儀式。彼とロブ・ライトは共謀していたのだ。
　私たちは駐機場の列線に向かって歩いて行ったが、どうも一機足りないようだ。ロブの仕業だ。あれこれと気を利かせ、知恵を絞ってくれたと見えて、彼は私の乗機だけをわざわざ隣接する分散駐機場に運ばせていた。そこは一五年前にバッカニアと私が出会った場所、まさしく馴れ初めの地だった。

私たち八機編隊は次々と離陸し、テイン射爆場に別れの投弾をして、バッカニアの古巣にも挨拶すべく針路を南にとった。ルーハーズのファントム青年団は荒っぽく叩き起こされることになっただろうが、これが初めてじゃないはずの彼らが反応する前に、私たちは飛び去っていた。それからスペイディアダム電子戦訓練場へ最後の挨拶を送ってから、ブラフのブリティッシュ・エアロスペース社の工場の上空を里帰り飛行する。眼下の工場建屋の外に工員たちがずらりと並んで、私たちを見送ってくれた。さらに、コニングズビィのファントム組をちょいとからかってやれとノーフォークの海岸に向かったところで、天候が悪化した。

自分が長いこと巣くっていた基地に戻って、最後に〝お礼参り〟をかけようと企んでいたのに、その願いは叶わず、雲底高度二〇〇フィートの地上管制進入《GCA》パターンで、先行七機を個々に進入させてから、私と相棒もそれに続くしかなかった。バッカニアでの二〇〇〇時間におよぶ飛行時間の最後を飾るにはふさわしくないと思ったが、タキシングして分散駐機場に入ったところで、中隊の飛行員と地上員総出で迎えられ、自分が敬服してやまない男たちに囲まれてひとつのキャリアに幕引きができたとなれば、どんな失望感も和らぐというものだった。

とは言え、バッカニアの時代はまだ当分続く。私がベン・レイトに２０８の指揮権を譲ってから間もなく、中隊はロッシマウスに移駐した。すぐに後を追った237OCUとともに、第18航空団《グループ》の指揮下に入り、強力な洋上攻撃大隊を形成すべく。

他方、その間に、南アフリカ空軍では、24飛行中隊が洋上・陸上での戦術を発展させてきた。一九七八年以降、彼らバッカニア部隊は南西アフリカ北部（後のナミビア）およびアンゴラ南部で展開された国境紛争に、南ア国産の兵器と電子補助器機を搭載して、頻繁に投入されるようになっていた。

私自身も、バッカニアとの縁はまだまだ切れなかった。一九八四年、私は国防省の航空計画局にいて、トーネードGR1およびバッカニアと、その搭載兵器の担当だった。この当時はまた大幅な経費削減が叫ばれた時代で、バッカニアの航法／攻撃システムの更新計画は、深刻な危機に瀕しており、ほとんど風前のともしびというところだった。それでも、怪しげな算術と舌先三寸を駆使し、ちょっとした手品も使った結果、トーネードの補填予算が〝調整〟できた。浮いた分から、残存のバッカニア部隊に新システムへの改修を許すに足るだけの資金も確保できた。人間工学的スラムの後席に座って長い年月を過ごしたが、ここでようやく私も、その近代化に有意義な貢献ができたわけだ！

一方でRAFドイツのバッカニア中隊の目覚ましい活動は、一九八四年二月二九日、16中隊が新生トーネード部隊に攻撃任務を託した日をもって終了した。

ロッシマウス大隊は、新兵器が目録に加わって、洋上作戦を支援する新たな戦術を確立したことで、さらに一〇年間を生き延びた。そして一九九一年一月、洋上での超低高度作戦に長けたRAFバッカニア部隊は、第一次湾岸戦争で陸上での中高度作戦に投入される。だが、このあたりのバッカニア叙事詩については、私が語るよりも、その体験者によるこのあとの記述にまかせよう。

RAFバッカニア部隊が実戦に参加したのと同時期、南ア空軍ではバッカニア運用に終止符が打たれ、一九九一年六月三〇日に24飛行中隊が解隊された。この小規模な戦力は二五年余りに及ぶ活動で消耗し尽くし、残っている少数の機体を維持できる見込みもすでに失われていた。

そして一九九四年三月末日をもって、頼もしきバッカニアは、ついにRAF退役の日を迎える――が、それもまた後の話としよう。


よく訊かれることがある。〝バッカニア戦友会〟がかくも固い結束を保っていられるのは何故か。どうしてバッカニアだけにそこまで愛着が持てるのか、と。私が思うに、それには数々の理由がある。バッカニアは多くの点でユニークな存在だったが、当時の明確な要求に添う形でイギリス軍に導入された数少ない機種のひとつであり、その位置を就役中ずっと維持したというのが特に大きい。バッカニアは注文の多い環境で行動するために設計され、実際に英国海軍ならびに英国空軍そして南ア空軍で、三三年の長きにわたって大任を果たしてきたのだ。

バッカニアは成功作だった。海軍は、彼らの要求をみごとに満たすバッカニアの性能に、おおいに好感を抱いた。南アフリカは国際競争に備えて、自軍の長距離攻撃機としてバッカニアを選び、バッカニアが対地攻撃機としての汎用性を発揮できる場面で実戦投入もした。

RAFの場合は、事情がいささか異なる。当初、TSR－2の、続いてアメリカ製のF－111の導入が見込まれていたことから、空軍はバッカニアには関心を示していなかった。実際、軍上層部のお偉方のなかには、公然と反感を示し、冷淡な態度を取る向きもあったのだ。ところが、まったく意想外のことながら、空軍には選択の余地がなくなった。バッカニアを受け入れざるを得なくなった。

FAAでバッカニアを飛ばした経験のある私たちは、自分たちが何か特別なものを手に入れたと理解していたが、それは空軍における一般的な見解とはかけ離れていた。ファントムとハリアーは新鋭ジェット戦闘機で、バッカニアはシンデレラ――冴えない妹と見なされていた。だからと言って、私たちは苦にもしなかった。バッカニアでじゅうぶんに目的が果たせるし、そうなるだろうとわかっていたからだ。

空軍全体が納得するにはしばらく時間がかかったが、最初の配備部隊である12、XV、16の各飛行中隊の勤勉と熱意がその後の雰囲気を決定づけた。言うまでもなく、この雰囲気は徐々に広がり

低高度で本領発揮の736中隊のバッカニア

つつあった。当時は海軍の同輩たちが世界の片隅でバッカニアを印象づけ、南ア空軍の友人たちが、バッカニアを飛行性能の限界まで飛ばして長距離作戦に臨んだ時期でもあったからだ。

もうひとつ、理由がある。超低空を高速で――高度一〇〇フィートを五八〇ノットで――飛ぶというのは、間違いなく、もっとも刺激的かつ難易度の高い飛行形態だ。パイロットと航法士の絶大なチームワークと、集中力とスキルが求められる。これこそが、バッカニア乗りの心意気であるとか、独特のスタイルやら流儀やらを形づくる鍵となり、それがひいてはバッカニア部隊共通の仲間意識が形成される基盤となった。私たちは何度も証明してみせた。自分たちこそ恐るべき最強部隊であることを。国際的舞台での作戦行動や演習で得られた名声が、それを雄弁に物語っている。たとえば『ベイラ・パトロール』や南アフリカのブッシュ戦争、各種の戦術爆撃競技会、『レッドフラッグ』『メイプルフラッグ』演習、そして、湾岸戦争。

だが、こうしたバッカニアの優秀さと刺激に満ちた運用環境の背後に、もっとも重要な要素が隠れている。バッカニアを飛ばした飛行員、そしてそれに並々ならぬ誠実な支援を提供した地上員の存在だ。ＦＡＡとＲＡＦとのあいだに成立した前代未聞の協力態勢と友情が——両者の違いは青いユニフォームの、青の濃淡だけというくらいに大きく育った友情が、その背景にあった。私たちの一致団結、他に抜きん出るというこだわりあるいは切磋琢磨（ＯＣＵでは高い要求水準に達しない者にいっさい慈悲はかけられなかった）、熱意、それから何よりプロ意識。これが私たちの成功に必須の要素だった。

最後にもうひとつ。私たちは決して大戦力ではなかった。ほとんどが互いに顔見知りだった。非番の楽しみ方も遊び方も心得ていた——奢りあうのは当たり前。洒落や冗談のなかには、ささやかな反骨精神があった。私たちの心意気というものを、お偉方は毎度必ずしも大目に見てはくれなかったが、多くは不問に付された！　私たちは行く先々で伝説を残したし、それはまた世界中の基地に知れ渡った。いちいちエピソードを挙げようにもきりがないが、〝バッカニア・ボーイズ〟が忘れられることは決してないだろう。

ここでバッカニア部隊出身者の連帯感や友愛の精神をひと言で説明するのは、私よりも、一九六〇年代後半に海軍の若手パイロットのなかでも傑出した存在だったトニー・オーグルビィに任せるほうが良さそうだ。

「海軍と空軍の混成クルーのあいだに見られた精神は、まさしく軍隊における団結心《エスプリ・ド・コール》とは何かということを示している。自分が毎年恒例のブリッツ（いわばバッカニア乗りの同窓会だ）を、仲間とともに心待ちにしているのは何故か？　答えは簡単。みんな確信していた。自分たちが当時最高の部隊だったことを。そして今もそうだと思っているからだ」。

では、これから〝バッカニア・ボーイズ〟の面々に語ってもらおう。トニーが正しい、その理由を。

※1　V-フォースとは一九五〇年代からイギリス空軍が運用した戦略核爆撃機部隊の通称。その中心となるヴァリアント、ヴァルカン、ヴィクターの三機種の頭文字を取ったもの。この三機種は3Vボマーと総称される。

# 02

# 黎明期にあって

ビル・ライス

Bill Ryce

　一九六〇年九月のことだった。当時、私はＨＭＳ『アークロイヤル』の８００海軍飛行中隊《NAS》に勤務し、スーパーマリン・シミターを飛ばしていた。ある晩、士官専用ラウンジでご機嫌なジントニックを楽しんでいると、中隊長の〝ダニー〟ことＤ・Ｐ・ノーマン少佐に呼び出された。その日の昼下がりにいささか厄介な事件が起こって、私もそれについて彼と協議したいと思っていたところだった。

　ところが、その一件に興味を示しながらも、中隊長は別の話をしようと言った。私は７００Ｚ飛行小隊に行くことになるらしい。バッカニアＳ１の集中飛行試験部隊《IFTU》として、一九六一年一月に創設される部隊だ。それは心躍るニュースだった。

　というわけで、私はロッシマウスの７００Ｚ小隊に納まった。新型機に早く乗りたくて仕方なかったが、当面はお預けを食わねばならなかった。最初の一機が到着するのも数ヵ月先だったからだ。それでも、時間を無駄にする手はないというので、私はさまざまな機種をたっぷり試すことができた。特にハンターＴ８とＧＡ11、シー・ホーク、ヴァンパイアＴ22など。それ以上、何を望めたろう？

　７００Ｚ小隊は、パイロットが七名の小所帯だった。ボスは〝遣り手の《スピヴ》〟アラン・リーヒィ、先任パイロットはテッド・アンスン、ブラックバーン・エアクラフト社でバッカニアのテストパイロットを務めた経歴の持ち主だ。その他のパイロットも、主としてシー・ホークやシミターで経験を積んだ猛者ばかり。しばらくしてから、ビル・フットがアメリカ海軍からの交換パイロットとして、そこに加わった。偵察員《オブザーヴァー》すなわち航法士〔※1〕も全員がシー・ヴェノム、シー・ヴィクセン、ガネットなど幅広い機種で乗務経験を有する熟練が揃い、先任航法士ジョン・コールマンがこの先頭に立った。

そして、ジョン・ダンフィーとヒュー・ストレインジ率いる整備員と電装員、兵装員の勤勉なチーム。ジョンは機体とエンジンの、ヒューは電気系統の専門家だった。さらに、ベイン少佐が小隊に配属されてきたが、彼は航空工学の専門家であり、データ分析とバッカニアの性能に関する報告書作成の専従だった。また、ロッシマウスにはバッカニアの装備品を納入する民間業者の営業マンも常駐した。

一九六一年八月二二日、私はついにバッカニアで進空を果たした。後席には、畏れ多くもジョン・コールマンを従えて。私たちパイロットは、駐機場に定置されたバッカニアを使って地上教習を終えてはいたが、まだフライト・シミュレーターなどない頃だったので、初めての機種で初飛行するパイロットにつきあってくれた航法士には今でも頭が上がらない。シミターの目の覚めるような加速に慣れていた自分には、滑走路をゴロゴロ進む新型機の鈍重さはけっこうなショックだった。だが、ひとたび空に揚がれば、バッカニアは優雅に飛んだ。

私はたちまち「我が家のように」バッカニアの操縦席に馴染んでしまったし、特に低高度における快適さはすぐに実感できた。シミターやシー・ホークでも低空飛行に多くの時間を費やしたが、バッカニアの低空性能は遙かに優れていた。とりわけ低空高速飛行の安定感は抜群だった。さらに、それまで単座戦闘機ばかりを操縦してきた私も、ここに至って認めざるを得なかった。後ろに同乗者がいるというのは贅沢なことなのだ、と。つまりそれは問題を共有する相手が常にいるということであり、また実際にバッカニアMk1は、奇妙な問題を提供してくれたのだ。

この時期、私たちは、バッカニアの計器板を装備したハンターT8を私たちの専用機として受領した。パイロットの何人かが試してから、その機体は〝継続飛行〟に供されることになり、「腕が鈍らないよう」私たちは週末に家族や友人を訪ねるのにそれを使った。雪の季節になると、土曜日の朝にケアンゴーム山地の積雪状況を調べるにも便利だった。ちなみにシー・プリンスも一機あって、それはホーム-オン-スポルディング-ムアやブラフのブラックバーン社の飛行場まで、予備部品を取りに行くのに使った。

数週間を経て、追加の機体が次々に届き、私たちの飛行試験計画にもようやく拍車がかかった。IFTUの仕事は、当該機をできる限り酷使してやり、機体の各制御系をテストし、ブラックバーン社が保証している性能諸元を確認することだった。そのためには、海抜ゼロから限界高度まで縦横に飛びまわりつつ、兵器システムを試す必要がある。後者は主として後ろに座る航法士が担当する。整備員チームも仕事が山積みだった。私たちが一回の飛行を終えて帰着するたび、種々の機体システムを点検し、問題点を見つけ出し、本機が実際に空母に配備された際にこれを最大限に活用できるような整備計画を組み立てることに彼らは忙殺された。

　全面ホワイトの塗装で届いたのは四機目の機体だったと思う。それまでの機体は、上面が通常のダーク・グレイ、下面がホワイトに塗装されていた。その新しい塗装パターンは、どうやら核兵器使用に備えての自己防衛を想定したものらしい……と気付いて、はっとさせられたが。

　このバッカニア黎明期にあって、私たちが対処を迫られた問題のひとつは、入口案内翼《IGV》の機能不全だった。エンジン内部に空気を導入するこれが突然ぴたりと閉まることがあった。そうなったら、気が動転するどころか、まさに大混乱だ。今でも憶えている。自分が三機を率いてハイランド西部を低空飛行訓練中だったときのことを。IGVが両側とも閉まったと、練習生のひとりが喉を絞められたような声で訴えてきた。ややあって――その間は彼にとっては一生分にも感じられたに違いないが――案内翼は再び開いて、それ以上の事故もなく、私たちは無事に飛行を終えた。翌週、悲しくもその練習生はバッカニア教習課程を去り、別機種で訓練を続けることになった。彼の決断を私は尊重した。ただ、残念にも思った。彼は一人前のバッカニア乗りになれたはずなのに。

　私たちが遭遇した厄介な問題は、ほかにもある。境界層制御《BLC》いわゆる〝吹き出し《ブロウ》〟システムの作動不良だ。これは着陸時には特に要注意だった。着陸進入時のスピードは、この吹き出しシステムを通じて主翼とフラップ、尾翼の表層に流れる空気に依存する。BLCの作動不良は、すなわち翼失速につながる。その一瞬を警戒して、私たちは着陸時にもフラップ全開にはしなかったが、結果として着陸スピードは速くならざるを得なかった。そして、これは空母着艦には不都合であって、私たちはＢＬＣのトラブルが解決されるのを待つよりほかなかった。

運用構想のなかでバッカニアに要求されたのは、ソ連のスヴェルドロフ級巡洋艦の脅威に――戦術核爆弾使用の対艦爆撃により――対抗することだった。その爆弾は胴体内爆弾倉に搭載され、単純明快なトス爆撃〔※２〕という手法で投下される。この攻撃法は、私自身にとってはシミターでお馴染みだった。ただ、シミターの場合は主翼ステーションに懸吊した爆弾を落とすことになるので、むしろ技術を要したし、気分も高揚した。

私たちには夜間低空飛行の技術も必須だったが、こちらは一筋縄ではいかなかった。陸上では、地形を熟知していなければならないし、状況を勘案して、高度二〇〇フィートで飛ぶのが常だった。洋上では、地形は問題にならないので、より低く飛んだ。〝要求課題〟は高度二〇〇フィートの飛行ではあったが、低く飛べば飛ぶほど、相手のレーダーから逃れていられることになる。高度維持のため、私たちの手もとには、電波高度計と連動した一目瞭然の警報灯システムが備わっていた。意図する高度にダイヤルを合わせるのだが、私が憶えている最低高度は五〇フィート、しかも夜間だった。設定どおりの高度を維持できていれば、緑が点灯する。それより下回ると赤信号だ。上回ると橙が点灯する。闇夜の低空飛行では、漁船の灯りが目に入ると、いささか当惑させられたものだ。必ずと言っていいほど漁船の方が自分より上にいるような錯覚に襲われるからだ。小心者には向かない訓練である。

一方で、晴れた秋の日にハイランド一帯を低空で飛ぶのは、自分の全飛行歴を通じて、間違いなく最高に楽しい経験のひとつだった。丘や山裾に群生するヘザーの豊かな色調に驚嘆し、どこまでも見通せる澄みきった秋の大気を満喫し、点在する湖や入り江の深い青を眺めるのは。

一九六二年七月一七日、バッカニア配備の最初の実戦部隊として801飛行中隊が創設された。私はその新設部隊に配属が決まったが、残念ながら、700Zに〝出向〟の名目で戻ることになった。ビル・フットと、彼の相棒モーリス・デイが、九月に開催されるファーンバラ航空ショーに備えての練習中に事故死してしまったからだ。

ビルとモーリスが亡くなってから、ちょいと神経にこたえる出来事があった。私はロッシマウスの『スチームボート・イン』で「濃いの」を大ジョッキで一杯か二杯やっつけて、地元の常連客とダーツをやるのが習慣だった。その晩、私がそのパブに入って行くと、店内がいっせいに静まりかえった。ビルとモーリスの遺体を海から引き上げた漁師たちも常連で、私たちは顔なじみだった。それなのに、彼らは墜落機のパイロットが私だったと思い込んで、私を偲んで乾杯したところだった。幽霊の出現に店内は凍りつき、自分も幽霊になった気分だった！

マイク・ホーンブロワーのベントレー(NA39)に乗った700Z小隊のクルー

私はファーンバラでの演技の準備に二ヵ月ばかり費やした。まずは五五〇ノットで離陸滑走し、低空から約五Gの引き起こしを行うと同時に、背面飛行で右三〇度に旋回、続いてはスピードがそれを許した瞬間に脚を降ろし、フラップを開いて旋回、着陸進入へ至る。意図するところは、切れの良い急降下旋回を展開して可能な限り速やかに着陸し、それを観衆に見せること。それによって、バッカニアの機動性の高さをアピールすること。紛れもなく大忙しの数分間だった。私と後席のパット・カムスキーは、ファーンバラでこの展示飛行をやり遂げた。さいわい何の事故もなく。

ところで、このショーにあわせて、かのトライアンフ・モーターサイクル社から宣伝効果を狙って、新作スクーターが提供された。ショーで演技するバッカニアのクルー五名に、ファーンバラ滞在中の期間限定でトライアンフ・ティナ五台が無償貸与されるという。とても魅力的な話だったが、スピヴは懸念を抱いていた。もっともな理由から。と言うのも、そもそも私はオートバイの運転免許を持っていなかったのだ。ただ、私としては、それはたいした問題には思えなかった。私はさっそくRNヴェスパを借り出して、飛行中隊専用の駐車場でひとしきり乗り回してから、エルギンに向かった。試験の手順はあらかじめ教えられていたし、試験官にわかりやすいよう、ユニフォームで行けとも指示されていた。数日後、基地のポストに私のバイク運転免許が届いた。というわけで、私たちがティナを返却したとき、何台かは見るも哀れな姿になっていたのは、驚くに当たらない。

ファーンバラに発つ前に、私たちは広報用の記念写真を撮った。マイク・ホーンブロワーが年代もののベントレーを所有していて、しかもその登録ナンバーは〝NA39〟（と言えば、ブラックバーン社での試作段階におけるバッカニアの呼称）ときては出来すぎにしても、私たちはカメラマンの求めに応じて、これに積み重なるように乗って写真におさまった。

およそ二年近くバッカニアを飛ばし続けて、私は空母への着艦試験を敢行するため『アークロイヤル』に里帰りした。空母が舞台の任務飛行には、常にいくらかの刺激が加味される。艦首を風上に向けて、艦載機着艦の受け入れ準備に入る『アーク』の雄姿を私が再び目にしたのは、一九六三

ロッシマウスにおける801中隊の出動式典

年初頭、高度を下げてライム湾上空を周回飛行しながら着艦待機していたときだ。すでにシー・ホークやシミターで何度も経験していたことを、バッカニアで試すのを私は楽しみにしていたのだ。

空母着艦の経験者ならば誰でも知っていることだが、律儀に第一制動索を捉まえるのは得策ではない。一本目は飛行甲板後端にいちばん近く設置されていて、これを捉まえると何かと面倒臭いことになる。それを避けるため、シミター時代から、着艦進入に際して鏡面投射式着艦誘導灯――通称〝ミートボール〟――が基準灯よりわずかに上に見えるよう飛ぶのが私の癖になっていた。そうすれば、毎回ほぼ確実に三本目か四本目を捉えることができたからだ。我が航法士のジェフ・ホーマンにも自分の意図を説明したうえで、私は着艦態勢に入った。進入飛行は問題なく安定していて、甲板上の動きは最小限。〝ちょろい〟ものだったし、シミターのコクピットからより遙かに眺めは良いな、などと自分が呑気に考えていたのを憶えている。だからだろうか、いざ着艦した瞬間、制動索を捉まえたときのほっとするような減速感が伝わってこなかったので、私は狼狽し屈辱さえ覚えた。着艦やり直しのため、後続機にデッキを空けるために、ジャイロンジュニアを目一杯噴かしつつ、私は落ち込んだ。〝ボルター〟（制動索の捕捉失敗）をやらかしてしまったのが我ながらきまりわるく、汗顔の至りだったが、おかげでひとつ教訓を得た――バッカニアで着艦する場合、ミートボールは基準灯にきっちり揃えるべし。

空母からのバッカニア運用は、私には楽しい経験だった。もっとも、カタパルト発進は、機体重量と気温、甲板上の風速次第では、時にいささか危険だった。ジャイロンジュニアはじゅうぶんに強力とは言えなかったし、発進の過程でエンジンが停止するようなことになれば、それこそ厄介だ。進入と着艦は単純明快である。一列に並んで（横風がない場合）、ミートボールを利用しつつ、スピードを固定する。適正なスピードで飛んでいれば、音声信号がそれを教えてくれる。基準スピードを下まわると警告音が鳴る。明快だ。

私たちはロッシマウスに帰還するまで『アークロイヤル』で一ヵ月ほど任務に従事した。私はこの期間を無事故で終えようとしていた。私たちはビスケー湾で訓練飛行を実施していたが、問題のその日は、四機編隊でフランス領海内の目標を攻撃し、ヨーヴィルトンに飛ぶという設定だった。そこの飛行場に接近するまで、すべては順調だった。雨模様の曇天で、雲底高度二〇〇フィート。

私はレーダー管制官の指示に注意を集中していた。高度八〇〇フィートで最終進入、降着装置を降ろして、フラップを出し始める。バッカニアの場合、主翼フラップを繰り出した時点で、カウンター・バランスとして水平尾翼フラップを上げる必要があった。そうしないと、機首から滑走路に突っ込んで行く形になり、悲惨な結果を招く。

まさに、それが私の身に起こりつつあった。私は即座にフラップの展開を中止し、管制官の指示のもと、三六〇度ぐるりと右旋回しながら予備計器板でフラップを調整し直し、最終進入に戻った。結局は無事に着陸できたものの、その間、約五分。生きた心地がしなかった。

それから約三ヵ月後、８０１中隊は『ヴィクトリアス』に乗り組む準備に入り、洋上勤務に出る初のバッカニア運用部隊になろうとしていた。私はこの機会に自分も海に出られるものとおおいに期待したのだが、そうはいかなかった。バッカニアのパイロット育成のため、自身もバッカニア乗務経験を持つ認定飛行教官《QFI》が必要であるとの通達に基づいて、私もその候補者に選ばれてしまった。教官になるつもりはまるでなかった。私は現場のパイロットであるのを楽しんでいたし、どうしても８０１にとどまりたいところだった。が、命令は命令だ。

という次第で、一九六三年七月、私はリトル・リシントンのＲＡＦ中央飛行学校《CFS》の二一九期に参加した。その数年前にも私に飛ぶことを教えてくれた懐かしの訓練学校に舞い戻ることになったわけだ。

ジェット・プロヴォストは乗って楽しい練習機で、ＣＦＳの教習から得るものは間違いなく多かった。飛行実習でも地上講習でも、その指導要領は実に優れていて、ＲＡＦがこの学校を誇りとするのも当然だった。そのうえ、ＣＦＳは情け深くも修了記念品つきで私をさっさと追い出してくれた。この段階で自由に選べと言われたら、新たに得た資格とスキルとをもって初級飛行教官になるのも悪くないとは思ったが、やはりロッシマウスに帰って、バッカニアの世界に復帰するのが、自分にとってはいちばんの幸せだった。

その先は忙しい日々になった。訓練生をシミュレーター教習に放り込み、バッカニアの計器板を装備したハンターＴ８で彼らと一緒に飛び、彼らが慣れた頃合いを見計らって、自分は後席に移って最初の三回の飛行につきあう。ただ、これはいかにもご丁寧過ぎるというもので、私はすぐにお試しの三回を一回だけに切り詰めた。その訓練生が一回でじゅうぶんな結果を出したと判断できれば、その後の慣熟飛行は、熟練の航法士が後ろに座って実施される。

一九六四年八月のある日を私は忘れられない。その日、私は一日で二回、後席に座った。いずれも初めて操縦席に座る練習生につきあって。一人目のときは油圧系統に不具合が発生した。二人目のときはエンジン火災が起こって、片発での着陸を余儀なくされた。ふたりとも、その緊急事態に実にうまく対処した。それで私は確信した。自分たちが組み立てた転換訓練計画は有効なのだと。

ロッシマウスの氷結した滑走路への着陸

当然だ！

一九六五年一一月二九日、通常営業中のロッシマウスだが、降雪と氷点下の気温で飛行は不可だった。私は736中隊の当直将校だったので、航空交通管制からの電話に出なければならなかった。マリ湾の北の気象状況を確認する手筈を整えてほしいという。雪は当分続くのか。除雪作業を再開すべきかどうか、彼らは知りたがっていた。すでにその日の早い時間帯に、彼らは滑走路の除雪を試みていたが、それも悪天候で中止していたのだった。私は外に出て、滑走路の状態を確認し、電話で報告した。自分が見たところ、本日の滑走路29は運用に適さない。折り返し、済まなそうな電話が入った。気象状況を確認してもらいたいというのは、そういうことではない、これは要請であっても単なる要請ではない、と。なるほど、ごもっとも。

私は自分で飛ぶことにした。訓練中の航法士トレヴァー・リングを伴って。駐機場からタキシングするあいだにも、其処此処で機体はずるずると滑り、滑走路29に持っていくのもひと苦労だった。出力が上がれば、いくらブレーキをかけても機体を抑えておけないので、そのまま横揺れしながら離陸滑走に突入する。私はトレヴァーに告げた。離陸断念の際は着艦フックを下げる。うまくいけば滑走路末端のワイヤーを引っかけられるだろう、と。それでも何とか空に揚がることはできたので、ひと安心——と思ったのもつかの間、事態はまずい方向に転がり始めた。

バッカニアのＱＦＩであり、シミュレーター教官でもある私には、機体システムを熟知しているという自負があった。訓練生に伝授してきた緊急対応についても。ところが、このとき発生しつつあった機体の多臓器不全つまり複合的な不具合は、私に思い浮かべられる限りの連鎖的トラブルの域を遥かに超えていた。

降着装置上ゲを実行したとたん、コクピットのあらゆる計器の表示が消えた。電気系統が失われ、バックアップ系統も機能しなかった。油圧系統もほぼ失われた（主系統も飛行制御系統も）。とは言え、この時点では、それはまだはっきりとはわからなかった。機体は制御できていたからだ。そのうちに、外からノイズが聞こえ出した。どことは特定できなかったが、どうやら前輪のあたりだ。

無事だがいささか尋常ではない到着

横に流れてうまく収納されなかった前輪が機体にぶつかっているのだろうが、コクピットにそれを知らせる表示が出なかったのだ。

私は高度二〇〇〇フィートで水平飛行に移り、洋上で右旋回し、滑走路29に引き返そうと目論んだ。事態の収拾を図りつつ、私が気にしていたのは、この連鎖的トラブルの共通の原因が見極められないことだった。私は半ば覚悟していた。これは大惨事になる。ふと頭をよぎったのは、離陸滑走の際に撥ね上げられた氷の破片が、脚収納庫のなかの電気ケーブルを損傷させたか、あるいは切断してしまったのかもしれないということだったが、それにこだわっていられるほど私は暇ではなかった。ロッシマウス飛行場をざっと一瞥。路面が凍結した滑走路は、とうてい私たちを歓迎してくれそうもなかったが、眼下に広がる灰色のマリ湾よりは余程ましに見えた。

降着装置下ゲにかかると、その心強い作動音は聞こえたものの、脚の着陸灯は確認できない。私は航空管制に地上からの視認を頼んだ。車輪は三基とも降りているようだと応答があったので、私は着陸を決断した。フラップ／高揚力装置、エアブレーキの状況も不明だったので、着陸進入の速度制御はいささか難題だったが、ここは〝勘〟で行くしかない。トレヴァーにこう言ったのを憶えている。俺が〝脱出〟をコールしたら、いいか、ぐずぐずするなよ！

最終進入に入ったところで、機体制御がやけに甘くなってきた感があったので、滑走路末端に機体を降ろしたときは安堵した。凍結した路面で機体が滑るのがわかったが、これは想定していたことだ。左主翼が下がるのもわかった。ただし、こちらは想定外だ。傾く機体の姿勢を維持すべく粘ったが、空力的揚力を失った状態では、左主翼は下がり続ける。機体は左にカーヴし始め、滑走路を外れて横の草地に突っ込んだ。その間ずっと、トレヴァーがまだ練習生であるというのが気にかかっていたが、彼は終始私を助けてくれて、私たちの機がトラクターのごとく地面を掘り返している最中にキャノピーを投棄してのけた。なお、左主脚柱がロックされていなかったことがその後判明した。

さて、報いを受ける時が来た。その晩、士官食堂のバーでみんなで飲んでいると、シミュレーター教習で私にしごかれた連中のなかに、こんなことを言う奴がいた。腕が良くても、あんなこと起こるんですねえ――。噛みつく奴は隙あらば噛みつく！

私はほどなく海軍から去ろうとしていて、これはほぼ最後の任務飛行になるはずだった。その後、もう一度飛ぶ機会があり、ありがたいことにそれは無事故で終わった。

すでに一九六五年の秋には、〝バッカニア・ワールド〟は急速に拡大しており、空軍から派遣された初の研修生も含めて、多数のバッカニア要員が訓練中だった。

私自身は一九六六年初頭、艦隊航空隊のパイロットとして一〇年間勤務した後、英国海軍を退役した。特別な仲間に囲まれて、面白くも刺激に満ちた艦隊勤務を謳歌したことについては、ただ感謝の思いしかない。

ただし、私は飛ぶことをやめたわけではない。その後三二年にわたって私は飛び続けたが、それはまた別の話ということにしようか。

追記――

ビル・ライスの卓越した技能を讃えて、海軍本部は彼に『グリーン・エンドースメント』を授与した［※3］。曰く、

一九六六年一一月二九日一四〇〇時、英国海軍W・P・ライス大尉はバッカニアS Mk1 XN967で任務飛行中、機体の電気系統を完全に喪失。この事態を受けてライス大尉はきわめて専門

的かつ適確な態度でこれに対応し、種々の機体システムの同時多発的かつ致命的な機能不全に対処、結果として機体の損傷は最小限にとどまり、同機は回収された。

※1　複座機（乗員二名あるいはそれ以上）で、パイロット業務以外の観測・偵察、航法、通信などを担当するのがオブザーヴァーであるが、本書では煩雑さを避けるため、海軍の偵察員＝オブザーヴァーも〝航法士〟と訳す。

※2　低高度で目標に迫り、急上昇とともに爆弾を投下し、自機の安全を図る。

※3　艦隊航空隊で、優れた技量と勇気を発揮し、緊急事態に巧みに対処したパイロットを顕彰する認定証。緑のインクで飛行日誌に記入する体裁で渡される。

# 03

# Mk1の時代

デイヴィット・ハワード

David Howard

一九六五年春。８００海軍飛行中隊に先任パイロットとして着任するのを前に、それまでの一八ヵ月間を空戦教官としてホエール島の訓練校で過ごしていた私は、改めて飛行実習に臨まねばならなかった。それで、シー・ホークおよびシミター時代の古巣であるロッシマウスに戻って、ハンター装備の７６４飛行中隊での再研修に数週間を費やした。

その課程を終えて、私は飛行場を横切り、バッカニア訓練部隊である７３６飛行中隊に向かった。その転換訓練は楽しく、特に何の波乱もなかった。と同時に、それは目の覚めるような体験でもあった。バッカニアで飛ぶことで、私は初めて偵察員《オブザーヴァー》つまり航法士の恩恵を受けたし、操縦士と航法士という乗員の構成は、まったく新しい飛行の楽しみを私に提供してくれた。自分が機体の性能を限界まで利用して操縦に専念する一方で、航法士は航法関連作業（実を言うと私はこれが不得手だ）をはじめ、兵器システム運用、飛行の各段階で必要とされる種々のチェックを担当する。これならバッカニアの操縦を楽しめると見極めがついて、私は実戦部隊への配属を心待ちにした。機種転換を完了し、８００中隊に加わるべく、私は再び飛行場を横切った。

バッカニアは全天候型攻撃機であり、この〝全天候型〟には夜間という意味も含まれる。我らがボスは夜間飛行を毛嫌いしていたが、そのことは海軍航空司令部の幕僚諸氏には伝わっていなかった。そのため、数週間後に迫った空母乗り組みを控えて、ただちに各パイロット四〇時間の夜間飛行訓練が私たちに課せられた。これは無理な注文というもので、そもそもこんな北の果てで、この季節に、そこまで〝夜間〟と言える時間は確保できない。そのうえ、バッカニアMk1は、まだ即座に運用に供されるほど〝温まった〟状態ではなかったし、空母搭載の事前点検もあって、機体は常に不足していたからだ。

それでも、やってみるしかなかった。夜遅く、ようやく宵闇迫る頃にロッシマウスを飛び立って、暗くなりかけたマリ湾上空で高度二〇〇フィートに下げる。フレイザバラに向かって東に針路を取り、そこで右に旋回、北海を南下してドーヴァーを目指し、イギリス海峡に入る頃には漆黒の闇が降りている。それからヨーヴィルトンに着陸し、速やかに折り返して離陸、闇のなか低空飛行に移行できるまでに上昇。ロッシマウスに帰着する頃には夜が明けている。かなりきつい仕事だ。だが、航空司令部の命令を遂行するには、これが私たちにできる精一杯のところだった。私はこれを七回やったが、要求された四〇時間の半分も達成できなかった。とは言え、私たちは、この短い期間中に、部隊が前年度中に実施したよりも多くの夜間飛行を敢行したのだ。

こうして、私たちは『イーグル』に乗り組んで洋上に出た。私は士官食堂で開かれる艦載航空団の伝統的な歓迎会に期待していた。そこで多くの昔馴染みにも会った。みんな楽しんでいるようだった。ただし、我が800飛行中隊のクルーを除いては。絶対禁酒主義の我らがボスは滅多に酒の席には現れなかったので、先任パイロットたる私が代表としてやたらに絡まれたが、どうも腑に落ちない。

結局、前回の航海任務にも参加した航法士をつかまえて、バーの外に連れ出して訊いた。俺たち、どうしてあんなに因縁つけられるんだろうな。彼――スティーヴの説明によれば、機体の慢性的な不具合と定期的なエンジン交換で、この前の航海は悲惨だったという。〝バック〟が飛んだ回数はほんの数えるほどで、さらにまずいことに、艦全体がバッカニアに対してすっかり寛容さを失ったように見えた、と。射出準備中のバッカニアがしゃっくりのひとつもすれば、あるいは、乗員に向かって甲板員から叱声のひとつでも上がれば、その場で飛行は中止され、バッカニアは即座に飛行計画からはずされる。それで納得した。ほかの艦載機部隊の、私たちに対する妙によそよそしい視線。しつこく絡まれた理由を。

ボスに何か言い含められていたわけではない。だが、私はこのとき悟った。そうした艦全体の雰囲気を変えてやるのも自分の仕事だ、と。

士官食堂で、いちばん調子に乗って大口たたいて、我が800を口を極めて罵っていたのが、ヘリコプター中隊の先任パイロットだった。私が食堂に戻ると、そいつはいちだんと大声で野次を飛ばしてきた。そこで私はその胸ぐらをつかんで床から持ち上げ、怒鳴りつけた。「この六ヵ月のうちに、貴様のその頭から小便ひっかけてやるから、待ってろ」。そいつが笑うのをやめたので、私は床に降ろしてやった。まさにこの瞬間、800飛行中隊の名誉回復が始まった。

艦載機部隊が新たに乗り組むと、空母ではまず三段階にわたる演習がおこなわれる。私たちは最初の二回を地中海で実施し、次いでアデン危機［※1］のエスカレートを受けて紅海に向かい、夜間飛行に重点を置いた三回目の演習を開始した。私たち古株は、薄暮時の着艦を何度か復習するだけで事足りるのだったが（着艦フックを上げたままでタッチ・アンド・ゴーを繰り返し、最後は暗闇のなか着艦する）、夜間飛行チームを編成するには、若手を慎重に選抜しなければならなかった。彼らには手始めに薄暮時DLP（着艦訓練）が課せられた。それに熟達した頃合いを見計らって、今度は薄暮時に射出され、ひとしきり飛んで――これはさほど難しくはない――、完全に闇が降りてからタッチ・アンド・ゴーを繰り返し――これが難しい――、着艦する。こうして、私たちの夜間飛行チームには六組のクルーが揃った。

飛行回数を重ねるほど、みんな腕を上げ、艦載バッカニアの稼働率も向上した。中隊の士気もまた向上し、雰囲気も上々だ。私たちは昼と言わず夜と言わず、とにかく飛んだ。そして、ようやく艦載航空団の一員として地位を確立した。私たちはアデン沖から作戦飛行を――その大半は洋上でなく地上で――展開し、現在ではイエメンとなっているその地域で、爆弾倉に撮影器材を搭載して写真偵察を実施する場合など、RAFコルマクサール基地を代替飛行場として使用した。

三回目の演習を完了する頃には、すでに我が中隊は前回の全航海期間中より多くの飛行時間を稼

1966年、HMS『イーグル』乗艦時、デイヴィッド・ハワードの船室で夕食前の一杯

いでいた。例のヘリコプター中隊の不愉快な先任野郎には、みごとに「小便ひっかけて」やったことになる。もちろん、あくまでも比喩であって本当にやったわけではないが、それでじゅうぶんだった。向こうも身に染みただろう。

その数ヵ月間、私たちの作戦飛行はアデン沖およびマレーシア周辺に集中した。マレーシアでは、その間にシンガポールのRAFチャンギ基地に一時上陸している。一九六六年三月二日、『イーグル』は『アークロイヤル』と入れ替わって『ベイラ・パトロール』任務に従事すべく、チャンギを出航した。この作戦の策定者は時のイギリス首相ハロルド・ウィルスンで、前年に当

『ベイラ・パトロール』任務中、体調管理

時の南ローデシア植民地政府首相イアン・スミスが一方的独立宣言《UDI》を発表したのを受けての措置だった。政治的な解決の試みが失敗に終わったのち、労働党政府は、離反しつつある植民地への石油供給を断つ海上封鎖を決定した。ローデシア（現ジンバブウェ）は内陸国で、しかも石油は採れない。その欠くべからざる生活物資の確保は輸入、とりわけ隣国モザンビークのベイラ港経由の輸入に頼らざるを得ない。私たちの任務は、スミス体制下のローデシア向けの石油を積んだタンカーがベイラ港に接近するのを監視し、入港を阻むというものだった。私たちがどうやってタンカーを阻止することになっていたのか、私にはついぞわからなかったが、推測するにロイズ保険会社が詳細な情報を提供し、それから政治家が船主に圧力をかけるという手筈だったのだろう。私たちにはタンカーを停船させる権利はなく、ただ報告するにとどまる。

シンガポールからインド洋を横断する航海は慎重でなけ

ればならず、『イーグル』は他の船舶との遭遇を徹底して避けるべく、必要に応じて迂回を重ねつつ進んだ。だが、『アーク』が機械的トラブルを抱えていたので、一刻も早い交替が望まれ、航海は急がれていた。そのため艦載機の飛行は実施されず、航海中に私たちの出番はなかった。

　私たちに課せられた任務は、モザンビーク海峡をできる限り監視下におさめておくことだった。ベイラ港の東の沖合六〇マイルに停泊した艦から、私たちは哨戒任務に臨んだ。海峡の北へ南へ、航続距離の限界まで。沿岸部には私たちが降りられる飛行場がなかったので、私たちは毎回必ず母艦に戻らねばならなかった。このときの燃油残量は、甲板が使えない事態に備えて空中待機を可能にする分を計算に入れたうえでの、ぎりぎりの状態だ。厄介ごとを最小限に抑えるため、空母は甲板を常に〝空けておく〟ものだが、言い換えると、戻ってくる艦載機が要求すればいつでも着艦できるようにしておくということだ。要するに、いかに遠くまで飛んだとしても、私たちは母艦に戻るまでの時間と燃料の残りを計算して、母艦には着艦予定時刻《チャーリー・タイム》の情報を精一杯伝え続けねばならない。その結果、航続距離や航続時間に対する注意力は、いやがうえにも高まることになった。

　そもそも、期待はずれのジャイロンジュニア・エンジンには、燃料満載の重い機体は厳しい。ということで、発艦時の搭載燃料は制限され、航続距離も限られる。そこで、空中給油機に改造されたシミターの登場となる。私たちは往路約一〇〇マイルの途中で彼らと会合《ランデヴー》し、満タンまで給油を受けて、哨戒エリアに向かう習慣だった。そして、航法士がレーダーで相手の姿を捕捉すると、高

『ベイラ・パトロール』中に『ジョアンナV世』を捕捉、1966年

度を下げて、探索活動にあたる。

若干の実地訓練を経験すると、私たちは計算の達人になった。探索を切り上げたのち、もとの高度に上昇して母艦に戻るには、どれほどの燃料が必要か、確保しておくべき残量を正確に見極められるようになった。ということは、タンカーを目視で観察して写真撮影するのに、どれだけ長時間、低高度にとどまっていられるかを算定できるようにもなったわけだ。

艦の情報収集室は『ジョアンナV世』に神経を尖らせていた。ベイラ港に向かって北上中のタンカーだという。899飛行中隊のシー・ヴィクセンが発見したが、航続距離ぎりぎりのところだったので見失ってしまい、追跡できなかった。相手はおそらく、沿岸部を南から這い上がるように航行し、密かにベイラ港に滑り込もうとしているのだろう、と。情報将校はその写真を喉から手が出るほど欲しがっていた。私も彼のために是非とも写真を確保してやりたかったし、ますます白熱する『イーグル』艦載の飛行中隊間の競争にここで勝ちたいという思いもあった。四月四日の曙光が射し始める頃、私たちは二機で発進し、南へ針路を取った。我が航法士は中隊の写真偵察将校で、彼がさっそくレーダーで船影を捉えた。それに向かって降下すると、果たして、目指す彼女《ジョアンナ》がいた。私たちは左舷側のF95カメラを活用しながら二度にわたって撮影航過し、みごとな写真をものにして戻った。

なかでも、斜め上方から撮った連続写真の一枚は完璧だった。我が僚機を前景に、航行するタンカーの黒い舷側に白い文字の船名がくっきりと読み取れる。『ジョアンナV世』と。

シンガポールを出航して『ベイラ・パトロール』に従事し、またシンガポールに戻るまで、私たちは七二日間を洋上で過ごした。これは、イギリス海軍空母の平時における一回の航海の最長記録と思われる。その期間中、私たちは一度も陸《おか》を拝めなかった。

その後、艦隊勤務中の一時休暇を経て、私たちは六月上旬に再び乗艦し、フィリピン諸島に向かった。現地では米軍の空対地射爆場で訓練を実施した。その一環として、ルソン島の西一四〇マイルのスカーバラ礁に定置された難破船に一〇〇〇ポンド爆弾を投下する訓練があった。模擬弾ではなく実弾を使えるというので、それが誘導弾ではなくとも、私たちは訓練を楽しんだ。標的船のすぐそばに、地元の漁船が何隻も停泊しているのに気づくまでは。それは標的船から金属片をはぎ取ったり、爆弾の破片を回収したりするのに集まっている連中だった。つまり、鉄くず漁りをしようと、私たちが投弾演習を終えるのを待っていたのだ。今でもわからないが、標的船のすぐ横にいて、彼らは自分たちが安全だと思っていたのか――どうせ当たりっこないよ――。自分たちはそこまで見くびられていたか。と思って、私たちはいたく傷ついたような気がする。それとも、連中は命を失う覚悟で鉄くず回収の機会を狙っていたのか。そうだよ、あいつらも命がけなんだ――とアメリカの友人たちに言われて、ようやく私たちのプライドは回復した。

七月初め、私たちは帰国の途に就いた。そしてマラッカ海峡を抜けたところで、マレーシア西岸、オーストラリア空軍の基地が置かれたバタワース沖で演習を実施した。その際に、フレッド・セッカー操縦の我が僚機が、艦の上空で待機中に脚を下ろせないというトラブルに見舞われた。それまでの緊急時対応リストによれば、脚が下りない場合は緊急脱出が必至とされていたが、何とか機体を無事に降ろしてやりたいということで意見が一致して、私はフレッドをバタワースに誘導した。すでに燃料は残り少なく、上空待機にも艦に戻るにも不足だったので、まず私が先に着陸した。フレッドは胴体着陸になるだろうし、そうなれば滑走路閉鎖は免れないだろうからだ。

無線を通して、私はフレッドに指示を与えた。胴体着陸の知識はすでにあるにしても、彼はまだ若く、何と言っても今回が初勤務だった。ということで、先任パイロットと一緒に事態を乗り越えれば、それが彼の自信につながるだろうと思ったのだ。たとえば、一連の手順として、直前に頑丈なキャノピーを一式そっくり投棄するという作業もあることだし、と。

フレッドはお手本のような進入・着陸を実行した。航法士ノエル・ロウボーンがキャノピーを投棄したのに続いて、フレッドが滑走路の真ん中に、そっと機体を降ろす。申し分ない進入飛行から、滑走路のセンターラインを逸れることわずか二フィートというみごとな着陸だった。フレッドと、数週間前に緊急脱出を体験している〝訓練狂〟のノエルは、ものの数秒でコクピットから出て退避した。

さて、その日遅くなってからのことだ。バタワース周辺に広がるジャングルの住民の代表団が、基地にやって来た。隣の村で飛行機のキャノピーとやらが見つかったんだが、こっちにも落としてもらえないかね？――と［※2］。

このとき、胴体の損傷は最小限に抑えられた。おかげで、機体をジャッキで持ち上げるのも支障なく、整備員が手動で脚を引き出し、下げた状態でロックをかけ、同機をチャンギの海軍航空支援部隊《NASU》に自力空輸で送り出した。もちろん、キャノピーは欠いたままだったが。

八月一四日、マジョルカ島付近を航行中の『イーグル』の艦尾に、八機のバッカニアが並んだ。発進した八機はヨーヴィルトンに直行する。そこで再給油して、さらにロッシマウスへ飛ぶ。そして、ほぼ一年ぶりのロッシマウスに編隊飛行で無事帰還した。ちなみに、私にとっては、これが最

『トリー・キャニオン』炎上中

後の空母からの任務飛行となった。

中隊が待望の二週間の休暇をもらい、九月に勤務に戻る頃には、バッカニアMk2が私たちのもとに届き始めていた。旧式化も著しい鈍重なMk1に慣れたあとでは、その印象は強烈だった。自分のシミター時代から振り返っても、Mk2搭載の『スペイ』エンジンほどの推力を体感したことはなかった。最初の習熟飛行から実感したが、いざ離陸滑走に入ったときの加速ぶりときたら、控えめに言っても爽快そのものだった。そのうえ、Mk2は航続距離でも、その先行型をはるかに凌駕していた。

どうやら私はMk1の欠点をあれこれあげつらってしまったようだが――そして、それは周知の事実でもあったのだが――、私はＭｋ１には愛着を覚えていた。その個性を長所も短所も知り尽くしたし、自分が操縦して空母の甲板に載せたなかでは、もっとも安定感ある機種だと思っていた。着艦進入路に入った際の、正確なスピード保持能力、最適な調節状態を維持できるエンジン。それで着艦誘導灯《ミートボール》を捉え続けて進入すれば、昼夜問わず、難なく制動索に到達できる。ことに夜間はそれが何よりの利点となった。と言いつつ、私はＭｋ２にも惚れ込んでしまったが、着陸進入に際しては、エンジンの回転数を最大まで上げてはならない。安定性がわずかに失われるからだ。だが、それでも私は任務飛行のたびに必ずＭｋ２を選んだ。本当に凄い奴だった。

一二月末、８００飛行中隊を去る日が来た。私は７３６飛行中隊の指揮官を拝命した。

数週間後、シリー諸島［※３］に近いセブン・ストーンズ岩礁で、『トリー・キャニオン』の座礁事故が起こった。この超大型タンカーは、粘性の高い真っ黒な原油を満載していて、それは周辺海域の自然環境への重大な脅威に直結した。そこで、原油が流出して広がる前に、油槽に火を放って焼尽させるという政治的判断がくだされた。海軍ならば、その種の仕事の決め手となる精密爆撃が可能だということで、そうなれば当然バッカニア部隊の出番だった。

当時、ロッシマウス駐屯のバッカニア中隊は二個――Ｍｋ２装備で、いつでも作戦可能な８００中隊と、くたびれたＭｋ１装備で予備機もなく、地上員は訓練生、教官陣は経験豊富だったにせよ作戦可能状態とはほど遠い我が736。それが、この任務に従事することになった。

〝出走準備〟で、ただちに我が地上員たちは動き出し、必死で作業に当たったたが、何しろやるべきことが多すぎた。私は早々に悟った。この調子では私たちはほぼ確実に〝着外馬〟になる。私たちが駆けつける頃にはレースは終わっているだろう。

この作戦を、飛行の観点から考えてみる必要もあった。はてさて我が中隊のMk1がどれほど貢献できるものか。私は自動急降下爆撃システムおよび機体の耐久性に、多大な疑念を抱いていた。加えて、座礁船の位置からして、私たちは主翼ステーションに一〇〇〇ポンド爆弾四発を懸吊した状態で、航続距離の限界まで飛ぶことになる。常にあり得る何らかの遅延遅滞が発生すれば、爆弾を途中で投棄してブローディ基地に向かわねばならなくなる――そこに集まった世界各国の報道陣の前に、面目丸潰れで降りる羽目になるだろう。

ロッシマウスの基地司令ダグ・パーカーは、私の懸念を承知していながら、私を陣頭指揮に指名した。君が最初に行け、と。私は驚いたし、嬉しくもなかった。このときの800の指揮官ジミー・ムーアはもともと親しい同僚だったから、ここで私が彼を出し抜いたように周囲に思われるとしたら――そう考えると気乗りしなかった。というわけで、両中隊から平等に四機ずつ参加させたうえで、736が作戦を仕切ることになった。私が編隊を先導し、800の先任パイロットが私の僚機を務めるという折衷案も採用して。

一九六七年三月二八日の真昼、私たちは離陸して南へ針路を取った。結論から言えば、作戦はきわめて円滑に進んだ。私は最初の投弾でタンカーの側面に穴を開けるのに成功した。続いて、僚機のデイヴ・ミアーズがやはり一回目の投弾で、みごとそこに爆弾を叩き込んだ。『トリー・キャニオン』からは火災が発生し、もうもうたる黒煙が立ちのぼったが、海上の微風に吹き流されたため、後続の六機もまだどうにか船体を狙って爆撃を重ねることができた。それから私たちはブローディに降りて、詰めかけていた新聞雑誌の記者団の出迎えを受けた。テレビの取材班もいた。私たちは彼らに囲まれ散々な目に遭った。それでも今日の基準に照らせば、彼らもまだまだおとなしいものだったと言えるが。その夜ロッシマウスに戻ったら戻ったで、ほぼ同じ行事が私たちを待っていた。

続く二日間にわたって、私たちはブローディに飛んでは一〇〇〇ポンド通常爆弾四発を再搭載し、まだ残っている原油を始末するため、タンカーへの爆撃を重ねて、そのままロッシマウスに直帰するという任務を遂行した。

作戦をすべて終了して最後にロッシマウスに戻ったとき、自分たちがどれほどのことをやってのけたか、それが世界に与えた衝撃の大きさを、私はようやく実感した。全国の新聞各紙が、私たちの作戦の成功を一面で報じていたように思う。しかも紙面のあちこちに、736飛行中隊という文字が踊り、乗員の写真がちりばめられていた。もちろん800飛行中隊の写真も。その何よりの効果は、我が中隊で整備訓練中の若手の意気が俄然揚がったことだ。彼らは身を粉にして働き、おかげで二線級の機材もよく働き、それが今や全世界の知るところとなった。そして、私がもっとも感動を覚えた瞬間、これで報われたと思う瞬間が訪れた。彼ら若手連中が、私に〝トリー・キャニオン十字章〟を授与してくれたのだ。思いきり派手な綬《リボン》をつけた手製の勲章に、ちゃんと勲記まで添えて。曰く、

「あなたは、今般の為す術もなく救いがたき『トリー・キャニオン』座礁事故に際し、終始果敢な行動を取られ、英雄的偉業を成し遂げられました。それを讃え、我々一同ここに謹んで唯一にして無二の〝トリー・キャニオン十字章〟を授与いたします」。

私はこの〝トリー・キャニオン十字章〟を今も大事に取ってある。これぞ私の自慢の種だ。これは彼ら地上員の奮闘を広く世に知らしめたことへの、彼らなりの感謝の表明だったのだと思えばなおさらだ。

中隊は引き続き訓練に明け暮れ、それは時には、私が練り上げたバッカニアのための新戦術を試す夜間演習に重点を置いて実施された。経験豊かな教官陣を擁する我が736中隊が積み上げた成果は、実際、その後の戦術確立の基礎となった。

『QE2』進水に際して儀礼飛行を行う736中隊

一九六七年九月二〇日、もうひとつの〝特別任務〟が私たちに課された。クライド川でのＱＥ２（クイーン・エリザベス２）の進水式にあわせて儀礼飛行《フライパスト》を実施することだった。準備に充てられるのは数時間という慌ただしさだったが、私たちは一二機のバッカニアＭｋ１で船の錨形の編隊を組んで、どうにか数回のリハーサルをこなした。私たちがこの任務に抜擢されたのは、ＱＥ２がその造船所で建造される７３６隻目の船だったからだ［※4］。

私たちは造船所のあるクライド河岸地域まで飛び――Ｍｋ１の燃料消費を勘案すればそれほど長居したくなかったが――、女王陛下による進水儀式のあと、ＱＥ２が造船台から進水台を滑って入水したところで、その上空を錨形フォーメーションで航過してみせることになっていた。そのタイミングで進水台上空を航過することはじゅうぶんに可能だったが、そうするために儀式の遅れやら何やらを想定し、必要に備えての周回飛行も計画してあった。さらに、ロッシマウス棲息の気の良いポンゴ——陸軍士官に無線器機を持たせて造船所のクレーンの上に待機させ、終始状況を伝えてもらうようにした［※5］。

案の定、低く垂れ込めた雲の下、丘陵地帯を抜けて、指定の時刻どおりにクライド川の南岸に向かったとき、眼下でQE2が動き出した様子はなかった。私たちは周回飛行に入った。一二機のバッカニアによる大旋回で、内側を飛ぶ機は丘陵の尾根すれすれだ。周回コースを半周したあたりで、我らがポンゴの金切り声が無線に飛び込んできた。「動き出したぞ」

私は「全機、密集」をコールし、編隊を敢えて可能な限りの急な旋回に導いた。私たちは完璧なフォーメーションを維持しながら、QE2が川面に滑り込んだまさにその瞬間に、みごと上空を航過した。それから私たちは帰途に就いたが、全機この時点で燃料は尽きかけようとしていて、何機かは場周経路を省略し、追い風進入航程《ダウンウィンド・レグ》に入らねばならなかった。全機無事に着陸したものの、またしても私たちは、日頃こちらの仕事なんぞろくに理解していない報道関係者の歓迎会につきあってやる羽目になり、どうにも居心地の悪い思いをした。ともあれ、この任務を成功裏に終えることができたのは、ひとえに編隊一二機二四人の男たちの飛行機乗りとしてのプロ精神あったればこそだ。

７３６勤務には本当にやり甲斐を感じた。その期間、続々と若い優秀な訓練生がバッカニアへの機種転換を果たし、ここから一線級の部隊に旅立って行くのに立ち会ったのだから。かく言う私も一九六八年一二月、８００飛行中隊の指揮を執ることになって彼らの仲間に加わるのだが、それはまた別の機会に話そう。

※1　一九六三年一二月から英国保護領の南アラビア連邦アデン直轄保護領を中心に展開された対英独立戦争で、一九六七年一一月にイギリス軍のアデン撤退をもって終結。武装勢力の主軸だったNLF（国民解放戦線）により南イエメン人民共和国（当時）の成立が宣言された。
※2　パプアニューギニア周辺で見られた、いわゆるカーゴカルト＝積み荷崇拝の風習の一例か。
※3　イングランド西端ランズ・エンド岬西南二八マイル。
※4　QE2はキュナード・ライン社保有のクルーズ客船で、クライドバンクのジョン・ブラウン・アンド・カンパニー社の造船所で建造され、この進水式の後一九六九年四月に竣工、同五月に大西洋横断定期客船として就航した。
※5　〝ポンゴ〟の原義は大型の類人猿、あるいはくだけて〝お猿さん〟といったところだが、イギリス海軍の俗語で陸軍の将校を指す。

# 04

# ロッシマウスの南アフリカ空軍

## テオ・デ・ムニンク＆アントン・デ・クラーク

Theo De Munnink AND Anton De Klerk

SAAF最初の転換課程の面々。
後列右がテオ・デ・ムニンク、その隣がジョン・マーフィー、
前列左がボブ・ロジャーズ中佐、右がマイク・マラー少佐

南アフリカ空軍《SAAF》が自国の空軍力の国際間競争における維持均衡を図り、バッカニアを購入した際、この新型機を運用する部隊として、第二次大戦期の飛行中隊――24飛行中隊が再編されることになった。その飛行要員として八組のクルーが選抜され、中隊長ボブ・ロジャーズ中佐の指揮下に入る。ボブ・ロジャーズ、マイク・マラー、ヤン・ファン・ロッヘレンベルフの三名のパイロット――いずれも後に空軍最高司令官に就任する――は、中隊の残る要員がバッカニア転換訓練のためロッシマウスを訪れるに先だって一九六四年半ばに渡英。その六ヵ月後に、二名の航法士がそこに加わる。

## テオ・デ・ムニンク

ジョン・マーフィーと私が、それぞれの妻を伴ってヒースロウ空港に着いたのは、一九六五年の元日を迎えた直後のことだった。私たちはバッカニア転換訓練を受けるため、ロッシマウスに向かう途上にあった。ロンドンを寝台列車で発ち、まずはエルギンを目指す。客室乗務員が、お飲み物は何にいたしますかと訊いてきたときのことを憶えている。「コーヒーですか、紅茶ですか？　ミルクは？」私たちは答えた。「コーヒーを頼む」。彼の返事が「あいすみません、紅茶しかご用意できないんですよ！」おまけに、車掌にはこう告げられた。この列車はインヴァネス行きですから、エルギンならクレゲラヒーでお乗り換えということになりますね。それが何処のことなのか、さっぱりわからなかったので、私たちは車掌にその聞いたこともない地名をもう一度繰り返してもらって、頭に入れようとした。ご心配なく、と車掌は言った。駅に近づいたら、お教えしますよ――。それが翌朝、なんと〇六〇〇時のことだった。

私たちはあたふたと降りるしたくをした。列車は停まり、私たちが無事に手荷物とともに降車したのを車掌が確認したかと思うと、それはたちまち走り去った。クレゲラヒー駅は、ぽつんと人里離れた場所にあり、周囲には人っ子ひとり見当たらない。とても寒くて、逃げ込めるのはバス停さながらの、お粗末な駅の待合室だけ。寒さと暗さに耐えながら、通る人の姿を見ることもなく一時間近く待っていると、ようやく一両編成の列車が駅に到着する。それがエルギン行きだった。私たち以外に乗客はいない。ひどく揺れたので、身重だった私の女房は、座っているより楽だと言って、ずっと立ったままだった。これでは急に産気づいて早産なんてことになりかねないぞと心配になってきた矢先、ついにエルギンの駅に着いた。私たちと組むことになるはずのボブ・ロジャーズとマイク・マラーが出迎えてくれた。真夏のプレトリアから来た私たちが、真冬のロッシマウスに慣れるには、しばらくかかりそうだった。

翌日、ボブとマイクがエルギンの町を案内し、宿所で私たちを彼らの奥さんと、ヤン・ファン・ロッヘレンベルフ夫妻に引き合わせてくれた。ヤンは私たちが乗るバッカニアの到着に備え、その準備の一環として、ロッシマウス駐屯の別の飛行中隊で兵器教習を受けている最中だった。私たちはさっそく車を購入したが、ジョン・マーフィーのは私には手が出ない値段、私は五〇ポンドの一九四八年製モーリスだ。そして、私たちは寄宿先を探しに出た。こういうときは、まず町役場で情報収集だ。というわけで、そこで〝貸し間あり〟のリストを貰って、片っ端から当たり始めた。真冬のエルギンで、ジョンも私も南ア空軍支給のレインコート姿、首には厚ぼったいスカーフをぐるぐる巻いて頭にキャップ。ほとんど当世風のチンピラ二人組といったところだ。アビー通りで車を停め、リストにあった一軒の大きな家のドアをノックする。応対した家主は、私たちを一瞥するなり言った。あいにく全室ふさがったところでしてね。

　車に戻りながら、どうやら体よく敬遠されたなと思った。私たちは、そのブロックを一周してから、今度はご婦人がたを交渉に送り込んでみた。彼女らは大歓迎され、空いてる部屋に案内された。我が妻は、簡易キッチン付きの広めのワンルームを選んだ。ジョンの奥さんも同じように即決して、一週間分の賃料を前払いした。それから彼女らに呼ばれて私たちが入って行くと、さっきの家主が少なからず狼狽して、びくついているのがわかった。その後、マーフィー夫妻がすぐによそへ移ったので、私たち夫婦は週に五シリングの上乗せで、寝室ふたつに玄関も別という快適な部屋を確保できた。こうして住むところも定まって、あとはバッカニア転換訓練を待つばかりとなった。

　一九六五年一月一一日、８０９海軍飛行中隊《NAS》で、私たちの転換訓練が始まった。最初は地上講習からで、バッカニアの構造など技術面の講義もこれに含まれる。ロッシマウスの湾口まで連れ出され、北海に投げ込まれるという経験もした。陸は一面の銀世界、海は水温四度C、ひたすら寒かった——としか言いようがない。ただ、イマージョン・スーツはまさしく救命衣、それは確かにわかった。私たちはヘリで引き上げられ、その間の安全策はじゅうぶんに確保されていた。

私のＦａｍ１（第一回習熟飛行訓練）は、一月二九日だった。乗機は〝バック〟ことバッカニア２２３、操縦席はカール・デイヴィス大尉。これが、それまでの自分の飛行歴のなかで最高の機体との出会いだった。こいつは凄いぞ——。二回目の飛行は同日、そのわずか数時間後。当時の８０９の指揮官ウィリー・ワトスン少佐とのＦａｍ２だった。二月中、雪が降りしきり、日が短いなかでも、飛行訓練は順調に進んだ。同月、私は計二一回の飛行に臨んだ。うち五回はイギリス海軍のパイロットと一緒の習熟飛行で、残りは我が相棒マイク・マラーとの訓練飛行だった。

三月には計二九回の任務飛行に出て、そのなかで私は複座のハンターで飛ぶという最初で最後の経験をした。ボブ・ロジャーズと私は、低高度航法演習を実施する予定だったが、そのときたまたま使えるバックが払底していた。それでハンターを使うことになった。ボブはここ数ヵ月、ハンター操縦から遠ざかっていたし、私はそもそもハンターで飛んだことがなかった——という事実は、誰も気にかけなかった。私たちは、ただこう告げられただけだ。「使うのはこれだ、行け！」。操縦手引《パイロット・ノート》きをおおいに頼りにしつつ、私たちはハンターに乗り込んで、離陸した。

テイン西方の渓谷にさしかかった直後だった。突然の視界不良に見舞われた。両側の山並みの尾

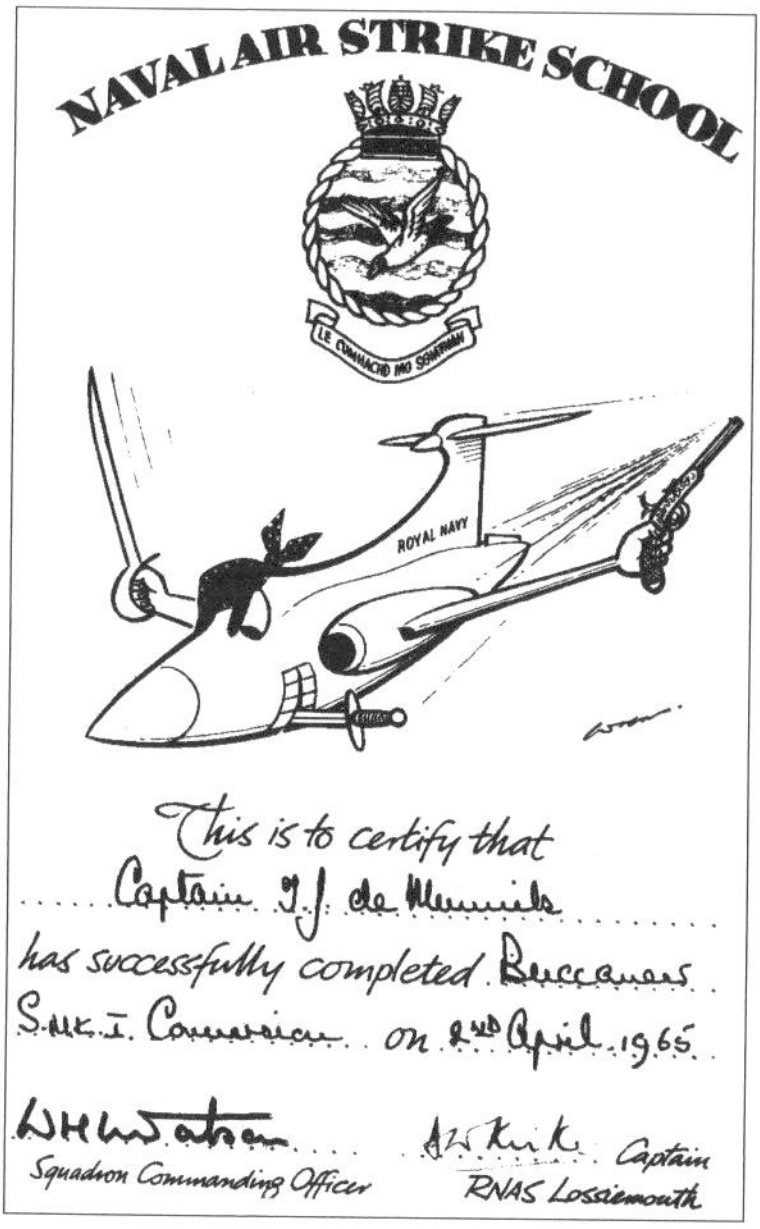


根は雲に包まれ、私たちの目の前に白い雪のカーテンが降りてきた。この場合、取るべき行動はただひとつ。機首を上げて、雲の上に抜けるまで上昇する。その高度五〇〇〇フィート。私たちは以後の飛行を予定どおりに実行することに決めて、低高度演習を再開すべく雲の切れ目を探しながら飛んだ。降下するにじゅうぶんな程度に地上が確認できたところで、私たちは高度を下げたが、そこはネス湖の上空で、指定の飛行区域をわずかに外れてしまっていた。やむなく海岸まで出てから、その後は快適に飛んで、私たちは〝ロッシ〟に戻った。このほか、三月中の任務飛行には、兵器システム演習・ハイ-ロウ攻撃（高高度侵入-低高度攻撃）・降下角二〇度による爆撃・戦術偵察・編隊飛行・夜間飛行といった課題があった。同月末、私たちはその全課程を修了した。私の累計飛行時間はバッカニアMk1で五三時間、ハンターで一時間に達した。

転換訓練を完了した私たちは、間もなく渡英して同様の訓練に入る搭乗員《クルー》六組の受け入れ準備に取りかかった。私たちはイングランド南部のグリンステッドに出向いた。そこにあるシミュレーター製造所で彼らと落ち合うために。ところが、肝心のシミュレーターの準備に遅れが生じていて、到着した奴らは数週間もゴルフだ何だと暇つぶしに明け暮れた。おかげでグリンステッドで私たちが滞在していたホテルには、〝首相閣下のＳＡＡＦ将校保養所〟なるニックネームがついた。だが、ついにシミュレーターが使用可能となり、遊び暮らした連中もようやくバックの感触を試すことになった。

五月下旬、私たちはロッシマウスで、我がＳＡＡＦ仕様のバッカニアＭｋ50の第一号（機体番号４１３）を受領した。マイクと私は、この新しい機体を知るべく、さっそくこれで何度も飛んだ。出力はＭｋ１の二倍、消費燃料は半分とは、これまた凄いじゃないか。この４１３で初めて飛んだときのことは今でも忘れられない。私たちは離陸に備えて滑走路の末端に待機し、離陸前の点検リストを確認した。ブレーキをかけ、出力を最大まで上げて、出力計のゲージをチェック。ブレーキ解除になった機体が走り出すのを感じて、私たちは楽々と離陸した。

私たちが地上に戻って来ると、怒り心頭のハリー・ビートン――私たちの技術将校――が、分散駐機場で待ち構えていた。たったひと言、「乗れよ」とだけ言って、彼は私たちを車で滑走路端まで連れて行き、ほとんど一〇〇ヤード向こうまで延びた黒いタイヤ痕を見せた。「あんたたち、きっと下のカンヴァス層までぶち抜いてくれてるんだろうな」。というわけで、まさにその場でパイロット・ノートは自主改訂だ。出力九〇パーセントまで上がったところで、ゲージを確認、ブレーキ解除、そこで離陸に向けて出力全開。ノートはＭｋ1には役立ったが、より強力なエンジンに換装されたＭｋ50の場合、出力全開の状態になると、ブレーキでロックされている機体でも抑えが効かなくなり、事実上動き始めているということなのだった。

六月二日、私たちはブラフを訪れ、マイクと私は機体番号414を、ボブ・ロジャーズとジョン・マーフィーが415を、それぞれロッシマウスまで自力空輸した。同月半ばには、後発組のクルーもロッシマウスで転換課程に入ろうとしていた。

その転換課程の期間中、私はどのパイロットとも組んで、彼らの習熟飛行につきあった。同時に、マイクと一緒に飛んで、試験飛行やブラフからの自力空輸、編隊飛行訓練にも参加した。七月二六日、マルティン・ヨーステと私はロッシマウスを離陸して、マルティンにとっては初となる兵器システム習熟訓練を実施した。このとき、機体のシステム障害が起こって、私たちはロッシマウス飛行場に戻った。周回飛行に入りながらマルティンが脚を降ろそうとしたところ、赤い警告灯が三つとも点灯する。もう一周しても、結果は同じだった。もっとも、私たちはさほど心配はしなかった。バックの脚下げには三つの方法がある。通常／緊急、最後の手段は緊急時自動制御停止だ。私たちが周回飛行を続ける間に、管制塔には我が中隊長ボブ・ロジャーズと技術将校ハリー・ビートンを含む支援チームが招集された。

マルティンは〝緊急〟の脚下ゲを選択した。が、それでも事態は変わらず、警告灯は三つとも赤く点灯しっ放しだった！　そこに、状況確認のためだろう、イギリス海軍のバック一機が飛んで来て、私たちに伝えてくれた。前輪と左の主車輪は降りたようだが、右主車輪の収納庫の扉が閉まったままだ、と。マルティンは〝緊急時自動制御停止〟のボタンを押した。これで、自動制御系のマイクロスイッチをすべて迂回して、油圧がホイールジャッキに直接届くことになり、脚収納庫の扉も開く——と私たちは教えられていた。おお、そうかい……って、違うじゃないか！　警告灯は——前輪と左主車輪が降りて——緑が二つになった。だが右主車輪に変化はない。〝収納庫開扉〟もこれで見込みなし。海軍のバックも、右脚収納庫の扉が依然として貝の口さながらにぴったり閉じているのを確認した。私たちには、もう打つ手がなかった。

　そのまま飛行場上空を周回しながら、私たちは管制塔から技術陣の助言を受け取った。まずは着艦フックを降ろせと言う。現イギリス海軍のバッカニアなら着艦フックは油圧作動なので、空中にいても指示どおりの上ゲ下ゲが可能だ。然るに、私たちの機体のフックは空気圧作動式で、接地の瞬間に地上重量感知のマイクロスイッチが働いてからでないと降りないはずだ。おい、そうだよな……って、そうじゃなかった！　マルティンがフック下ゲを試みると、フックが降りたのは驚きだが、ひとまずは喜ばしいことだった。

　ロッシマウスの滑走路には、末端に一本の制動索が張り渡されている。制動索の両端は、滑走路のすぐ横に設置されたチェーン拘束装置《CHAG》の太くて重いチェーンに繋がっている。理屈はこうだ。着陸して、フックがこの制動索を引っ掛けると、機体は次第に背後のチェーンの重さに引きずられ、速やかに停止する。フックを下げて、私たちは着陸に備えた。管制塔からは懸念の声が伝わってきた。その状態では着陸の際に機体がねじれるか歪むかして、キャノピーが開かなくなるかもしれない。最終進入の段階でキャノピーを投棄しろ、と。

周回飛行している間に、マルティンがぼやいた。こんなことならバスの運転手にでもなってりゃ良かったよ。私は答えた。そうだな、そしたら車掌は僕だ――。今さらぼやいても、後の祭りだが。

私たちは、燃料消費のため、今しばらく周回飛行を続行するよう指示されたが、発電機に原因不明の不具合が発生したので、システム障害がこれ以上広がる前にと着陸を決意した。最終進入に入って、マルティンが私に宣言した。三つ数えたらキャノピー投棄だ。一、二、三。強烈な爆発音とともにキャノピーは吹き飛んで、標準警告パネル《SWP》に並ぶほぼすべての警告灯が点灯し、ガーンと耳鳴りがした。滑走路端を過ぎるとき、一瞬、目の下に制動索が見えた。畜生、おいマルティン、俺たちしくじったぞ――。そう思った次の瞬間、機体はチェーンを引きずりながら、急速にスピードを落とした。やれ、助かった。マルティンはできる限り右主翼を上げ続け、それがついに路面を擦ったときは速度ゼロ。完璧な着陸操作だった。機体は滑走路のセンターラインをわずかに右に逸れて停止した。あらゆるスイッチを切ってから、私たちは外に這い出て、救急隊に迎えられた。万事、言うことなしだ。

ロッシマウスでのバック415の回収作業。1965年6月

このバックは海軍のクレーンで吊り上げられ、私たちの格納庫の架台に納まった。機体の損傷箇所は、キャノピーと右主翼の翼端、右エルロンにとどまった。もっとも大きな損害は、キャノピー投棄に由来するものだ。操縦席の左側に位置する点火装置の閉鎖機まで吹き飛んで、警告パネルの密に絡んだ配線のなかに割り込んだ（結果、警告パネルがクリスマスツリーのごとく一斉点灯した）。マルティンの左脚にはまんべんなく点々と、飛行服の内側にまで、コルダイトの染みが付着していた。

後刻、技術屋連中が機体を外部油圧系に繋いで、脚下げを試した。すると、降りていた二基の車輪が収納庫に隠れて、その後二度と出て来ようとしなかった。しばらく悩んだ挙げ句、彼らはこう結論を下した。いったん〝自動制御停止〟に移行すると、脚のピストンがまさに自動的にはニュートラルに戻らないのだ、と。バック４１５は補修にまわされることになった。右主車輪が降りなかった原因は、脚収納庫の扉のロックを解除する機構に欠陥があったためと判明した。
七月三〇日、マルティンと私は、彼の兵装システム習熟Fam1をバック416でやり直すことになった。そして、まさかと思ったが、またしても脚のトラブルに見舞われた。脚を上げると警告灯が三つとも赤になる。周回飛行しながらもう一度試したところ――脚下ゲは問題ないが、脚上ゲになると赤いランプが消えない。結局、私たちは脚を下げて、着陸することにした。数時間後、私たちはバック414で無事に訓練を終えた。これぞ三度目の正直！

この一九六五年の夏のあいだ、私たちはロッシマウスの海岸で、女房連中も招待して（スコットランドには私たち全員が妻同伴で来ていたわけではなく、それができたのは半数ほどだったが、私はその半数のうちの一人だった）バーベキュー大会をやった。私たちの国の言葉で言うなら〝ブラーイ〟すなわち焼き肉大会だ。〝ブラーイ〟にならぬ私たちの国の伝統的なソーセージ〝ブールヴォース〟にいちばん似ているのは、カンバーランド・ソーセージだ。ということで、何キロものカンバーランド・ソーセージとラムチョップに牛ステーキ肉、何ガロンものアルコール類で、装備完了。みんなで砂丘を越えて浜辺まで降りた。すぐに盛大に火を熾し、酒盛りを楽しむうちに、バーベキューグリルの上で肉の焼ける、紛うかたなき芳香が周囲一帯に漂い、私たちを刺激した。まったく愉快な夜だった。

そろそろ暗くなりかけ、私たちが波打ち際ですっかり寛いでいたときだった。何だかあたりが手狭になってきた。潮が満ちてきたのだ。あちこちに見える漂着物の位置から判断するに、満潮になれば浜全体、砂丘の裾まで海水が押し寄せてくるのだろう。よし、ただちに撤退だ。私たちはスクランブル発進し、あたふたと砂丘を駆け上った――そのときには、もう周囲は真っ暗だった。みんな砂丘の頂上まで無事に退避して、バーベキューはお開きとなった。まったく、愉快な夜だった。

九月半ば、後発組のクルーもバックＭｋ50での転換訓練を終えた。残るは爆弾倉内燃料タンクおよび投棄式大型燃料タンクを搭載した機体を使う演習だ。私たちは全員、数回にわたる長距離航法演習に取りかかった。この当時、プローブ（空中給油用受油パイプ）を装備している機体はなかった。南アフリカまで、各飛行区間《レグ》の航続時間は四時間を超えないものと想定されていて、バッカニアは空中給油なしで行けるはずだった。

一九六五年一〇月二七日、私たちの出立に向けて、すべての準備が整った。我が南ア空軍のＣ-１３０ハーキュリーズ五機が私たちを支援してくれることになっていた。また、万が一の捜索救難に備え、シャクルトン二機が用意された。後者のうち一機はアセンション島に、一機はアフリカ大陸西岸ビサウに待機する。Ｃ-１３０のうち二機は、すでにロッシからヨーヴィルトンに先回りして、私たちの到着を待っていた。南アフリカまでの各中継地には地上員も配置された。私たちは８機勢揃いして、主翼下に大型燃料タンクを懸吊して、出発を待った。

## アントン・デ・クラーク ——先述八機のクルーの一人。航法士として、その希有な体験を綴る——

一九六五年四月初め、私たち一一名の飛行員は南アフリカ共和国からイギリスへ渡った。二週間を〝順応〟のためロンドンで過ごして、グリンステッドに移動した。シミュレーター訓練施設がそこにあった。続く二週間ばかり、私たちはシミュレーターで「飛んだ」。この入門編のあとは、ブラックバーン社のブラフ工場での技術講習、およびロールスロイス社エンジン工場の見学が待っていた。

このときは、間もなく夢が現実になるというので、みんな意気込んでいた。早くバッカニアのコクピットに座りたい——。そして、六月、いよいよその時が来て、私たちは北の果てロッシマウスに向かった。実物の機体を格納庫で見たときは感動だった。

私が相棒のマルティン・ヨーステとともに〝バッカニア歴〟の第一歩を踏み出したのは、このロッシマウスだった。私たち二人は、その一年前の一九六四年七月、キャンベラ装備の12飛行中隊にともに配されて以来の腐れ縁だ。何せ、それから八ヵ月のあいだ一〇〇時間は一緒にキャンベラで飛んだのだから。

その後の四ヵ月余り、マルティンと私は各種の任務飛行をこなし、累計五〇時間の飛行時間を稼いだ。ハイランド一帯での低高度演習、北海に設置した標的への模擬攻撃、高高度航法演習など、訓練はほとんどスコットランドで実施された。私たちがスコットランドから南へ飛ぶ長距離飛行演習に臨んだのは、ロッシマウスでの日々もそろそろ終わりという頃だ。南アフリカまで機体を自力空輸する準備だった。さらに、生存訓練の一環として、海軍の船から北海に落とされて、ヘリコプターで救助されるという経験もした。そのときは、まだ知らずにいた。この経験が、あとになってとんでもなく意味を持つことになろうとは。

24飛行中隊の、ロッシマウスから南アフリカのヴァータクルーフ空軍基地への移動は、大がかりな作戦だった。このためにC－130ハーキュリーズ五機がロッシマウスで私たちと合流し、技術的な支援に備えた。この時点で、24中隊は飛行員一六名、技術将校五名、地上員一二〇名。バック417は目立って優れた機体で、まさに貴重品と言って良かった。私たちは出発に先立つ最終訓練飛行で417を使ったが、その最後の八回とも何の技術的な問題もなく、邪魔も入らず、すべてがいつも円滑に機能した。例の〝自動巻き取り地図〟さえも。

南アフリカに発った八機のバッカニアの乗員は、以下のとおり。

ボブ・ロジャーズ&ジョン・マーフィー
マイク・マラー&テオ・デ・ムニンク
ヤン・ファン・ロッヘレンベルフ&パウル・ファン・レンスブルフ
マルティン・ヨーステ&アントン・デ・クラーク
コート・デュ・ラント&ピート・オーストハイゼン
ヴァップ・クロニエ&ヨーハン・ファン・デ・ブルフ
ダリル・ピナール&アントン・デ・ベーア
ベン・フォルステル&マック・ファン・デ・メルヴェ

第一レグ。　一九六五年一〇月二七日水曜日。ロッシマウスでの最後の日を迎える——みんな待ち焦がれた日。何たる壮観。八機のバッカニア、三機のC-130が分散駐機場で離陸準備をしている。

南アフリカに向けての離陸準備をするマルティン・ヨーステとアントン・デ・クラーク

C-130の残る二機は、すでにヨーヴィルトンに先乗りして、私たちを待っているはずだ。バッカニア八機は、二個の四機編隊に分かれ、二〇分の時間差で離陸する。〇九四〇時、ついに私たちは〝離陸許可〟を請求した。この応答を聞くのも最後になる。「離陸を許可する……機首方向、スクール。【編注：ロッシマウスの滑走路29に近接して、名門寄宿学校ゴードンスタン・スクールが所在する】」。マイク・マラーとテオ・デ・ムニンク組の編隊1番機が離陸滑走を開始し、私たちも順次それに続いた。マルティンがバック417の機首を起こし、脚を上げ、これでロッシマウスともお別れだ——私たちは家路についた！　八〇分後、ヨーヴィルトンに着陸。いつもどおり、何の障害もなく。

第二レグ。　一九六五年一〇月二八日木曜日。前日と同様の手順でヨーヴィルトンを離陸、〇九二〇時には全機が空に揚がる。目指すはグラン・カナリア島ラス・パルマス飛行場。アフリカ大陸西岸から南西三五〇海里の同島まで、南下すること一五〇〇海里、飛行時間は三時間半。一三一五時には全八機とも整然と駐機場に納まり、私たちには一日の休養日が待っていた。飛行再開は土曜日に予定されていたからだ。次の航程はアセンション島までとされていて、それに備えて給油／整備点検を実施するための長時間の寄航だった。ここでもバック417は高い信頼性を維持していた。

第三レグ。　一九六五年一〇月三〇日土曜日。私たちは本作戦で最長の航程に臨もうとしていた。ただし、その二四〇〇海里はバッカニアの航続距離を超えているため、実際の航程は二段階に分けられた。まずはラス・パルマスからカーボ・ヴェルデ諸島のサル島に飛ぶ。その距離八〇〇海里。そこからアセンション島までの一六〇〇海里が第二段階となる。私はこの作戦飛行を楽しむようになっていた。417は完璧な、何の問題もないまさしく唯一の機体だったからだ。離陸パターンが設定されて、〇九二〇時には全機が空に揚がった。そして、一一〇〇時、見るからに不毛な小島に無事着陸する。このサル島の飛行場は、南アフリカ航空の給油基地として開設されたもので、必要

ボン・ヴォヤージュ(よい旅を)!

最低限の設備しかない。気温は約三五度Cで、私たちは日陰を求めてバックの主翼の下で時間をつぶした。補給作業がすべて完了して、私たちが再び空に揚がったのは一四〇〇時。確かに難題ではあった。たっぷりと燃料を積んだ重い機体、四〇度Cにも達するかという外気温——とは、この爆撃機の離陸に際して、決して理想的な条件と言えない。それがうまくいったのは、ひとえに私たちが海抜ゼロにいたという点にある。離陸滑走に入ると、滑走路末端がすぐ目の前に迫っているように感じられたものの、全機難なくフェンスを飛び越えて、私たちはアセンション島へ向けて南に針路を取った。これから3時間半の飛行になる。ともあれ、空調の効いたコクピットに戻れたのはありがたかった。

私たちは高度三万二〇〇〇フィートで水平飛行に移り、アセンション島に向かって安定飛行に入った。だが、約四〇分後、巻雲に遭遇し、視界維持のため三万四〇〇〇フィートまで上昇する判断を下すことになる。その結果、私たちは緩やかな編隊になった。さらに、その新しい高度に到達したばかりのところで、私たちは再び同じ問題に行き当たり、編隊一番機――マイク・マラーとテオ・デ・ムニンクのバック416を見失った。ようやく見つけたとき、彼らの姿は遥か彼方だ。また雲のなかに入らないうちに彼らとの距離を詰めようと、私たちは左旋回を始めた。とたんに、エンジンが両側とも停止した。機体は急激に傾き、制御不能の錐もみ状態に陥った。

マルティンはほとんど半狂乱でエンジン再点火を試みたが、成功しなかったので、両主翼下の燃料タンクを投棄した。それも無駄だった。予備計器板だけが機能しているなかで、私は彼に訊いた。今、高度はどのくらいだ？

「一万を切った。どんどん落ちてる。もう読みきれん」というのが彼の答えだった。そして、彼はメーデーを発信し、キャノピーを投棄して、緊急脱出した。自分ひとりになったのを確認して、私もあとに続いた。

## テオ・デ・ムニンク――そのとき、何が起こったか――

私たちが雲に近づきつつあったとき、マイクが全機に密集編隊への移行を告げた。三番機と四番機は速やかに追随したが、二番機（マルティン・ヨーステ&アントン・デ・クラーク組の417）

が遅れたまま、私たちは雲中に突入した。マイクはマルティンに離脱手順（一五度の右旋回を二分間続けたのち、本来の針路に復帰）を実施するよう通告した。私たちはしばらくのあいだ雲に包まれていたが、マイクが三万四〇〇〇フィートまでの上昇を決断した。それで雲を抜けられるかどうか。私たちは彼の判断に従った。そして、私はマルティンの機を三時方向に認めた。彼は旋回を始めて、私がもう一度見たとき、その機は機首から地上に突っ込んでいくところだった。マイクが訊いた。何だ、何が起こった？　マルティンが答えた。スピンしている——。私は彼を雲のなかに見失い、即座に現在位置をサル島の南五〇〇マイルと記録した。彼らとの交信は、それきり途絶えた。マイクは編隊の他の二機に、そのままアセンション島へ向けて飛行を続けるよう指示した。私たちは、その場——マルティン機を見失った空域を周回しながら、降下を始めた。

　私はダカールにメーデーを送信し、ビサウに待機しているはずのシャクルトンにつないでくれるよう要請した。確実に彼らの出番になる、と。私がバッカニア４１７に代わってメーデーを発信していることをダカールに理解させるのは、いささか厄介だった。先方はしきりに私たちのアセンション島到着予定時刻《ETA》を知りたがっていたからだ。それでも、何が起こりつつあるかを了解すると、彼らはただちにビサウに働きかけを始めた。続いて、私はワイダウェイク・タワー（アセンション島）を呼び出した。私が呼びかけたとき、運良くハリー・ギリランドが応答してくれた。私たちの支援についたC‐１３０の機長のひとりだ。彼はワイダウェイク飛行場に駐機中のC‐１３０の機内で、ヴァータクルーフと交信するため無線のスイッチを入れた瞬間、メーデーを告げる私の声を拾ったのだった。私は彼に墜落機の位置を報告し、アセンション島待機のシャクルトンにそれを伝えてくれるよう頼んだ。

そのまま私たちは低高度で一時間近くにわたってマルティンとアントンの姿を捜したが、成果はなかった。私たちの速度を考えれば、無理もなかった。おまけに高度を下げたことで、キャノピーが曇っていた。アントンもマルティンも、ディンギーに這い込んですぐに、私たちが上空を通過して行くのを見たという。ひととおり捜索したのち、もはやアセンション島まで飛ぶことは不可能となっていたので、私たちは高度を上げてサル島に引き返した。その途中で、私はビサウから北上して来るポルトガル空軍のＤＣ－６と交信した。彼らも同じ海域を捜索してくれるということだった。サル島に戻った私たちは、暗くなる直前、そのＤＣ－６が信号弾の光を確認したとの情報を受け取った。そして、夜も更けた頃、朗報が入った。シャクルトンが二つのＳＡＲＡＨ（捜索救難・誘導）ビーコンの信号を捉えたという。

## アントン・デ・クレルク　――ハッピーエンド――

パラシュートが開いてから、私は四方を見回して、かなり遠いながらもマルティンの姿を確認した。下を見ると、海面があまりに近いことに頭が真っ白になった。次の瞬間、私は海に叩きつけられるように着水した。ここからが、本当のサヴァイヴァルだった。これはもう訓練じゃないんだ——。我ながら驚いたが、このときの開傘時間は、せいぜい八秒といったところだった。

海は荒れていた。空一面に雲が低く垂れ込めて、海水は温かかった。北海での例の訓練が役に立ち、私は膨らんだディンギーに即座に滑り込んで、周囲に視線を走らせてマルティンを捜した。高い波とうねりのせいで、当初はなかなかその姿が見えず、彼を発見できたのはしばらく経ってからだ。さらに、驚くべし、一機のバッカニアが頭上を低空で過ぎて行く。ということは——。思うことはただひとつ。これで俺は助かるぞ。それはマイク・マラーの編隊一番機だった。だが、彼らの方では私を視認できなかったようだ。その後ようやくマルティンの姿が見えて、私たち二人が合流したのは日没直前だった。

マルティンと合流して間もなく、上空五〇〇〇フィート／〇三〇度方向に航空機一機が飛来するのが見えた。すかさず私は信号弾を撃った。それが彼らに確認され、報告されたようだ。それはポルトガル空軍の輸送機で、サル島から西アフリカ沿岸のポルトガル空軍基地へ飛ぶ途上にあったという。闇が降りてきて、私たちの長い夜が始まった。自分たちはいずれどこかで救助されるだろうが、明日というわけにはいかないだろう——という覚悟とともに。

二一三〇時頃だったか、何やらかすかな音が耳に入って、私はSARAHビーコン——サヴァイヴァル・キットの備品のひとつ——のスイッチを入れた。すると、ほどなく我が南ア空軍のシャクルトンが、水平線上に姿を現した。この瞬間の驚愕と安堵と言ったら。バッカニアの自力空輸作戦の一環として、我が空軍のシャクルトンが、万が一の救難任務に備えてビサウやアセンション島に配されていたのだ。以降、ひと晩じゅう、私たちの頭上をシャクルトンとC－130ハーキュリーズ各一機が、一定の間隔を保って飛びまわることになった。

上：大西洋での救出の瞬間
下：妻たちに帰還を祝福されるマルティン・ヨーステとアントン・デ・クラーク

一九六五年一〇月三一日、日曜日。前日とは打って変わって、海は穏やかで空には一片の雲もない。日の出前に、頭上のシャクルトンから、リンドホーム式救命コンテナが投下された。この一連のコンテナには一〇人収容のディンギーも仕込まれていて、日射しが時々刻々ときつくなるなかで、これが実にありがたかった。本格的な救助となれば、付近を航行する船舶の協力を仰ぐことになるだろうとわかっていたので、私たちは、どんな船が来てくれるかと想像を巡らせて暇をつぶした。リストまで作った。いちばん望ましいのは定期客船。逆に、それだけは勘弁というのが中国のトロール漁船。

一二〇〇時、もう一時間以上も前から、シャクルトンが頻々と同じ方向から接近してくるのがわかっていた。それから間もなく、水平線上に一隻の船が見えた。『ラントフォンテイン』だった。オランダを出港し、ケープタウン経由で極東へ向かう、その航行途上にあった定期客船。私たちはほどなくこの船に収容された。思い描いたリストの最上位に拾われるとは、出来すぎだ！　続く九日間、私たちは船長のゲストとして、船旅を楽しんだ。もっとも、マルティンは緊急脱出の際に背骨を傷めてしまったので、最初の二、三日はベッドでおとなしくしていなければならなかったのだが。私たちはケープタウンに着いて、家族と無事に再会した。素晴らしい天気の日だった。

私たちが謝辞を申し述べるべき関係者あるいは関係組織のリストは膨大なものになる。これは典型的な空・海連携の救難作戦ではあったが、平時にはまったく珍しい、希有な事例だった。私としては、真っ先に南アフリカ空軍を讃えたい。この自力空輸作戦の立案と実行に際しての配慮深慮に対して。そして、最後に、我が相棒のマルティン・ヨーステに心からの敬意と謝意を捧げたい。彼は二〇一二年三月に、この世を去った。

この一件のあとも、私は二九七〇年まで、かつてない最高の航空機すなわちバッカニアでの飛行

甲板積載貨物としてケープ・タウンに到着

を続け、その後部コクピットで一〇六〇時間の幸せな時間を過ごしたのだった。

## テオ・デ・ムニンク ——この物語の終わりに——

マルティンとアントンが救助されたと知って、私はそれこそ救われた気分だった。ありがたや、サル島滞在もこれにて終了だ。一一月一日、私たちは先行四機編隊のボブ・ロジャーズとダリル・ピナールと一緒に、中隊に合流すべくアセンション島へ向けて発った。ボブとダリルは、417の一件が発生する前に、ダリル機が酸素系にトラブルを起こしてサル島に戻っていたのだった。三時間五〇分の飛行で、私たちは一二〇〇時にアセンション島に着陸した。翌日、私たちは四時間の飛行に臨むべく、早朝に同島を離陸した。目的地はアンゴラの首都ルアンダ、当時はまだポルトガル統治下だった。

　さらに一夜明けて、ロッシマウスからプレトリアへの自力空輸作戦の最終日。一一月三日一〇二〇時、私たちはルアンダを離陸、母国へ向かって最後の航程に入った。三時間後、プレトリア郊外のヴァータクルーフ空軍基地に到着し、盛大な歓迎を受けた。こうして帰国できたのはおおいなる幸せだ。バック417を失ったのは残念だが、マルティンとアントンが無事に救助されたことは何よりの喜びだった。

　結論から言えば、ロッシマウスを去る日が近づくにつれて、私たちは艦隊航空隊《FAA》の仲間たちと過ごした数ヵ月を振り返り、そこで築かれた友情に思いを致すようになった。思い起こせば、ロッシマウスに着いたその日から、私たちは友人に囲まれて家にいるような気分にさせてもらった。誰もが私たちを親しく迎え入れてくれたおかげで、ロッシマウス滞在は私たちの忘れられない経験になった。今でも憶えている。一〇月二七日の夜、ロッシを発って最初の中継地ヨーヴィルトンでのこと。私たちが地元のパブでくつろいでいたところに、ロッシマウスのパイロットが飛行服のままで入って来て、我が中隊長ボブ・ロジャーズに何やら包みを手渡した。包みの中身は額装された何点もの写真。数時間前、私たちが出立する際の写真だった。この、ロッシマウスの粋なはからいには、さすがにみんな参ってしまった。これぞまさしく私たちが築いた友情の証だった。この友情は、自分たちが操った美しい怪物への共通の愛情と敬意とともに、時を経てますます強固なものになっていった。その絆は、〝バック〟で飛ぶ名誉に浴した者全員が、五〇年経った今でも固い結束を誇っているという事実につながっている。

# 05

# 我が飛行人生、バッカニアにあり

トム・イールズ
Tom Eeles

グランタウン-オン-スペイからフォリスに向かう自動車道は、ダーヴァ・ムアとして知られる荒涼たる原野を貫くように走る。その中間地点あたり、マリ湾岸方面との分岐点は強烈なヘアピンカーブになっていて、その道路沿いに鎮座する巨岩は白く塗られ、標語が書き込まれている。曰く「主は救い給う」。ドイツのラーブルックから二日がかり、長い道のりをのろのろと運転してきて、いい加減くたびれていた私は、危うくそれに衝突するところだった。英国海軍航空基地《RNAS》ロッシマウスを目指す途上、一九六六年七月のある夜のことだった。私は彼の地で、バッカニアとのつきあいを始めることになっていた。そこで岩に激突していたら、まず実現しなかったであろうつきあいは、それから何と23年も続くのだ。飛行時間にして二〇〇〇時間超、もちろん、バッカニアの訓練代替機として使用された複座ハンターでの一〇〇〇時間もそこに加算しなくてはならないが。

すべてはその数ヵ月前、艦隊航空隊《FAA》へ出向する志願者の募集から始まった。RAF初のバッカニア乗員として、二人のグレアム――スマートとピッチフォーク――が、その道の開拓者になったのは一九六五年早々のことだ。彼らの体験談に刺激され、私はすっかりその気になった。と言うのも、ドイツでキャンベラを飛ばす任務で感じた最初の頃の感動は、もう大概消え失せていたからだ。私は志願した。同僚たちは、私が血迷ったと思ったらしい。盤石のコンクリートの九〇〇〇フィートの滑走路から、絶えずうろうろ動きまわるだけではない、それこそ世界あちこちどこへ行くやらわからない空母の――ぽんこつ空母の九〇〇フィートの滑走路にお引っ越しかい。それでも、キャンベラよりバッカニアを飛ばす方がはるかに面白そうだと私には思われた。実際、そのとおりだったし！
　その夏から秋にかけての７３６海軍飛行中隊《NAS》における研修ときたら、冗談抜きで味も素っ気もない、実用本位の必要最低限というものだった。旧式化したバッカニアＭｋ１のシミュレーターで五回ほど〝飛行〟して、同じＲＡＦ練習生のティム・コックレルとともにバッカニアの計器板を搭載したハンターで一度だけ飛んだあと——二人とも今ひとつ理解していなかったが——、八月一八日、私はバッカニアＭｋ１　ＸＮ９５４でＦａｍ１（第一回習熟飛行訓練）に臨んだ。後席は認定飛行教官《QFI》ニック・ウィルキンスン海軍大尉。飛行中に直接手を貸してくれるわけではない。後ろから、ひたすら早口で機上講義を続けるのが彼の仕事だ。課程は順調に進み、九月二六日、私も機体番号ＸＴ２８１のＭｋ２で初飛行となった。

　そして、ついにこの馬鹿でかい猛獣を空母に乗せてやる日が来た。マリ湾にはぬかりなく『ハーミーズ』が控えていて、ゲーム開始だ。ところが、初日から上々の滑り出しとはいかなかった。先行の練習生ジョージ・ヘランが最終進入で少々きつすぎる旋回をやらかして、機体は真っ逆さま、本人は緊急脱出してヘリコプターに回収されて〝ロッシ〟に戻ってくるという一幕があったからだ。この一件で、私もいくらか神妙な気持ちになった。空母着艦は決して簡単にものにできる技術では

ないと知り、私はこれに何とか対処しようと躍起になって取り組んだが、前年は『イーグル』の800飛行中隊に勤務していたグレアム・スマートの指導方法に救われることになった。彼に〝熟達〟の太鼓判を押してもらったあと、残るはベッドフォードの国立航空機研究所《RAE》の付属飛行場に設置されている蒸気式カタパルトでの発進訓練だけだった。

カタパルトの設備は印象的だった。長い斜路が設置され、バッカニアはそこを滑走して、使われなくなった滑走路に向けて射出される。斜路の末端には、テニスコートのネットの巨大版が張り渡されていて、飛行速度に達しなかった機体を受け止める。船が生み出す向かい風という要素の恩恵が期待できない分、地上設備からの発進は、空母甲板からの発進よりも、はるかに厳しく、危険を伴いがちだ。実際、私がここから最後の発進に臨んだとき——そのまま飛行を続けてロッシに帰還する計画だったので燃料は満タンに近い状態だった——、攻撃照準器《ヘッドアップ・ディスプレー》が、ほぼ一式はずれて私の胸を直撃した。発進そのものは〝手放し操縦《ハンズ・オフ》〟で実行されたが、Mk2の低速時および大迎え角《AOA》での操縦性にまつわる初期不良が解決されたときから、この新技術は実に良く機能していたと言える。

こうして、転換課程を修了した私は（その間にも空軍がその人員を海軍に提供し、海軍が彼らを配したことで〝文明開化〟した）801海軍飛行中隊に配属が決定し、極東配備中の『ヴィクトリアス』に乗ることになった。

RAF輸送軍団《トランスポート・コマンド》ブリタニアによるカタツムリ並みにのろい道中を経て――おかげで時差ぼけに悩まされる心配もなかったくらいで――、私はRAFチャンギ基地に上陸していた801に合流した。『ヴィクトリアス』はクリスマス休暇の期間中、シンガポール海軍基地に入港、ドック入りしていたのだった。シンガポールの歓楽街で酒池肉林のクリスマスを過ごしたあと、一九六七年一月初頭、中隊は再び空母に乗り組む。このとき、私は初めてバッカニアMK2（XN981　機番号234）で、制動索利用の空母着艦を経験した。後年、私が操縦したこの機体はコーギー社のダイキャスト製モデルとして再現・発売され、それは今も私の書斎の一等地に飾られている。

船の暮らしは陸《おか》の暮らしとまるで違った。新聞は古くなったのがまとめて届き、テレビはない、たまに映画の上映があるくらいだ。もちろん、まだ携帯電話やパソコンなどなかった時代である。私は狭い居室《キャビン》を貰っていたが、そこは船倉の奥深くで、その通路のすぐ外側に大きい穴が通っている。覗き込むと、その底で喧しい音をたてて回転しているプロペラシャフトが見える。穴倉には床も天井も窓もない。上方に剥き出しの甲板下面と、ごくかすかに舷窓が見えるくらいだ。空母の内部は通路が複雑に入り組んで、まさしく迷宮。慣れるには何年もかかりそうだった。しかも、その迷路は洋上補給の際に定期的に水密扉で区切られ、通行が制限されて、余計わけがわからなくなる。

今も憶えているのは、ある晩、士官食堂で中隊長につかまって、艦橋のどこやらへ、ある伝言を届けろと言われたときのことだ。まだ艦内の通路に不案内だったので、私は毎朝通っているルートすなわち飛行甲板への通路を辿った。飛行甲板へ達する梯子を登りながら、ふと気配を感じて、真後ろを振り向いたところ——一機のシー・ヴィクセンが最終進入で突入してくるところだった。夜間飛行訓練中とは知らなかった。私は慌てて下に駆け戻った。そして、その晩はずっと中隊長殿と顔を合わせるのを避け、伝令役も果たさずじまいだった。

飛行任務は刺激的だった。発艦・着艦ともに毎回の見せ場であり、山場だった。ただし、バッカニアMk2につきまとう発進時のトラブルを理由に、夜間飛行がまだ解禁とはいかなかったため、私たちは昼間VFR（有視界飛行規則）による飛行しか実施できなかった。無事に空に揚がったあとは、あちこちの射爆場や海上を進む曳航標的に、爆弾やロケット弾を投下する訓練だ。私は前任地でキャンベラ部隊にいた関係で、核兵器搭載・運用の認可を得ているパイロットのひとりだったから、重量級の『レッドベアード』戦術核爆弾の模擬弾を、遠距離トス爆撃でフィリピンのタボンズ射爆場に落とすのもお手のものだった。海面に突き出たこの小さな標的島の中腹に、それはみごとに命中した。『ブルパップ』空対地ミサイルも、バッカニアの兵装の目玉のひとつだった。このミサイルは、三マイルの距離から緩降下しつつ発射されるが、パイロットが小さいコントロール・スティックを操作して目標に誘導しなければならず、同時に機体の飛行コースを維持しながらとあって、相当の技量が要求された。

着艦の瞬間は、いつも緊迫感に満ちていた。着艦は、まず母艦を確認することから始まるが、当然ながらそれは自分が発進したときとは別の位置に移動しているものと思わねばならない。そして、着艦予定時刻《チャーリー・タイム》にあわせて進入手順に移らねばならない。その際、進入許可を得る前に、甲板上の着艦受け入れ態勢が整うまで空中待機することもある。艦は海のうねりに揉まれて横揺れし、煙突から盛大に排煙を吐き出している。それに着艦しようとなれば、注意散漫は禁物だ。速度に、時間に、飛行甲板のセンターラインに、そしてテニスコートほどのスペースのなかで目指す第三制動索を捉えることに、すべて注意を集中しなければならない。みごと制動索を捉えて急激に減速したあとは、可能な限り速やかに駐機区画《フライ・ワン》に移動、制動索はただちに巻き戻される。三〇秒後には後続機が進入してくるからだ。〝ボルター〟した場合、つまり制動索を捉え損なった場合は、信号弾の光のシャワーとともに飛行管制《フライコー》の「ボルター、ボルター」の連呼を浴びつつ、着艦復行に移ることになる。この時点で、燃料はぎりぎりの状態にある。と言うのも、最大着艦重量は予備燃料と密接な関係にあるため、予備なしの方が何かと都合が良く、結果として着艦のやり直しも容易になるからだ。

私にもすぐに実感できたが、バッカニアの優秀さは明白だった。低高度では独壇場、搭載可能な兵器の幅広さも比類なく、つまりは当時のRAFの運用機種の「はるかに先を飛んでいた」わけだ。当時は、空軍にとっても海軍にとっても、厳しい時代だった。労働党政権による防衛費削減の結果、海軍は固定翼機搭載空母の全廃の危機に直面し、空軍はその威信をかけたTSR-2開発計画の中止という憂き目を見て、それに代わってアメリカのF-111を購入する計画も頓挫した。という次第で、空母から徐々に放出される海軍機とともに新造のバッカニア多数を空軍が受領することになるというのは、私にはたいした朗報だと思われたが。

その頃には、私の801勤務も終わりに近づいていた。私たちは大規模演習のため、リビアのRAFエル・アデム基地方面に展開中で、『ヴィクトリアス』がドック入り中に火災事故を起こしてスクラップ処分を控えているなか、中隊は『ハーミーズ』への再搭載を待っている状況だった。そのため、エル・アデムから中継なしのノンストップ飛行で、ヴィクターから空中給油を受けながらロッシマウスへ帰還することになったが、それはまた私の801での最後の任務飛行でもあった。

ところで、エル・アデム展開中に、バッカニアの空調システムには熱帯仕様の改修が加えられていた。熱風がコクピットに流入しないように、と。ロッシマウスに発つとき、それが仇となった。離陸四〇分後、空中給油機と会合《ランデヴー》する前に、私も後席のトレヴァー・リングも凍りついていた。電熱ヒーターが効いている正面の狭い範囲を除けば、キャノピー全体が一面に結氷し、ほとんど外が見えない。こんな状態で空中給油して、さらに五時間も極寒の飛行に耐えるのは――不可能とは言わないが、楽しくはない。私たちはマルタ島のＲＡＦルカ（ルア）基地に針路変更した。基地の売店に急襲をかけて寒さをしのぐ衣類を調達し、ついでに給油もして、単独飛行と行こうか。私たちの企みを、トレヴァーがＨＦ無線でロッシに伝えた。ロッシからは、着陸したら外部電源を確保して機体の電気系統は維持せよという指示があった。何か問題が生じた場合に、ＨＦ無線で対応するために。

エンジンを切って、機体を外部電源につないでから、私は基地の航空機整備小隊の整備場に出向いて、工具をいくつか借り出した。担当下士官はおおいに渋い顔だったが。その間に、私たちが着陸するのを見ていたのだろう、基地に駐屯するＲＡＦ飛行員の一団が――彼らもバッカニアが空軍向けに発注されたのを知っていて――見学に集まって来た。彼らは少なからず狼狽し、面白くなさそうな様子だった。空軍大尉が後席に陣取った海軍大尉の指図を受けながら、あれこれ雑用に追われているとは！　ただ、このささやかな情景は、ユニフォームの色の違いや所属の垣根を越えて、バッカニアの乗員が率先して提示してみせたチーム・スピリットあるいは協力態勢をみごとに象徴していた、と私は思う。そして、私たちは無事に帰還した。部隊のパーティーの終了時刻ぎりぎりに間に合ったが――何か文句があるかな？

かくて私は８０１を去り、中央飛行学校の研修に参加した。同時に、空軍のバッカニア導入計画は速やかに進展していた。ＴＳＲ－２／Ｆ－１１１の開発・購入の夢がむなしく潰えたあと、バッカニアを一刻も早く前線投入する必要性に迫られて、まずは運用部隊の編成が急がれ、その中核となる飛行要員の育成は海軍の訓練施設に頼ることになった。というわけで、私はＱＦＩのＢ２（教官試補）資格をものにしてからリトル・リシントンを離れ、ヴァリーで短期間の教育実習を経て、７３６海軍飛行中隊に専任ＱＦＩとして舞い戻るべく、再び北へ車を走らせた。今回は例の「主は救い給う」岩には近寄らないようじゅうぶん注意した。私が着いたのは土曜日の夜遅くで、士官食堂ではとんでもない大宴会の真っ最中だった。ちょうど『イーグル』がマリ湾に入っていて、その日は乗組員の大半が上陸し、久しぶりの陸《おか》を満喫していたのだった。ところが、あいにくの悪天候で艦に戻るに戻れず、士官の大軍団が基地になだれ込んで士官食堂バーの酒を呑み尽くし、馬鹿騒ぎのなかでピアノは解体されて姿を消した。その晩はどこにも部屋が確保できず、私は車のなかで寝た。翌日、ランチタイムにバーを覗くと、ピアノは奇跡的にもとどおりになっているように見えたが、それも酔っ払いが無意識にジョッキ置き場にするので、またしても脚を外されて運び去られるまでのことだった。何も変わっていなかった。ここに戻って来て良かった。

さて、すでに旧式化したバッカニアＭｋ１だが、かなりくたびれたその一群が、７３６のＭｋ２群の不足を補うため、保管庫から引っ張り出されて、ＲＡＦ練習生の訓練に供されることになった。

左から右に、ティム・コックレル、ジェリー・イェイツ、ミック・ウィブロー、デイヴ・ラスキー、ジョン・ハーヴィー、トム・イールズ、バリー・ダヴ

ジャイロンジュニア搭載のＭｋ１との再会は、予測不可能な入口案内翼《IGV》の誤作動と温度制御弁《TCV》の機能不全、推力の不足を考えれば、素直に大喜びはできなかったが。それらのＭｋ１は、ＲＡＦ技術将校ジョン・ハーヴィー率いる地上員の一団によって整備された。その結果、お蔵入りしていたＭｋ１は驚くほど〝使える〟状態を回復し、今や私も、練習生のＦａｍ１に同乗して、操縦にはいっさい手を出さず、ひたすら後席から騒々しい早口で説教垂れる身分となった。７３６では軍種による縄張り意識といったようなものは皆無だったので、私は空軍の練習生と同じくらい多くの海軍の練習生とも一緒に飛んだ。

そもそも、ＦＡＡの喜びと自慢のたねを

ＲＡＦがそっくり引き継いでしまったことを思えば、両者の間に相当の軋轢が生じてもおかしくはないところだったが、まったくそんなことにはならなかった。万事が順調だった。一九七〇年末に始まった最後の第八期生の訓練中の事故までは。一二月一日、アイヴァー・エヴァンズのＦａｍ１の最中、機体番号ＸＮ９５１の左エンジンが、最終進入に際して最大出力要求に反応しなかった。例の、ＩＧＶの作動不良だ。高度一〇〇フィートを切ってからの無謀とも言える試みだったが、私たちはマーティン・ベイカー社のすぐれた製品すなわち射出座席の性能を試すしかないようだった。機体がドンと地面に着く前の二〜三秒間は、アイヴァーが操縦席で独演《ソロ》を楽しむにまかせた。私はサーブ（ＳＡＲＢＥ／捜索救難ビーコン装置）を使いたくてたまらなかった——なにしろ、それを活用して救助されたとなれば、メーカーからもれなく銀製の大ジョッキが貰えるはずだった——が、救助隊のあまりに速やかな到着に、その目論見は挫折した。救助隊の連中には、ちょっとあっちへ行っててくれと頼んでみた。俺がサーブを立ち上げるまで、ちょいと待て——。彼らがそんな頼みを聞き入れるはずがない。というわけで、私は射出座席を使用した生還者として『マーティン・ベイカー・クラブ』の会員権を得ただけでよしとしなければならなかった。

私が海軍で飛行するのは、それが最後だった。と同時に、それが訓練部隊におけるＭｋ１運用の終焉ともほぼ重なった。一週間後、また別のＭｋ１が致命的なエンジン故障を起こして爆発した。いずれも練習生だったパイロットは無事に脱出したが、航法士は悲しくも命を落とした。Ｍｋ１は

XN951の残骸

訓練から引き揚げられ、第八期ＲＡＦ研修課程の訓練は、Ｍｋ２で続けられることになった。三ヵ月後、背骨の地上整備を終えた私は、自分がＲＡＦホニントン基地に新設された２３７運用転換部隊《ＯＣＵ》へ配属となったのを知る。ロッシマウスからはるか遠く、スコットランド北部の荒野とは大違いの、サフォークの平坦な低地にお引っ越しだ。

到着してすぐに判明したが、２３７ＯＣＵが保有するのは、たった一機のバッカニアとハンターが二機、ろくに設備も揃っていない格納庫が一棟。地上員が何人か。教官はそれよりもっと少ない。部隊の指揮を執るのは切れ者のアンソニー・フレイザー中佐、またの名を〝ガース〟――とは『デイリーミラー』紙の連載漫画のキャラクターの名前だが（似ていたのだ）。

そうした状況のなかで、私たちは準備に本腰を入れた。最初の練習生の到着が目前に迫っていたからだ。今もよく憶えているのは、同じサフォーク州にあるRAFストラディショール基地のスクラップ置き場まで、ブリーフィング・ルームで使うための上下スライド式黒板を漁りに行ったことだ。当時の情勢では、そんな備品ですら何ひとつ正規購入など許されなかった。ホニントンには見知った顔も多かったし、すぐに練習生がやって来て、活動は粛々と続けられた。ここでもFam1が始まったが、使用するのは強力なエンジンに換装されて信頼性も高まったMk2に限られた。私が経験した事故らしい事故と言えば、ただ一件。夜間離陸訓練で、制動索が前輪の脚柱に巻きついて、引っかかった機体が不意に緊急停止したことくらいだ。

それでも、およそ三年ばかり736および237で教官稼業に勤しんでいた私を、空軍人事課の誰かが哀れに思ったのか、現場に戻してくれた。今回の旅路は短く、ほんの隣の格納庫に引っ越して12飛行中隊に移籍するだけの話だったとは言え、これは嬉しい気分転換だった。ただ、しばらくして気づいたが、私は中隊の訓練担当将校として招かれたのだった。当初はイアン・ヘンダースンの、続いてはグレアム・スマートの指揮下にあって、12中隊勤務は多忙を極めた。RAFで唯一の洋上打撃／攻撃部隊として、私たちはひっきりなしに国内海外を問わず演習に参加する日々だった。訪問先はカルプ（デンマーク）、デチモマンヌ（イタリア／サルデーニャ島）、ルカ（マルタ）、アクロティーリ（キプロス）、ジブラルタル、バルドゥフォス（ノルウェイ）、ストーノウェイ（イギリス／ルイス島）、そしてもちろんロッシマウス。私たちは八機編隊で展開する新戦術を開発中だった。夜間飛行しながら、移動する高速哨戒艇に向けて『リーパス』フレア弾を投下する。あるいは、『マーテル』ミサイルの画像誘導《TV》・対レーダー版を導入し、それを活用する戦術を編み出す。２インチのロケット弾を発射しまくる私たちの雄姿は、ＢＢＣの『スカイウォッチ』でも紹介された。

長年のＲＡＦ勤務中、休暇から呼び戻されたことが、たった一度だけあった。それがこの12中隊に在籍中の一九七四年夏のことだった。トルコがキプロスに侵攻したときだ。結果的には私たちが動員されることはなかったが。

私たちは昼と言わず夜と言わず、何千ガロンもの燃料をヴィクターから吸い取りつつ、着実に毎月の飛行時間三五～四〇時間を達成した。私は二度ばかり雷の直撃を受けたこともあるが、いずれも夜間飛行中だった。こうして三年近く勤務して『空軍精勤女王褒章』を貰ったあと、私はバッカニアと別れて、戦術兵器部隊《TWU》に移り、ハンターを飛ばすことになった。

もっとも、それは長くは続かなかった。一九七七年、私は２３７ＯＣＵに、主任飛行教官として出戻った。さらに重責を担う立場に立たされて、これまた大忙しの日々となるも、相変わらずＦａｍ１からは解放されなかった。２３７ＯＣＵは、四個の飛行中隊――うち二個はドイツに、二個は国内に展開――に人員を供給した。さらに、海軍に唯一残ったバッカニア中隊にも、空軍・海軍の飛行員を少数ずつ提供していた。

一九七八年末、『アークロイヤル』が退役した際に、ホニントンでは、またひとつRAFバッカニア中隊が創設された。このとき『ペイヴスパイク』レーザー照準器という新装備とレーザー誘導爆弾（LGB）、能動的対電子（ECM）ポッド、改良型レーダー警報受信機（RWR）が、即応態勢の維持のため導入されつつあったものの、残念ながら一九五〇年代以来の、それこそ年代ものの兵器システムには何の変化もなかった。

RAFバッカニア部隊の未来は明るい――と思われた。『レッドフラッグ』『メイプルフラッグ』演習で、その勇名は内外に轟いていた。その矢先、大惨事が起こった。RAFドイツ駐屯地のバッカニアに、主翼固定ピンの破損が生じ、乗員が二名とも死亡した。この問題そのものは、RAFセント・アサン基地の技術陣が新しい固定ピンを開発したことで、たちまち解決をみた。ところが、ほとぼりが冷めるか冷めないうちに、今度は『レッドフラッグ』演習に参加中のバッカニアが主翼の脱落という事故に見舞われる。その結果、バッカニア配備の全隊が飛行停止扱いとなった。そして私自身は四年ほどバッカニアから遠ざかるが、その間に部隊再編が実施されている。

一九八四年、私は指揮官として、まだホニントン所属だった237OCUに復帰した。『レッドフラッグ』の事故の後遺症は、かなり落ち着いていた。ブラフに置かれた疲労試験用機体は新造機だったので、実際のところ私たちは疲労寿命の定かではない機体を飛ばしていたわけだが、誰も二の足を踏む様子はなかった。今やバッカニアを実戦運用するのは二個飛行中隊にとどまり、いずれもロッシマウス駐屯で、洋上打撃／攻撃任務を割り当てられていた。そして一九八四年一一月、２３７ＯＣＵもロッシマウスへ移駐する。ホニントン基地の士官食堂で恒例の〝追い出し〟行事のあと――いつの世も変わらないものがある！――、私は大満足で２３７を率いてバッカニア部隊の〝心のふるさと〟とも言うべきロッシに戻った。

　懐かしの７３６飛行中隊の本部棟から、ＯＣＵを指揮運用するのはおおいに楽しかった。それに加えて、私には興味をそそられる副業があった。ＲＡＦドイツのジャギュアおよびトーネード中隊を、ＬＧＢ発射の際のレーザー照射任務で支援する訓練だ。航空団司令部からは、けっこうな圧力をかけられた。そんなことをしている暇があるなら、ロッシ駐屯の二個中隊の面倒を見てやれ、と。私は無視した。それで転換課程の日程を遅らせたこともなければ、訓練に手を抜いたこともないのだから。実に素晴らしい日々だった。私たちは、バッカニア部隊の正しき伝統にのっとって、よく働き、よく遊んだ。が、その日々にも別れを告げねばならぬ時が来た。一九八七年、私は中央飛行学校《CFS》の審査大隊の指揮官を拝命して、バッカニア部隊を去ることになった。と言っても、バッカニアときっぱり縁を切ったというわけではない。万が一、〝冷たい戦争〟が〝熱く〟なったら、

ロッシマウスに到着した237OCU要員をトム・イールズ（パイパーの後ろ）が率いる

バッカニア部隊に戻るため、通常戦時配属通知《GWAN》を手配して、一回か二回は再教育の飛行実習にも臨んだ。最後の実習は一九八九年一一月九日、相棒はゴードン・ロバートソンだった。私たちは『ペイヴスパイク』を利用し、テイン射爆場でバント［※1］の手法で遅延爆撃を実施して、複数回の目標直撃《DH》に成功した。だが、この飛行が別れの挨拶になった。つまり、私と〝最後の純英国製爆撃機〟とのつきあいもいよいよ終わろうとしていたのだった。

バッカニアはとてつもなくファンタスティックな飛行機だった。これを飛ばす幸せを味わった全員から、驚くほどの忠誠心を引き出してしまうような。兵器システムの更新がほとんどなかったにもかかわらず、おそらくは同時代で最高の打撃／攻撃機だったろう。搭乗員も整備員も良い仕事をしたし、おかげでバッカニアも目覚ましい活躍をみせた。第一次湾岸戦争でバーレーンから出撃して、抜群の精度をもってＬＧＢ弾を照準・発射し、その能力を証明したのが、バッカニアの最後の晴れ舞台だった。

バッカニアを飛ばす幸運に恵まれた私たちは、特異な集団だった。色の違うユニフォームを着ていることで起こり得ただろう不和や反目をみごとに無視して、ひとつのチームになりおおせた。みんな、よく飛び、よく遊び、そして、例外なく容赦なく、したたか飲んだ。私たち生き残り組は、今もって機会さえあれば同じことをしている！

しょっちゅう訊かれることがある。ＲＡＦ在籍中に操縦した飛行機のなかで、どれがいちばん良かったか、と。なかなか難しい質問だ。純粋に〝空を飛ぶ機械〟という観点に立つなら、流麗な単座型ハンターが私のなかでは高得点だ。だが、機体の総合的な能力、飛ばしているときの高揚感、操縦の難しさと、それを克服したときの充足感——と言えば、ブラックバーン社の傑作機にしか求められない。すなわち我らが素晴らしきバッカニア。

※１　逆宙返りの半ばで半横転に移って投弾する。

# 06

# ああ、我が良き日々よ！

## デイヴィット・マリンダー

David Mulinder

グレアム・ピッチフォークから本書『バッカニア・ボーイズ』に寄稿しないかと誘いを受けたあと、私は話の種を探して書斎の大掃除に取りかかり、ささやかなる〝思い出コレクション〟のなかから、一枚の写真を発見した。見たとたんに、12飛行中隊がホニントンに到着した、あの遠い日のことがまざまざとよみがえって来た。基地司令のジョン・ヘリントン大佐が、バッカニアの第一陣を出迎えている。空軍におけるバッカニア時代の到来を告げるひとコマだ。並んで写っている三組の搭乗員《クルー》は、ジェフ・デイヴィス中佐とデイヴィッド・エドワーズ、イアン・ヘンダースンとダグ・ウィルスン、私とマイク・トーマス。一九六九年一〇月の、その記念すべき日、ロイ・ワトスン中佐とグレアム・ピッチフォークもその場にいて、私たちを歓迎してくれたのを憶えている。彼らは空軍バッカニア部隊が洋上作戦に出るための本拠地を整えるべく、半年にわたってここで準備をしてきたのだ。同僚のケン・ベッカーとアンディ・エヴァンズ両中尉は、ここには写っていない。私たちが受領したバッカニアはまだ三機に過ぎず、クルーは先任順に選ばれたからだろう。

写真は機から降りてきた直後の私たちを捉えていて、私たちはややかしこまった、緊張冷めやらぬ表情をしている。この場面の歴史的意義を別にしても、着陸進入に際して、機体の最高速度をいくらか越えてしまったという事実が私たちの血中アドレナリンを少しばかり増加させたのかもしれない。基地司令は、周辺地域に退避警報まで出たのをいきなり知らされて、向こう数週間か数ヵ月かは、自分のデスクの未決書類入れが地域住民からの親切な投書で満杯になるのは避けられないと

ジョン・ヘリントン大佐から歓迎を受ける最初の12中隊クルー。1969年10月、ホニントンにて

思案している――といったところだ。

ＲＡＦホニントン基地に辿り着く以前の数年間、私はＲＡＦアクリントン基地で教官を務めていたが、たまたま、ある海軍航空兵がやってのけた蛮勇にも等しい離れ業を目にする機会があった。飛行中に緊急事態が発生したらしい海軍所属のバッカニアがアクリントンに緊急着陸を強いられることになったのだが、三六〇〇フィートの短滑走路への着陸は、興味深い見ものを提供してくれること請け合いだった。そして、そのとおりの結果になった。

私は六〇年代の大半を初級飛行教官として過ごしていて、思いがけず上層部の事情を覗き見する機会もあったが、当時のことを思い起こすに――少しばかり想像を加えると――人事局のお偉方は、何とか明るく輝く未来を切り開こうと摸索していたのかもしれない。そして、そのとおりだと確証を得た。

つまり、私は何度となく中央飛行学校《CFS》の面接に呼ばれていた。それ以来、私は目をつけられぬよう、精一杯控えめな態度に徹した。と言うのも、教官稼業をこれ以上続けていたら、実戦部隊配属の適性が失われていく一方だと思われたからだ。三三歳にして、今から可変翼機と付き合えとでも言うのか。ついには、身も蓋もない脅迫めいたやりくちで、私は袋小路に追い込まれた。来週必ず面接に来るようにと、正式に命じられたのだ。自分がまさに〝薄氷を踏んでいる〟のを実感しながら、私は渋々これに応じた。校長室に案内されるのを待つあいだ、私はしばし沈思黙考した。もしも〝CFS臨海分校〟なんぞに招かれたら、そして、それを断るような馬鹿な真似をしたら、アクリントンまでの長い帰路は、まったく愉快なものになるこったろうよ――。それから私はあたたかく迎えられて、校長との短い面談に臨んだ。「さて、マリンダー君」彼はのたもうた。「これは君にとって名誉な話だ」。相手が詳しい説明を始めるより先に、私は促されてもいないのに、勢い込んで訴えた。ありがたいお話ですが、私がこの先も教官を続けるのは、どう考えても軍の利益にはならないでしょうし、私自身のためにもならないと思われます、何故なら云々――。

あれから四〇年以上経った今でもわからない。あのとき私は、名誉ある地位にふさわしくないとみなされたのか、それとも私の辞退の弁によほど説得力があって、学校長がやむなく折れてくれたのか。いや、言えるのはこれだけだ。校長の真意については見当もつかなかったが、彼はおもむろに煙草に火を点け、ただひと言で面談を打ち切った。「もう行きたまえ、マリンダー君」。その口調は柔らかで、悪意など微塵も感じられなかった。彼が私の行く末について何か少しでもほのめかしたという記憶もない。ともかくも、そのひと言で、この件は沙汰止みとなり、私はそれ以上何の話も聞くことはなかった。それから間もなく、私はキャンベラ部隊への転属通知を受け取った。私にはとても嬉しい知らせだった。

さて、どこまで話したのだったか。ああ、そうだ。アクリントンの滑走路に、海軍のバッカニアが思わず息をのむような着陸劇を展開するのを目の当たりにしたところまでだ。そのバッカニアは限られたスペースのなかに、どうにか着陸した。ブレーキの利きはみごとなものだった。ところが、いやはや、タイヤが早々に崩壊したのに続いて、ロックされた車輪が直接ターマック舗装の滑走路面に接触し、摩擦に抗しきれずに火花のシャワーをまき散らし、機体はそれを浴びつつ湯気を立てながら車輪剥き出しの状態で停止した。半球状に盛り上がってしまった路面に鎮座した機体を、畏怖の念とともにつくづく眺めたのを憶えている。もっとも印象的かつ興味深い飛行機との偶然の出会いをきっかけに、私は当たり前のように、このバッカニアをもっと知りたいという好奇心に駆られた。ダーク・ブルーの上着をまとった、がっしりした体格。ぴんと持ち上がった尻。そして、独特の長い尻尾——エアブレーキは、まがまがしくも強烈な、ひと目見たら忘れられない容姿を決定

NO. 1 RAF CONVERSION COURSE
Flight Lieutenant THOMAS, Flying Officer EVANS, Squadron Leader EDWARDS, Flying Officer DARROCH,
Flying Officer BECKER, Flight Lieutenant MULINDER, Wing Commander DAVIES, Flying Officer THOMAS.

ロッシマウス基地バッカニア研修第1期の面々

づけていた。

私が再びバッカニアを目にしたのは、さらに一年後だった――これは初対面のときほどドラマチックではなかったが――。一九六八年の秋、アクロティーリ駐屯の32飛行中隊に勤務中のことだ。部隊は『エデン・アップル』演習に参加すべく、マルタ島に派遣された。ＲＡＦルカ基地で、飛行列線に並ぶ私たちの年代もののキャンベラのすぐ近くに、ひときわ目立つ海軍のバッカニアがずらりと駐機していた。私が眺めていると、すぐに32飛行中隊の指揮官に就任して間もないイアン・ヘンダースンが、少数の交換パイロットのひとりとして空軍から海軍に出向しているヒュー・クラックロフトに引き合わせてくれた。私はバッカニアのコクピットに座らせてもらい、ヒューに次々と質問を浴びせ、彼はそれに辛抱強く答えてくれた。そして、自身の〝バッカニア愛〟を開陳し、その役割を熱心に解説した。私が感銘を受けたかって？　そのとおり、と言うしかない。その日は知る由もなかった。あと二、三ヵ月もすれば、自分が英国海軍航空基地《ＲＮＡＳ》ロッシマウスにおけるＲＡＦのバッカニア研修第一期への配属を告げられることになろうとは。

キャンベラで地中海諸国や近隣の中東諸国を飛びまわったアクロティーリの日々は、幸せな思い出だ。キャンベラを飛ばすのは確かに楽しかった。だが、それが花形だった時代はすでに遠い過去になっていたのも事実で、私にとって刺激あふれる未来の象徴はバッカニア――まだまだ知られざるチャンスと挑戦が用意されているバッカニアだった。

一九六九年六月三日火曜日は、ロッシマウスで迎えた人生のまたひとつの節目の日だった。初飛行の長丁場と詰め込みぶりには参ったと言わざるを得ない。私は、いくらか圧倒されつつ、それに臨んだ。この日、初めてバッカニアで空に揚がる準備をしながら、後席の教官から繰り出される珠玉の名言に、私は努めて耳を傾けた。この曲者のロッシマウスの名物男と言えば、誰あろうトム・イールズ、こうした場面に数々立ち会ってきた熟練の教官だ。ぼんやりと憶えているが、前々からトムが漏らしていたことがある。７３６飛行中隊の教官陣の全員とは言わないまでも大半が、不具合が発生した場合は緊急脱出が不可避と心得ていた、と。思うに、ジャイロンジュニア・エンジンの気まぐれな性格が、そのように言わせる一因だったのかもしれない。だが、私がそれを想像していたか、トムがわずかでもそうなる懸念を匂わせていたかと言えば――。まあ、何を思っていたにせよ、彼も後日、この日の私たちが実施したのと同様の習熟飛行に同乗した際、ロッシマウス周回中に、緊急脱出が不可避という状況に陥るのだが。もちろん、まだトムも私も想像だにしなかったが、それから一五年後の一九八四年八月、私たちは再び一緒にバッカニアを飛ばすことになる。そのときもトムが後席に陣取って、老いぼれパイロットがバッカニアで最後の飛行に臨むのを、まるで慈父の眼差しで見守ってくれたものだ。ともあれ、バッカニアでの初飛行から三ヵ月後、私は第一線の飛行中隊に加わるべく、明るい未来を胸に南へ旅立った。

一九六九年の残り四ヵ月から一九七〇年の前半六ヵ月にかけて、12飛行中隊は徐々に規模拡大した。その早い時期から、私の新たなＱＦＩ（認定飛行教官）免許が役に立つことになる。専任ＱＦＩおよびＩＲＥ（計器評定教官）の候補者に選ばれたのは我が身に余る幸運だった。イアン・ヘンダースンにつきあってもらって四回の訓練飛行を実施したほか、単独で二時間ほど飛んでから、私はＲＮＡＳヨーヴィルトンに送り出され、海軍の基準飛行小隊《スタンダーズ・フライト》で審査飛行に臨んだ。ハンターに関しては大雑把な知識しかないという自覚があったので、私は大雑把に状況を把握して、自分の持てる知識を大雑把に披露するほかなしと腹をくくった。そして、飛行日誌に然るべき記入を受けて、私はホニントンに戻った。自分の教官免許が部隊の地固めに是非とも必要であるのは、ひしひしと感じていた。そのとき、ずっと私の念頭にあったのは、かつてCFSで初級教官試験を受けた際の、試験官の鋭い指摘だ。曰く「この教官受験者の知識伝授能力については水準以上のものがある。惜しむらくはその伝授すべき知識が水準に達せず」。人は経験から学ぶものと期待されている。私は学んだ――と思いたい。もっとも、私は常に例のありがちな落とし穴には気をつけている。〝亀の甲より年の功〟症候群。

かなり最近になって、私は、バズ・オルドリン〔※1〕が、月面から離陸する際の顚末を語ったのを聞いた。彼は率直に認めていた。その過程でいくつかのミスを犯したが、幸運にも大事には至らなかった、と。「どういうことだったか詳しく話そうか？」と彼は問いかけ、思わせぶりに間をおいて、自分で答えた。「いや、とても話せないね」。それが月へ行って帰って来た宇宙飛行士にして適切な姿勢とするなら、私が見習っても全然かまわないだろう。ということで、私もまだばれていない過去の不始末をわざわざ白状するのは控えたい。とは言うものの、一九七〇年のある一件については話さずにはいられない。グレアム・ピッチフォークと一緒に飛んでいて、降着装置の〝機能不全〟に見舞われ、燃料消費のためマルタ島近辺で滞空を強いられたときのことだ。たまたま私たちはソ連の軍用艦艇を発見し、グレアムが即座にそれをクレスタⅡ型巡洋艦と識別した。私たちは、その種の艦艇とは〝健全な〟距離を保つよう厳命されてはいたが、具体的にその距離が明示されていたわけではない。情報収集関係の連中は、私たちが近距離から撮影した大迫力の写真を大喜びで誉めてくれた。バッカニアが脚を下げたまま、自分の艦の上空を旋回しているのをソ連の艦長は何と思ったことやら、私には知るべくもないが。この件に関して、上層部はどういう風の吹き回しか、珍しくも沈黙を守った。

一九七〇年が一九七一年に代わった頃、その交換勤務を終えたRAFの三羽烏すなわちトム・イールズ、ジェリー・イェイツとティム・コックレルが、ホニントンにやって来た。航法士のバリー・ダヴ、ミック・ウィブロー、ピーター・バックも一緒だった。グレアム・ピッチフォークが中隊作戦指揮官、ジョック・ギルロイが――彼は直前までシミターを飛ばしていたが――大隊兵器将校に就任した。こうして、洋上任務を託された空軍の作戦能力の有効性に、RAFバッカニア中隊も有意義な貢献ができるよう、私たちは広く深く経験を積んでいった。

そのなかでも若干のスリルと興奮を喚起する活動に、『リーパス』フレア弾を漆黒の闇に沈むスコットランドの離島に投下するというのがあった。私はいつも航法士に、最大限の注意と集中力をもって最新の欺瞞術をモニターするように促した。フレア弾を放り投げ、同時に機首をどんどん引き起こし、急激に減速するその一連の流れにさらに花を添えるのが、フレア弾から放たれる数百万カンデラにも相当する不気味な光であり、それは一瞬にして、種々の感覚知覚を侵襲する。その間に、こちらは計器から目を離し、目標を確認する——どうにか機体をそれらしく制御しながら。

この段階で重要になるのは、機首を下げて急降下旋回に移り、次第にスピードが増すなかで、できる限り照準を維持しつつ爆弾投下に至ることだ。そのためには、操縦桿の円滑で適切な操作と、正確な上下の認識力が要求される。これぞまさに、ささやかな興奮と、はっきり自覚できる心拍数の増加に彩られた、高度な集中力が決め手となる瞬間だ。しかも、今振り返っても最高に爽快な瞬間だったと付け加えねばならない。それはまた、航法士に——彼とて暇を持てあましているわけではなく、山ほどの仕事を抱えているのに——余分な仕事を要求してやまない場面でもあったのは、私から見ても疑いないところだ。そして彼には、ささやき、訴え、時には怒鳴り、叫んででも、確実に必要となるであろう激励や助言を後席から繰り出す冷静沈着さも求められる。ちなみに我が航法士は、私が旋回操作をしているあいだも元気いっぱいだったことを、ここに喜んで言明する。恐怖に凍りつくとか、単に居眠りするとか、あっても不思議じゃなかったが。つまり、そういうのもまた夜間飛行のコクピットではよくある光景だったのだ。やれやれ、助かった。

バッカニアの数々の長所のなかで、私がとりわけ高く評価していたのは、限りなく低高度を維持していられる性能である。そして、長い年月を経た今でもありありと目に浮かぶのは、夜間、北海上空の濃い闇のなかを低く飛ぶとき、頼れる情報を提供してくれた電波高度計だ。これをコクピット右舷の縁材上、後席からも見える位置に設置することを決めたのは誰だったのか、私は知らない。ただ、その人物は確実に〝賞賛の旗《クードス・フラッグ》〟を打ち振られるに値《あたい》する——クードス旗の実物は『レッドフラッグ』で初登場した。事後報告臨取《デブリーフィング》で作戦成功が認められた合図として掲揚されるその旗を見れば、ネリス基地の将校クラブでの乾杯に出遅れる心配もない——。

電波高度計とその位置の決定的な重要性、と言えば、必ず思い出す一件がある。夜間、北方前哨基地からの帰路、洋上低空飛行していたときのことだ。私の両翼を飛ぶのはデイヴ・スコット機、ボブ・ニューウェル機。あいにく雲に遭遇したので、私は彼らに選択のチャンスを提供し、編隊を解いてホニントンまで各個帰還してもよしと促した。だが、彼らは私よりよほど度胸が据わっていたと見え、緊密な編隊維持を選んで、洋上四〇〇フィートで雲中を飛び続けた。彼らがどうやってその離れ業をやってのけたのか、今に到るも私は知らない。ただ、デブリーフィングに臨んだ際の彼らが、まったく何事もなかったかのように平然としていたのは今もよく憶えている。電波高度計——私は終始そこから目を離さなかった——が果たした役割もよく憶えている。

さらに私はこの際、気流方向検知器《ADD》の開発者にも敬意を表しておきたい。これは進入角度の情報をパイロットに提供する、機体の安全な運用に必須の音響機器だ。最終進入に入ったときに、ここから一定の音声信号が出ていれば、〝ビールよろしく〟コール発信のチャンスだとわかる——というのは愉快だった。そして、それに応じてフラップの吹き出し圧を維持して着地すれば、滑走路面を傷める心配もなかった。

一九七一年春、バッカニアの乗員養成訓練はＦＡＡからＲＡＦに託された。私は２３７運用転換部隊《ＯＣＵ》へ転属となり、海軍で経験を積んできた名うての飛行機乗りたちの仲間に加わった。一九七四年にＯＣＵを離れるときは、これでバッカニアにまつわる我が冒険譚は完結した、と信じた。いや、もう間違いないと思ったのだが。ところが、それからさらに一〇年を経て、前述のとおり、私はトム・イールズとバッカニアで最後の飛行に臨むことになるわけだ。

長年にわたるＲＡＦ勤務中、私は幾度となく自分の肩をサッと撫でていく運命の女神の手を感じた。七年後の一九八一年、２３７ＯＣＵの指揮官として、ホニントンに戻ったときもそうだった。就任初日の朝、私はどんな気分でいたのだったか。いつものように楽観主義のお気楽ムードだったというのがありそうなところだとは思うが、たぶん、自分が理想として思い描く部隊の指揮を任され、即戦力となるクルーを養成する責務を与えられたことで、それなりに高揚感を覚えていたのだろう。そして「まさかこうなるとは夢にも思わなかった」事態に遭遇するのも毎度お馴染み、いつものことだった。おまけにそこには大混乱《カオス》と破局《カタストロフィ》あるいは何かしら突拍子もない状況がついてまわると相場が決まっている。このときも案の定それが証明された。

問題の事故が発生し、筆頭副官から電話があった正確な時間については、今や記憶の霧の彼方だ。私がOCU指揮官（ホー・ホー！）として初出勤して、せいぜい一五分というあたりだったろう。まだ指揮官の椅子の座り心地も、個人秘書が淹れてくれるコーヒーも試していなければ、新任指揮官として部隊への正式なお披露目も済ませていなかった。それなのに、筆頭副官からのほんの数分の電話で、自分の新しい地位にいきなりけちがついたことを知らされ、私は我がOCU所属機から航法士練習生が緊急脱出する騒ぎがあったのを確認した。

パイロット練習生は即座に理解しただろう。ひとたび滑走路を外れたバッカニアは、まったく役立たずの耕耘機になる。大雑把な言い方をすれば、このとき緊急脱出に到った状況は比較的ありふれたものだった。後々まで長引くような被害は発生せず、飛行場の通常業務も速やかに再開された。とは言え、私とて、もっと好ましくない結果になる可能性をまるで気にしていなかったわけではない。実際、私はアメリカ空軍《USAF》のある不運な飛行隊長の例を知っていた。彼は着任と同時に、自分の〝財産〟が胴体着陸して失われるところを目の当たりにした。それは、私が直面した状況と似ていなくもなかった。司令官から即刻解任を言い渡された彼は、そもそも自分はまだ正式な引き継ぎも終えていないのだと抗議した。返ってきた答えが「本件が指揮官の不適任と不運とのいずれによるものかを審査している暇はない」。それでおしまいだった。

当然ながら、あの朝の電話から伝わってきた筆頭副官の叡智あふれる言葉については、さほど苦労せずに思い出せる。きみを抜擢するのに多少は関係した立場から言うのだが、私が自分の判断に疑念を抱くかどうか、きみはせめて午後まで待っていても良いだろう――。いや、無論これは、彼の言葉の正確な再現ではない。はっきり言えば、その口調は事務的で単刀直入だった。だが、通話を終える際の彼は、普段の〝温情あふれる〟彼に戻っていた。そして、そのまま三年経ったというわけだ。

ＯＣＵ指揮官に在任中、ある〝夢〟を見た憶えがある。その夢のなかで、当時のラーブルックの作戦指揮官（あの気安いティム・コックレル――と言えばおわかりだろう）に、バッカニアを一機貸してくれないかと頼まれ、私は喜んで承知した。上の連中が「どうも我々の所有機が一機見当たらないようだ」と騒ぎ出すまで、何ヵ月かはティムがそいつを使えるだろう――。私は本当にライヴァル（とはＲＡＦドイツのことか）に便宜を図った罪で懲罰を受けたか。いや、案ずるなかれ、これはただの夢の話だ。ふーむ、しかし、かくも長い年月を経て今さら両手の指関節が疼くのはどうしてなのか。

その後もまた別の夢を見た。このときは目の前のテーブルにお茶と胡瓜のサンドウィッチが載っていた（なるほど、こりゃ確かに夢だ）。室内は薄暗い。オーヴァーヘッドプロジェクターが軽いうなりをたてている。スクリーン上の（箇条書きの頭の）点が鮮明に浮かび上がっている。そのなかで私は、ある大物司令官に自分たちの作戦についてブリーフィングしている。くだくだしい解説

デイヴィッド・マリンダーは237OCUの指揮をトム・イールズに譲った

で相手を退屈させたくなかったので、私は自分なりの未来への展望を語ることにした。だが、私が支離滅裂な長広舌をふるっている最中、ずっとこんな声がこだましていた。「きみさえ承知なら、マリンダー君、私が司令部を動かそう。きみはきみの部隊に専念したまえ」。いや、ただの夢の話だ！

　ホニントンでの最後の年、ＯＣＵは、ある試験的な業務を請け負った。戦術兵器部隊《TWU》のパイロット訓練に使われるホークの、それまで空いていた後席に航法士を座らせて飛ぶのは、複座機クルーの養成に妥当か否か。さっそく導入訓練の課程が組まれ、上層部の〝方針転換〟もあって、私はジム・ラターをその主任教官に任命することができた。一年後、ジムは（まだ教官を続けていたが）六〇歳の坂を越え、私は彼がその節目に到達したことを讃え、ともにシャンパンで乾杯するのがふさわしかろうと考えた——ふたりで近辺の低空飛行を楽しんで、ハンターから降りたところで。ふたりとも未だじゅうぶんに意気軒昂、彼が六〇歳で私は五〇歳、あわせて一一〇歳——というのが実に愉快だった。今でもそう思う。

という次第で、三年が過ぎて、この老いぼれはトム・イールズ青年に跡を譲ることになった。ついに杖をしっかり握り、老人用歩行器を操縦すべき時が来た。慎重に、舞台から降りるとしよう。ささやかな威厳を保ちつつ、つまづくことなく退場しよう。やがて一九八九年、私はついに退役して、生まれ故郷プリマスに帰った。プリマス海峡を一望できるフラットで、夕陽を眺めながらジントニックをすすり、我が古き良き時代に思いを馳せる日々だ。

私は後進の諸君に伝えたい深遠なメッセージなど持ち合わせていない。だが、これだけは何のためらいもなく言える。バッカニアを飛ばすことができたのはおおいなる名誉、望外の幸せだった。付け加えれば、私は早くから認識していた。飛行に関して抜群のセンスと主導権を持つ航法士の存在がまさに値千金だった。そして、〝成せば成る〟精神の意欲的な整備員チームが、私たちの任務遂行に決定的に重要な役割を果たしていることを実感するにも、長くはかからなかった。こうして振り返って見れば、私は不思議なほど幸運だった。恵まれすぎていると感じることもしばしばだった。良き日々だった。本当に、良き日々だった。

※1　一九六九年七月、アポロ11号に搭乗しニール・アームストロングとともに人類初の月面着陸を果たした米国の宇宙飛行士。

# 07

# 新人パイロットの回想
## ——信じがたき幸運

アル・ビートン
Al Beaton

一九六八年八月、RAFヴァリー基地の第四〇期パイロット候補生に対して、機種適性と配属先の発表が行われた。それは厳しい課程にパスしたという安堵感をもたらしたばかりではない。我が人生において、夢が現実のものになった信じがたい瞬間でもあった。ライトニング部隊、ハンター部隊、キャンベラ部隊、中央飛行学校《CFS》と次々に配属先が読み上げられるなか、最後に残るは一番人気の機種だった。「バッカニア、アル・ビートンとビル・コープ」。私たち二人は、空軍に導入されたばかりの、刺激的な低高度戦術爆撃機に乗る新人パイロット第一号に指名されたのだ。まさに運命の巡りあわせというしかなく、私たちは同期の連中のただならぬ羨望を込めた祝福の声に包まれたが、私が憶えているのは、自分が嘘みたいにラッキーだと感じたことだけだ。

それから私たちはヴァリーからRAFチャイヴナー基地に送られ、バッカニアに見立てたハンターを使って兵器教習を受けたが、これがまた苛酷な任務の現実を私たちに予感させると同時に、自信と決意の再確認を迫るものだった。私たちは二一歳の若さで、まずは単座のエース機に今後の人生を託したわけだ。爆弾投下にロケット弾発射。精密さを要求される作業。私たちは単に空を飛ぶことの高揚感から、新たな修練の段階に入った。得点あるいは結果がすべて。誰も文句の言えない世界だ。続いては、デヴォン州からウェールズ一帯を、〝敵機〟をかわしながら、高速低高度で飛びまわる訓練。毎回、最後はペンブレイ射爆場に初回進入攻撃《FRA》で爆弾あるいはロケット弾を落として締めくくる。

　こうして、私たちがハンターを理解し、その応用的操縦技術を習得しかけた頃、教習は終わりを迎えた。ハンターで訓練できたのは幸運だったと思う。ハンターは厳しい試練を私たちに課し、自信を植えつけ、次の重要なステップに進む決意を固めさせてくれた。私たちは自分自身に対しても、軍に対しても証明できた。自分たちには成功への確信がある、女王陛下の高価な玩具を自在に操る基本技術を身につけた、と。私たちはやる気満々だった。はるか彼方を飛んでいるように見えたバッカニアが、いよいよ視界に入ってきたのだ。ここで挫折なんぞしてたまるか。

　一九七〇年二月、私たちはロッシマウスに向かった。風光明媚なハイランド北西部からマリ湾岸一帯の開放的な空域は、バッカニア部隊の故郷あるいは本来の〝縄張り〟と言えた。北ウェールズや、自動車道A5号線に沿って設定された飛行経路は、それはそれで壮観だった。だが、ここスコットランドは、低空飛行も思う存分なら、テインの立派な射爆場も使い放題。考え得るかぎり最高の訓練環境だった。そして、736飛行中隊の海軍流の教育方針は、それまでの空軍の堅苦しいスタイルに馴れた身には、解放感を覚えるほど寛大だった。友愛と切磋琢磨という中隊の気風も、実戦部隊を目指して最後のステップを踏み出そうとしている私たちには理想的だった。さらに、威風堂々のバッカニアの存在そのものが、何にも増して私たちの意欲をかき立てた。

地上講習では、最新の航法関連機器が紹介された。『ブルーパロット』レーダーと『ブルージャケット』ドップラーは、地図とストップウォッチから長足の進歩を遂げた兵器照準システムだった。私たちはここで初めて同期生の新人航法士と組むことになった。ただ、空軍では航法士育成の際に、低高度という飛行条件をほとんど考慮していなかったばかりか、その導入訓練も、私たちパイロット候補生の場合と比べて最低限で済まされていた。それがいきなりアビオニクス機器に囲まれ、〝敵機〟につきまとわれながらの高速・低高度訓練に放り込まれ、兵器の操作とレーダー監視――最初から山のような仕事をあてがわれる。私たちと組んだ航法士は、ふたりとも新人研修課程に生き残れなかった。私が思うに、それは決して彼らが熱意と能力を欠いていたせいではない。イギリス空軍の航法士育成が、運用転換部隊《OCU》配属以前の導入訓練の段階から、お粗末で不十分であるのが露呈したただけの話だ。

バッカニアに複操縦式の練習機型はなかったので、私たちは計器に慣れるため、複座に改造したハンターで四~五回ほど飛んだ。さらに、固定式シミュレーターで五回ばかり〝飛行〟したことも、機体のあらゆるシステムに馴染むにじゅうぶんだった。ただし、フラップ・ドループ・BLC（境界層制御）――私たちのあいだでは〝吹き出し《ブロウ》〟と呼ばれる目新しい飛行制御システムには、これから熟達しなければならなかった。もっとも、フラップあるいはドループの展開状況を示すゲージ俗称〝チーズ〟を監視するコツを呑み込むのに、さほど時間はかからなかった。また、エンジン二基、したがってスロットル・レバーも二本というのは初めてだったが、ただ二本を一緒に動かせば事実上単発と変わりないわけで、これもすぐに会得した。

訓練用の実機がない以上、初飛行の準備はシミュレーターが頼りだった。それでも、このシミュレーター訓練のあとで、自分がこう確信したのを憶えている。もう離着陸は難なくこなせる、あとは初飛行を待つばかり、実に楽しみだ、と。


そしてついに〝一人前〟のデビューを迎えた私を圧倒したのは、バッカニアの途方もないサイズだった。飛行前点検で巨体の周囲を歩きまわるだけで時間切れ。初めて実物のコクピットに滑り込もうというのに、大慌てでラダーを駆け上らねばならず、その瞬間を味わう余裕もなかった。

私の後席に座るという、さぞありがたくはないだろう名誉に輝いたのはトム・イールズだ。それまでの私たちの訓練は、もっぱらパイロットがひとりで機体を運用するという前提で進められてきたもので、実際に私たちはひとりで数々の機種を操り、離着陸をこなしてきた。そこに、バッカニアに新規導入された例のフラップ・ドループ・ブロウへの対処が加わった。

離陸は爽快そのもので、加速に移るあいだも終始トムが話しかけてくれるのが心強かった。意見交換し、判断を共有する相手がいるというのは歓迎すべき変化であり、大きな安心材料だった。念願かなった初飛行、それも晴天のマリ湾上空で――と来れば、最高に刺激的な飛行体験であって、バッカニアのパイロット経験者が必ず口を揃えて言うように、私も自分の初飛行の感動を決して忘れないだろう。私は頼もしきバッカニアでの初飛行を心ゆくまで楽しんだ。そこには、初飛行のあらゆる要素と興奮が詰まっていた。兵装なしの場合の中高度における優れた操縦特性は、初飛行でもすぐにそれとわかるほどだった。バッカニアは飛ばしていて快適な機種でもあった。

こうして初の任務飛行は滞りなく進み、自分は次なる大仕事を意識する。そろそろこの馬鹿でかい獣を地上に戻してやらねばならない。一連の飛行制御を伴うという意味では無類の、極度の集中力が要求される場面だ。安全な高度で周回飛行を二度か三度試して、準備万端。さあ行こうか。

本番の場周飛行から最終進入と着陸という厳しい試練に突入する、その間もトムの実況解説が続くとともに、チーズやブロウが触れ込みどおりに機能するのを確認できたことには安心感を覚えた。ロッシマウスの滑走路傍には、贅沢にも鏡面投射式着艦誘導灯《ミートボール》が一式据えられていて、私たちはこれを利用する空母着艦の手順も教えられていた。それが、この着陸進入にもおおいに役立った。まず、機体を数百フィート先から着陸態勢に持ち込み、風防の左正面という絶妙な位置に配された対気速度計《ASI》と、誘導灯をやはり左正面に見ながら、できる限り正確を期して——信号弾はないが——地上に降ろす。音声信号で警告する気流方向検知器《ADD》も、そこに新たに加わった優良機器だった。それによって、自分がどれほど正確に進入飛行しているかを、耳で確認できる。こうして視覚と聴覚が一体となれば、細心さが求められる着陸進入が、より安定する。単純明快な話だ！

そして、滅多なことでは破損しない主脚がみごとその役割を果たしてくれて、私は着陸にも成功した。トムと私は無事に生還し、私のプライドも、おそらくはトムの安堵感も、文句なしの一〇点満点でゲーム終了だった。

　バッカニアはとても反応が速く、なおかつ堅牢さで知られた機種だ。確かに、操縦はハンターほど楽ではない。だが、爆撃パターンに入っていても、危険な低高度飛行に入っていても、高速と高機動性を実現する制御力は決して失われなかった。周回飛行ならば、より細心に、慎重になればよろしい。搭乗員《クルー》二名の連携はここでも重要だ。特にフラップ・ドループとブロウの監視には。コクピットに自分以外の、もう一対の眼（と意見）を持った〝喋るチェックリスト〟がいるというのは、確実にパイロットの負担を軽減した。

　というわけで、私たちはおおいに自信をつけたし、バッカニアへの愛着も深まる一方だった。ただし、アビオニクス機器の性能については、今ひとつ信頼しきれない思いもあったのだが。

　また、バッカニアＭｋ１のジャイロンジュニア・エンジンは、離陸に影響するような横風があると、入口案内翼《IGV》に失速《ストール》が起こり、エンジンが乱調《サージ》をきたして、回転数が順調に上がらないことがある。自分がこれを最初に経験したときは、砲弾か何かの直撃を食らったのかとさえ思った。だからいきなりエンジンが暴れ出したのか、と。Ｍｋ１を飛ばすのに片発ではとうてい力不足であり、ことに離陸は厳しい。私たちはみんなそれを了解していた。

私のＦａｍ２（第二回習熟飛行）につきあってくれたのはバリー・ダヴだった。いろいろな意味で、後席にいてもらうなら、認定飛行教官《QFI》よりも熟練の航法士のほうがありがたかったように思う。と言うと、トムには申し訳ないが！　古株の航法士は、それこそ何でも承知している。酸いも甘いも、というやつだ。彼らは飛行制御手段をいっさい――緊急時でも――持たない。だが、その注意力や生存への嗅覚、プロ意識には何にも代えがたい値打ちがあった。彼らが計器の監視になくてはならない〝もう一対の眼〟であると同時に、どこをどう飛べばいいか、揺るぎない見解の提供者であったことは確かだ。彼らは単なる文字どおりの〝航法士〟ではなかった。訓練段階から、意見交換と合意のもとに、低高度という環境でバッカニアを効率良く運用する責任を負う二人チームの片割れだった。

　私たちは、低高度飛行については、さほど危険とは考えていなかった。何と言っても、それは空軍で経験するなかでも、いちばん愉快な飛行だった。低高度任務は、二人の男と機体、あとは天候。それですべて決まる。いちいち教則本を参照している暇はない。定石はもちろん無視できないとは言え、どんな制御力もおよばないような低空でこの巨体を操ろうというのであれば、海軍ではすでに定着し、空軍も学びつつある精神をもって、臨機応変の柔軟性と運用技術を養わねばならなかった。

バッカニアのコクピットからの全周視界はすばらしかったし、快適な乗り心地は低高度でも変わらなかった。高速で地上あるいは海面すれすれを飛びまわるのは痛快で、これぞ自由という感覚を味わうことができた。低空飛行ならではの、鍛錬のうえに成立する〝制御された暴挙〟は、ほかで体感できるものではない。若いパイロットなら誰しも夢見る世界だった。

バッカニアの兵器照準システムは、ハンター搭載の前世代の照準装置より、はるかに進歩していた。その本領が発揮されるのは、中距離からのトス爆撃だった。ターバット・ネス岬から進入して、三マイル先からテイン射爆場に爆弾を放り込む——というのは、それまで習得したどれともまったく違う爆撃手法だった。

この新人研修期間中に、私たちは、ほんの5回ほどだったがMk2を飛ばす機会を得た。今でも鮮明に憶えているが、Mk1の弱々しいジャイロンジュニアに比べると、スペイは恐ろしいほど強力だった。

ちなみに、私たちの次の新人研修課程は不運に見舞われ、相次いで二機の機体が失われることになる。いずれも研修生の習熟飛行中のことで、悲惨なことに航法士一名が犠牲になった。射出座席が正しく機能しなかったのだ。彼の葬儀は参列した新人全員にとって、いちばん心揺さぶられる思い出——バッカニアに乗っていて何度も想い起こさざるを得ない残念な思い出、辛い教訓になった［※1］。

一九七〇年七月初旬。バッカニアでの飛行時間がようやく七五時間に達したところで、私たちは課程修了を迎えた。締めは夜間飛行でグラリス・スキフ岩礁に『グロワーム』照明ロケット弾を盛大に落とす訓練だったが、これはほとんど余興のようなものだった。実際に有効な照明効果が得られたわけではないからだ。ともかくも、この研修期間中、私たちは低高度航法や打撃手順をはじめ、種々の爆撃手法を習得した。初めて一〇〇〇ポンド爆弾の実弾を使い、二インチロケット《RP》弾を扱った。そして、ロッシマウスやマリ湾岸の地元の暖かいもてなしにも与った。というわけで、RAFに復帰する準備も整い、あとは実戦部隊への配属を待つだけだった。

736飛行中隊の気風は、私たち新人クルーにとって、まさに新風だった。チャイヴナーのハンター劇場は、〝主役気取り《プリマドンナ》〟だらけだった。736では、それよりはるかに高いレベルの柔軟性や作戦遂行力を目指して訓練が実施された。二人チームの行動原理は空軍流の杓子定規のくそ真面目を排し、それを、研修全期間にわたって私たちを魅了し支えてくれた中隊の気風と入れ替えた。私たちはただの研修生ではなく、中隊の一員として遇された。そして、ここで培われたバッカニア部隊への帰属意識は、後々、思いがけないボーナスとなって返ってくることになる。それは研修全期間を通じて私たちのおおいなる励みになったばかりでない。私たちが海軍の部隊で飛んだことは、私たち個々人の技量ばかりでなく空軍のバッカニア戦力の基礎がそのうえに築かれるはずの、新しい局面を切り開いた。

ＲＡＦ初のバッカニア部隊と言えば12飛行中隊だが、その発足当初のメンバーもやはりロッシマウスで転換訓練を完了していた。指揮官はジェフ・デイヴィス中佐、バッカニアのテストパイロットを務めたこともあるという人物だ。主としてＭｋ１でフェランティ社のレーダー開発実験に参加したということだが、そのバッカニアについての知識と経験は、私たちの誰も到底およぶところではなかった。その他のクルーもキャンベラ乗務の経験者が揃っていたので、何より肝心な二人チームの行動原理をすでに身につけていたわけだ。小隊長イアン・ヘンダースンは、私から見ても、バッカニアのパイロットに理想的な、もっとも天分に恵まれたひとりだった。みんな彼に憧れたものだ。

私たちが中隊の本拠地ホニントンに到着したとき、ちょうど中隊は演習に参加するためマルタ島へ遠征に出ていた。初っ端から置いてけぼりを食った気分で、７３６からそのまま持ち込んだ勢い――というか、新入りにありがちな、はやる心がみごと挫かれた格好だった。だが、私たちはすぐに自分たちの立場を悟った。結局のところ、自分たちは駆け出しの青二才に過ぎないわけだし、と。だからと言って、そのことが人生の新たなステージを楽しむ妨げにはならなかった。初めて実戦部隊に乗り込んだ高揚感、心躍る飛行任務、チーム・スピリット、個性豊かな独身男の大集団、大騒

ソ連のコトリン級駆逐艦を調査する12中隊。地中海にて、1970年

ぎの士官食堂、居心地の良い地元のパブ——で出来た世界。そのすべてが、心ゆくまでパイロット人生を楽しめと私たちを誘っていた。もちろん私たちはその誘いに乗った。

私たち新人の12中隊での任務飛行は、ハンターとバッカニア両方を使ったお決まりの入隊試験から始まった。これ以降、私たちは、いつでも作戦可能でいなければならない。我が中隊に課された役割は、大きく分けてふたつ。洋上攻撃と核攻撃だ。そもそも、TSR-2およびF-111の購入計画が頓挫したのを受けて、空軍に導入されたのがバッカニアだった。とは言え、核攻撃と聞けば心穏やかではいられなかった。ことに、非番の自由時間に、ソーナム・マグナの老舗旅館『フォー・ホース・シューズ』併設の『グリーン・キング』をはじめ、ノーフォークからサフォーク一帯のパブで気晴らしすることをどうにか覚えたばかりの、二二歳の駆け出しパイロットにとっては。

私たちの駆け出し時代、洋上作戦飛行は、必ずしも定番

我らが友ヴィクターからは常に最高のサーヴィスを受けた

で実施されたわけではない。我らが第1（爆撃）航空団は、長年にわたって培った爆撃部隊の精神構造《メンタリティ》とV-フォース運用の経験があるだけに、バッカニア部隊をどうやって持ち駒に加えるか、苦心惨憺していたようだ。のちに、私が何回か年季奉公を重ねる頃には、複数のバッカニア中隊が強力な洋上攻撃戦力に成長していた。だが、思うに私たちは、決して従来型の洋上攻撃中隊ではなかった。戦術核を搭載し、三マイルないし四マイル先から投下する――バッカニアはそのために開発されたのであり、洋上目標にダメージを与えつつ自分たちが生還するチャンスを確保するには、その手法しかなかった。当代の強固な防御力を誇る洋上目標に対しては、通常爆弾をばらまいても、実際のところ、自殺行為と時間の浪費との無意味な合わせ技にしかならない。ということで、私たちは核攻撃戦力の主力に加えられるようになる。健脚の、つまり航続距離の長いバッカニアならば、たとえ空中給油なしでも、はるか東欧の奥深くへ侵攻可能であるはずだった。まさに冷戦も最高潮という時代を背景に、ソ連軍は三日もあればライン川に到達するのではないかとまで考えられていて、私たちはいやでも対地爆撃を意識せざるを得なかった。だが、次世代空母の建造計画が中止になるとともに、RAFバッカニア部隊には、陸上の基地を拠点として洋上作戦の支援に従事することが求められ、私たちはバッカニアの多機能性を享受するようになる。

さて、12中隊での最初の頃の出撃は、私たちの新しい〝縄張り〟周辺に点在する射爆場に投弾することに費やされた。レイ-ダウン投弾［※2］と急降下爆撃訓練にはホルビーチ、カウデン、テドルソープの各施設が、トス爆撃訓練にはウェインフリートの施設が利用できた。

バッカニアはすぐれた兵器プラットフォームだったが、機体が偏揺れ《ヨー》に陥ると、縦揺れ《ピッチ》に入った場合より、わずかに安定性を欠いたように記憶している。その場合、肝心なのは方向舵ペダルを下手に踏まないことであり、両側のエンジンの回転数を一致させ、推力の均衡を保つのが必須だった。

自動俯瞰《ADSL》照準線爆撃は、バント飛行から自動投弾に至るまで一定の目標捕捉を必要とするうえで、きわめて高い精度が期待できたが、あまりに理論が勝ちすぎていた。手強い相手に対する作戦シナリオでは、急上昇爆撃《ポップアップ》がより現実的だったので、私たちは、低高度でADSLによる投弾に備えてバントに入るよりむしろそちらの手法を好んだ。

二インチRPの運用は——とりわけポッド全弾発射の瞬間など——痛快だったが、当時、ロケット弾で洋上目標と交戦することは想定されていなかった。その後、二インチＲＰに代わってＳＮＥＢロケット弾が登場すると、中隊は高速哨戒艇を対象とする戦術を開発した。これと同様に愉快だったのは、船艇に曳航された標的に急降下爆撃を加える訓練だった。私たちは早くから『リーパス』フレア弾も試したが、これも実に刺激的だった。夜間飛行で『リーパス』を放り投げ、そのイルミネーションをかいくぐって、標的に急降下する――。

　こうした搭載兵器の幅広さは、すなわち私たちの任務の幅広さを意味した。精度の高い写真偵察任務さえ可能だった。だが、どれを搭載しても安定飛行を維持するというのは、場合によっては難題だった。ことに、恐怖の基礎訓練要求《BTRGCA》で地上管制進入や、片発進入等々の実施を迫られたとしたら。

　自分がいつも実感していたことだが、バッカニアは時代のはるか先を飛んでいた。ただ飛ばすだけでも大満足だったが、ひとつの戦術なり戦技なりをものにしたと思ったら、必ずや次の挑戦が待っている。そんな機種とつきあっていて楽しくないわけがなく、その多機能性は、まさしく脱帽ものだった。バッカニアＭｋ２は、強力なエンジンを搭載することで、当時のイギリス軍用機デザインに流行りの傾向を鮮やかにひっくり返して、その任務には――満タンの燃料や一〇〇〇ポンド爆弾を搭載しても――じゅうぶん過ぎるほどのパワーを確保していた。燃料搭載能力の向上は、おおいなる満足感をもたらした。それが長距離攻撃機としての強みになったというだけでなく、その多くはこちらより先に燃料切れの窮地に陥るだろうこと必至の、同時代のライバル戦闘機に差をつけることができたからだ。そして、低高度では向かうところ敵なしの性能は、そのまま私たちの誇りとなり、私たちの士気を高めた。

中隊が発展を遂げるにつれ、私たちも注目を浴びるようになり、RAFの同世代の羨望の的になった。私たちが望み得る以上の中隊の役割であり、機体だった。航法士との二人チームなればこそ、パイロットは独善と傲慢に陥らずに済み、それが紛れもなく運用効率の向上につながった。初勤務の私たち新人パイロットにとっては、これぞ理想の環境だった。

バッカニアは、低高度に君臨する王者だった。ただし、アビオニクス関連システム——バッカニア最大の弱点——が航法士を凄まじく苛立たせていたことは、ライバルには秘密だった。私の記憶では、アビオニクス機器が機能せずとも、低高度の任務遂行にはさほど問題はなかったように思う。前席に座る私たちパイロットは、後席の航法士に最大級の敬意を払った。私たちが高速・低高度で機体を操る一方で、彼らは俯いてアビオニクス機器から——必ずしも任務に見合うだけの確度と信頼性は期待できない——情報を拾い出すのに忙殺されている。我が中隊では常にパイロットと航法士が互いに尊敬しあう姿勢が確立し、定着していた。

そして、私たち新人も、ついに空中給油の――ヴィクターからだけでなく、バッカニア同士で実施するバディ給油の――手順にも習熟して、どんな作戦飛行にも対応できる柔軟性を身につけた。もう、私たちに限界はなかった。どこにでも飛んで行ける。昼だろうが夜だろうが。

　これで私たちも中隊勤務のなかでも最高に面白い任務に送り出してもらえるようになった。ノルウェイ、キプロス、イタリア、マルタなどの海外演習に派遣され、ストーノウェイや懐かしのロッシマウスでの演習にもホニントンから駆けつけた。個人的には、シンガポールのテンガー基地への遠征が圧倒的に思い出深い。一九七二年二月のことだった。キプロス、オマーンのマシラー島、モルディヴのガン島を経由してシンガポールまで、空中給油《AAR》を受けながら四日がかりの航程だった。演習でジャングルの上空を飛びまわったあとは、シンガポールのダウンタウンに繰り出して、冷えたタイガー・ビールでどんちゃん騒ぎ。すべてを無事に終えて自分のバッカニアをマレーシアの滑走路に降ろしたときは、本当の達成感でいっぱいだった。

Queenie Liu, aged 20, one of the Hong Kong Tourist Association's pretty Chinese guides, welcomes navigator Flt Lt Andy Evans, son of Mr and Mrs G. Evans, of 80 Montrose Avenue, Lillington, to the colony. Andy, who has been in the RAF since 1964, was on a three day visit with Buccaneers from No 12 Squadron, RAF Honington.

ホンコンにようこそ

私たちはみんなこうした自分なりの特別な思い出を持っている。このすばらしい飛行機を介したすばらしい友情の思い出を持っている。それこそが、バッカニアの性能の真の証明というものであり、バッカニアが、それを飛ばした私たち全員の人生を豊かにすることに寄与したあかしだった。間違いなく、私のパイロット人生で最良の日々がそこにあった。駆け出しの新人パイロットだった自分に巡ってきた幸運を、私は今でも信じられない気持ちでいる。

※1　このエピソードは第5章のトム・イールズの述懐にもある。
※2　低高度からの核爆弾投下に用いられる手法で、爆弾には減速用パラシュートが付属し、地上に落達するまでに投下機が退避時間を確保できる。

# 08

# RAFドイツ駐屯部隊

## ――「さきがけ」にして「しんがり」

デイヴィット・カズンズ

David Cousins

すべては寒く陰鬱な、あの冬の日に始まった。

一九七一年一月六日、私はＸＶ飛行中隊の〝Ｎｏ２〟――中隊長《ボス》のデイヴィッド・コリンズ中佐に次ぐ二番目の地位を頂戴することになった。私の航法士はトム・ブラッドリーで、これは私にしてみればまさしく大当たりを引いたようなものだった。と言うのも、彼は海軍の艦隊航空隊《FAA》バッカニア部隊での交換勤務を終えたばかりで、対するに私がバッカニアで稼いだ飛行時間は、ようやく七七時間といったところだったからだ。私たちはドイツに常駐するバッカニア部隊の第一陣に指定されていた。

ＲＡＦホニントン基地からＲＡＦラーブルック（ラールブルッフ）基地まではほんのひとっ飛びだ。私は意気揚々で舞い上がっていた。乗機に向かって歩きながら、デイヴィッド・コリンズが冗談交じりに言ったものだ。この際、自分も副官《ADC》と呼べる人間のひとりも――ちなみに私は当時の空軍参謀総長のＡＤＣとしての任期を満了した直後だったのだが――連れて行かねばと思ってね、何しろＲＡＦドイツの〝お歴々《ブラス》〟が勢揃いで我々を出迎えてくれることになっているから、と。そんな話は初耳だったが、その中隊長の乗機が離陸直後に緊急事態発生でホニントンに引き返すことになり、ようやく私はいささか気を引き締めた。

いざラーブルックに着陸して、私たちが少し威勢良すぎるほどに分散駐機場に機体を持ち込もうとしたところ、そこにはまさしく高級将校の一団が立ち並んで、我ら二人のしがない下級将校が降り立つのを待ち構えていた。我ながら痛恨の極みだが、すっかり忘れていた。冬のドイツの飛行場と言えば、路面を覆い尽くす危険なブラックアイスバーンで有名、いや悪名高いということを。地上誘導員《マーシャラー》のいる方向に回したつもりの機体は、派手に振動して横滑りした。二〇トンの〝ブラックバーン社の最高傑作〟に突っ込まれて、集まった雲上人が半狂乱で逃げ惑うのが視界の端に見えた。

さい先の良い滑り出しとはいかなかった。基地司令とまともに顔を合わせるのもはばかられた。とは言え、私たちはともかくも無事に着任し、以後一三年におよぶラーブルックのバッカニア部隊勤務が、こうして始まった。無論、そのときは知る由もない。一九八四年には、自分がラーブルックの基地司令として、ハンター、ジャギュア、トーネードとともに〝箱形四機《ボックス・フォー》〟編隊を組んでバッカニアを飛ばすことになろうとは。そして、それをもってRAFドイツ／ドイツ駐留イギリス空軍におけるバッカニアの運用に我が手で終止符を打つことになろうとは。

ところで、いったい何故私たちがドイツにいたか？　話せば長くなる。

たとえば、第二次大戦の終結時に、今世紀ずっとこの先五六年にわたってイギリス空軍はドイツに駐留し続けるのが――結局のところ二〇世紀の二度の大戦のあいだがわずか二一年だったのを考えれば――望ましいなどと予言する想像力豊かな飛行機乗りがいたとしようか。だが実際には、そ

バッカニアの戦列。ラーブルックにて、1972年

んな人物、会ったことも、いや聞いたこともない。——つまり、誰もそれを予見できなかったということだ。

だが、現実はまさにそうなった。その期間中、ドイツ駐留のＲＡＦ部隊は次々と以下の指揮下に置かれた。第２戦術航空軍～英連邦空軍占領軍～ＲＡＦドイツ～第２航空団、最終的には第１航空団だ。最後まで残ったＲＡＦ飛行中隊がドイツを去ったのは二〇〇二年だった。

冷戦時代およびその直後をも含めた五六年間、多数のイギリス空軍機と搭乗員《クルー》がドイツに駐留を続けた。今となってはほとんど想像つかないかもしれないが、具体例を挙げれば、四個航空団・二〇個飛行大隊・六八個飛行中隊とＲＡＦの管理下にある軍用飛行場が二〇箇所。それだけの数の機材と人員あるいは施設が大戦終結後のドイツで見られたのだ。駐留初期にはスピットファイアやモスキート、テンペストがドイツでその存在を主張しただろう。それらに続いては、ヴァンパイア、ヴェノム、セイバー、ハンター、キャンベラ、ジャヴェリン、ライトニング、ファントム、ジャギュア、ハリアー、トーネードそして種々の回転翼機も。

　だが、これは現代の空軍史家のあいだでも議論の余地のない定説になっているが、ドイツ駐屯部隊の一三年にわたるバッカニア運用期間――一九七一～一九八四年――は、第2連合戦術航空軍《2ATAF》［※1］の評価が高まった時期とみごとに一致している。彼らの戦術関連の高度な知識と専門技能は他の追随を許さぬものとして多くが認めるところだった。さらにＲＡＦドイツ史上、一九七〇年代の再装備計画は、おそらくもっとも有意義な――特に機体性能や兵器搭載能力の面で――結果を生んだ。

　この時期、ＲＡＦドイツの基地は、北大西洋条約機構《NATO》の戦術評価において、中欧管区で最優秀の判定を得ている。当時の駐独イギリス大使が、ＲＡＦドイツの総司令官に、こう語ったという。「……東西ドイツの情勢が悪化した場合、私の手もとにある最強の切り札は、貴官の優秀な部隊です……ドイツ連邦共和国の防衛は、貴官らの尊い貢献なくしては成立しないでしょう」。

　上層部がこうした姿勢であれば、もっと下の――この時代にバッカニア部隊に勤務していた私たちのような――実戦部隊は、当然ながら、自分たちが第一線に立っていることを強く意識せざるを得なかった。

　ドイツ／オランダ国境沿いには、一九五〇年代前半に〝急場しのぎ《クラッチ》〟のＲＡＦ基地が四つばかり開設されているが、そのうちのひとつラーブルックに駐屯するＸＶならびに16飛行中隊から成るバッカニア大隊こそは、この〝最前線〟の要《かなめ》であり、それを本質的に理解していた。あの古き良き一三年間、自分たちが一九四六年当時——大戦勝利の興奮冷めやらぬ〝大編隊と大宴会《バルボ・アンド・ブーズ》〟の時代——に戻ったような気さえすることがしばしばだった。任務はきついうえに危険だった一方、楽しむ時間もじゅうぶんに残されていた。熱心に強調され、また期待もされたのは「よく働き、よく楽しむ」ことだった。

## よく働き……

この当時に基礎が築かれた希有なプロフェッショナリズムは、いずれはバルカン諸国およびアフガニスタンやイラクでのＲＡＦの活動にも受け継がれることになるが、そもそもこれは何に由来するのか？

置かれた場所がひとつの決め手になった。私たちはじゅうぶん過ぎるほどに認識していた。眼前に対峙するワルシャワ条約軍《WP》。その規模。さらに一九七〇年代、イギリス本国の関心と予算配分の重点は、戦略爆撃から、戦術爆撃戦力に移った。この年代には、ＲＡＦドイツの飛行場の堅牢化が図られ、たとえば航空機や車両のほか、管制塔をはじめとする各付属施設に〝低視認化《トーンダウン》〟塗装が施された。さらには、戦闘損傷補修《バトル・ダメージ・リペア》の新技術が確立され、その専門チームが登場する。戦術評価演習《TacEval》、戦術リーダーシップ・プログラム《TLP》［※2］も定着した。英国陸軍ライン駐留軍《BAOR》との、あらゆるレベル

即応警戒態勢下のラーブルック。1972年

における緊密な連携も、ゆくゆくは第一次湾岸戦争およびその後の航空作戦で実を結ぶことになる複合的戦術の開発を可能にした米国ネヴァダ州における『レッドフラッグ』演習も、この年代に始まっている。

さらに驚くべきは、本来は純粋に洋上任務を想定して設計・製造されたはずのバッカニアが、一九七一年に委ねられた対地任務にも多くの点で好適であるらしいと、クルーには即座に実感できたことだ。救援で飛ぶにせよ防衛で飛ぶにせよ、超低空・高速・長距離が要求される時代であり地域情勢だった。この観点から言えば、バッカニアはまさしくそのために開発されたような機種だったということになる。比較的小さい主翼、〝エリアルール〟を採用した機体デザイン。それが、より少ない推力でより速い巡航速度を得るのに有効だった。低高度・高速・長距離はバッカニアの独壇場だった。

私たちにとって幸運だったのは、西ドイツという環境が、ほかでは望めない低空飛行の機会を提供してくれたことだ。たとえば典型的な訓練の例として、作戦対象地域とよく似た地形を選んで飛行時間一時間三〇分、その大半を高度二五〇フィートの低空飛行に費やす。低空飛行エリアは次々と連なるよう設定されていたので、バルト海からバイエルン州まで、もっぱら低高度で飛び、訓練の最後は高度一〇〇フィート・速度五〇〇ノット以上で射爆場に進入し、投弾で締めくくることも可能だった。私たちバッカニア部隊は、この対地低空飛行の技量に磨きをかけるのに特別な気概を持っていて、高度八〇〇フィートで訓練中の西ドイツ空軍のF-104部隊のはるかに下を飛び抜けたりすることもあった。バッカニア搭載の電子警告システムが発する特徴的なレーダー信号音により、低空域の混雑状況を把握したうえでのことだったが。

バッカニア部隊に振られた役割は、戦術核投下と、重要な恒久的軍事施設への爆撃、近接航空支援すなわち装甲車両部隊への攻撃任務だ。おかげで私たちの訓練の幅は広がり、その面白さと多様性には不自由しなかった。

一般に、軍用機の課題とは、その就役全期間を通して性能の向上を図り続けることにある。対峙する相手もまた技術的に進歩する、その脅威に遅れを取ることなく対抗していかなくてはならないからだ。バッカニアの場合、機体の性能向上に関しては、ドイツで大隊が発足する以前からすでに〝重荷を背負う〟決定が下されていた。つまり、エンジンをジャイロンジュニアからスペイに換装したことだ。これによって、二基あわせて約八〇〇〇ポンドのありがたい推力増大となり、爆弾倉扉の外皮に容量四二五ガロンの燃料タンクを新たに取り付けることが可能になった。航続距離は、NATO中欧管区では――東西ドイツ国境付近で、ワルシャワ条約軍の戦闘機部隊を目の前にして空中給油の必要に迫られたとしたら、それは自殺行為にも等しいという地域ゆえに――常に決定的な要素だったのだ。

以降ドイツ駐屯の一三年間、改良の流れは滞ることなく、装備・兵器の更新も重なり、バッカニアは進化を続ける。結果としてクルーは絶えず新しい装備や戦技への習熟を求められるわけで、それが訓練の刺激になった。

こうして、一九七一年には『ブルーパロット』レーダーなど新式の航法システムが導入されて、打撃任務の遂行には必須と考えられながら、それまでは非現実的だった夜間・荒天飛行の能力が確保された。また、対電子ポッドやチャフ／フレア射出装置も登場した。一九七〇年代半ばには、初期型のＡＩＭ９空対空ミサイルが搭載兵器に加わる。だがおそらくいちばん有意義だったのは、一九七九年、『ペイヴウェイ』レーザー誘導弾を所定の目標に正確に導くための『ペイヴスパイク』レーザー照準ポッドが装備されたことだろう。

ドイツ駐屯の最初の数ヵ月は、高揚感に満ちていた。集められたクルーの背景はさまざまだったが、私たちに提示された任務すべてに熟達していると主張できる者は皆無だった。みんな必死で訓練に励み、ＦＡＡで教えられた攻撃手法をいったん忘れて、新しい任務を覚えなければならなかった。ただ、そうした早い時期から、我が中隊では各人の個性が不思議にうまく溶けあって、ありがちな人間関係の課題はあっさりと克服されていた。そのうえ、一九七一年初頭にＸＶ中隊指揮官デイヴィッド・コリンズ中佐と彼の航法士ポール・ケリーが、飛行中のアクシデントで命を落とすという悲劇に見舞われていたにもかかわらず、中隊の士気はいつも高かったと言える。

当初の訓練の重点課題は、爆撃部隊としてＮＡＴＯに派遣されることにあり、これは五ヵ月ほどで達成できた。爆撃任務というのは、間違いなく戦略的に極めて重要でありながら、そのための平時の訓練は相対的に地味で退屈といった逆説《パラドックス》を抱えている。模擬標的に向かって個々に出撃し、レイ-ダウン投弾とトス爆撃を淡々と実施する。もっとも、これが実戦となればまるで違うだろうということは、みんな承知していた。それに加え、核攻撃の実行手順において、ミスを犯すのは断じて許されない。私たちの知識――そして私たち自身も、定期的に専門家チームによるテストで試される。つまり、私たちが常に一定水準の技量を維持し、すべてを正しく理解する重要性を認識するためのTacevalその他の定期演習だ。

続いてバッカニア部隊は、これまた形式的な訓練を経て、即応警戒態勢《QRA》を日常茶飯とするようになったが、そこでもまたパラドックスが成立する。そもそも自分たちがドイツにいるのは、ＱＲＡ

維持のためであることを、私たちは了解していた。と同時に、それが、気高い忍従の念をもって耐えるべき退屈な業務であることも知った。それまで長年にわたってアメリカ製の核兵器を搭載したキャンベラ部隊が占有してきたＱＲＡ待機施設に初めて粛々と足を踏み入れたとき、私たちは、そこに古本の山――他愛ないスウェーデン式〝教養小説〟の類だったが――を発見した。単純な事実として、いつでも出撃できるフル装備で待機エリアに二四時間監禁されるのは、みんな歓迎しなかった。このＱＲＡ当番は平均して二週間に一度巡ってくる。週末が潰れること年に六回を上回った。

爆撃部隊たる水準に到達した私たちの興味は、高度な技術を要し、またそれが楽しくもある実際の攻撃任務に移った。そしてドイツに来て一年後、一九七二年二月のTaceval演習に続いて、爆撃および攻撃任務への正式な起用が決定した。自分の飛行日誌で確認したところ、私たちは数ヵ月間で、高度二〇〇〇フィートからの降下角二〇度の緩降下爆撃と、低高度での自動照準式バント爆撃をどうにかものにしている。ただし前者は、ワルシャワ条約軍の対空防衛システムのなかでは、私たちを無防備にするものだった。後者は、内陸部にありがちな乱気流のせいで、実際には非実用的で精度も期待できないことが判明した。それでも、すぐに私たちは、目標を捕捉して一〇〇〇フィートまでの引き起こしをかける緩降下爆撃の手法を開拓し、これで一〇〇フィートでのレイ・ダウン投弾の手法を効果的に補完できるとわかった。

ロケット弾発射は、私たちの世界では〝王者のスポーツ〟と解釈されていた。私たちは二インチ

デイヴィッド・カズンズ（後列中央）と1978年メープルフラッグ参加クルーたち

RPに続いて、SNEBを通常の訓練に使用した。これこそは、装甲車両部隊を相手とする近接航空支援のための選りすぐりの兵器だ――私たちはそうも解釈していた。射爆場にロケット弾を発射するのは、いつも痛快だった。ところが当局の連中が、現場の意見にほとんど耳を傾けることなく、ロケット弾に換えてBL755なるクラスター弾の投入を決めた。これは有力な〝装甲バスター〟ではあったが、新たにXV中隊の兵器主任に昇格した私としては、決して確信が持てなかった。東へ連なるハルツ山脈一帯など、起伏に富んだ山がちの地形に展開する装甲車両部隊に対して、これが果たして打ってつけの兵器になるだろうか。そうした地形では、〝照準線〟兵器は、とうてい役に立たないと私には思われた。

初年度の訓練の一環として、私たちは、その後も恒例となるサルデーニャ島デチモマンヌ基地における航空兵器搭載実習に初めて臨んだ――霧深い北ドイツに閉じ込められていた身には嬉しい息抜きだったが。この種の遠征任務は、いつも中隊を鍛えてくれるものだったし、私たちは他のＮＡＴＯ加盟国の空軍――ここでは特にイタリアと西ドイツ――の活動状況を、実際に目で見て確かめることができた。彼らとの交流は『豚とサナダ虫』を中心に展開した。イタリア軍の飛行場の一画にある、正直言ってかなりむさくるしいが、唯一の救いは中身がぎっしり詰まった巨大な冷蔵庫、という店だった。早々に明らかになったのは、他国の空軍の、射爆場をただ往復するだけの、定型的な訓練ぶりだった。私たちはそんなことで満足するわけにはいかない。自前の〝敵機役〟のハンター二機とともに、サルデーニャ島の海岸線に沿った山中で四機編隊による低空飛行を展開した。この訓練で、私たちの戦術的技量はおおいに磨かれた。と同時に、最後はキャパ・フラスカの射爆場に爆弾あるいはロケット弾を落としてきっちり締めくくるまで、私たちのアドレナリンは放出され尽くした。

一九七七年、私は二期目のバッカニア部隊勤務にもどった。今回は16中隊の指揮を執ることになり、すぐに気がついたが、私がしばらく離れていたあいだも、月日は無駄に流れていたわけではなかった。バッカニア部隊は、バッカニアにすっかり傾倒した熟練の飛行員と地上員の一団で固められていた。彼らは極めて難易度の高い『レッドフラッグ』演習への備えも――そして、従来の光学照準器では不可能だった超精密照準爆撃を可能にする、レーザー照準の事前演習への備えも――万全だった。だが、当時はまた機体の構造的欠陥が露呈した時代でもあって、それぞれ個別の事故によってラーブルックのクルー二組の生命が奪われた［※3］。これらの事故のせいで、バッカニアの無敵伝説に傷がついたのは間違いないが、救済策も見つかって、バッカニアはさらに一四年間にわたってRAFに就役し続ける。

私自身のバッカニアとの最後の日々については、これ以上の筋書きはなかっただろう。一九八四年、私はRAFラーブルックの基地司令として、バッカニアとジャギュアの混成部隊を率いて、『レッドフラッグ』に臨んだ。そして、ネリス演習場で数回にわたってレーザー照準器使用の模擬出撃を実施したあと、自分でバッカニアを駆ってダラス、グース・ベイ、ケプラヴィークを経由してラーブルックに帰還した。これ以上のパイロット人生は望めない。

## そして、よく遊ぶ

それから二〇年後――二〇〇四年の、ある穏やかな秋の午後のことだ。私は妻を伴って、ヴェーツェ・ニーダーライン空港周辺の開放的な市内を車で走ってみた。そして仮設のフェンスを押し開けながら、トレンチャード・ドライヴをぶらぶらと、かつてのRAFラーブルック基地の、打ち棄てられた既婚士官用宿舎群に沿って歩いた。妻も私も言葉もなく、ただ息を呑むばかりだった。今や誰も住む者とてない各戸の窓の高さまで芝生が伸び、藪が這い上がっている。眺めていると、往事の思い出が怒濤のごとく脳裡に押し寄せた。

一九七一年当時なら、この街路に並ぶ家族用宿舎はペンキを塗って小綺麗に手入れされ、住人の賑やかな声であふれかえっていた。芝生はきちんと刈られ、免税で購入した新車が通り沿いにずらりと停まっている。窓に乳幼児の転落防止用のワイヤーが張り渡されていれば、ここで大人たちはパーティーかバーベキューの真っ最中だなというのが、お祭り騒ぎの笑い声を聞くまでもなくわかった。二〇〇四年のその日、見捨てられて荒れ放題の士官食堂のバーに足を踏み入れると、お馴染みのバーテンダー三人組がいつも愛想良く迎えてくれた、あの光景がまざまざとよみがえってきた。ギュンター、フランコ、ロルフと言えば、私たちバッカニア世代の飛行員で知らない者はいないが、誰が入って行っても――たとえこちらが国防省に不本意な年季奉公に出て、三年ぶりに帰ってきたばかりだったとしても――その顔を見るやすかさず〝いつものやつ〟のグラスを滑らせて寄越したものだ。その調子で、ラーブルックは私たちをまさしく包み込んでくれた。誰もが存分に楽しむよう期待されていた。バーテンダー三人組も心得ていた。エンジンを調子良く回すには、きちんと油を注さなきゃなりませんやね――。

飛行機乗りとはみんなそうしたものだろうが、私たち〝空飛ぶ海賊〟もそのキャリアをスタートさせるとき、自分たちのことを単純明快にこう定義した。飛行機乗り、と。空軍当局はもう少し分別臭く、私たちを〝総合任務パイロットもしくは総合任務航法士〟と呼んだ。この陰険な婉曲語法の本当の意味が痛切に感じ取れたのは、〝総合任務〟には国防省出向だの、軍団あるいは航空団司令部付きだのといった地上勤務が含まれるということを、自分たちが理解してからだった。この手の勤務は辛抱あるのみで、やり甲斐などほとんど感じられなかった。おおかたの飛行機乗りにとっては、人生は作戦基地に始まって、作戦基地で終わるものだった。

　ＲＡＦの基地はどこも独特の立地にあって、特有の熱気に包まれている。ドイツ勤務にはそこに格別な〝生活の質《クオリティ・オブ・ライフ》〟が付け加わった。一九七一年当時のバッカニア大隊は、それにすんなりと馴染んだ。理由はいくつかある。ＲＡＦドイツの基地はいずれも大規模で、作戦部隊で満員であり、基地所属の膨大な人員の大多数は基地内もしくは基地周辺の町に広がる家族用宿舎の団地に居住した。基地には自前の学校、商店街や医療機関が揃っていて、スポーツ施設や社交施設も完備されていた。外国にいることでいっそう高まる一体感と活力に満ちた共同体《コミュニティ》がそこに成立した。新参者も常に歓迎され、気遣いを受けた。飛行員と地上員の関係も、互いの専門技能に信頼と敬意を払いあうことで、きわめて良好に保たれていた。この特別な絆をさらに強めるため、合同パーティーが開かれるのもしょっちゅうだった。これらに加えて、本国の同世代より良い暮らしができているという意識。私たちの俸給には、海外生活にかかる余計な費用を助成するためとして、海外派遣特別手当が加算された。だが、車とガソリン、酒に煙草その他諸々免税扱い。おまけにヨーロッパ各地の夏冬のリゾート地にも簡単に行ける。となれば、けっこうな〝充足感《ビアン―ネートル》〟と〝快感《ヴォールゲフュール》〟も生まれようというものだ。

　地元の、忍耐強いドイツ人のコミュニティとの交流は特に重要と判断されていて、それはおおむね楽しい経験ではあった。当初は三個、のちには四個に増えた飛行中隊が発生させる騒音は相当なものだったはずで、基地周辺の各町村との軋轢を避けるべく、あらゆる努力が払われた。二個のバッカニア中隊は、それぞれ地元との交流に励み、相互訪問に努め、地域社会の行事にも抜かりなく参加した。

　ちなみに、飛行場のすぐ西側は、もうオランダ領だった。つまり私たちは、国境を越えてオランダの大きな町まで買い物や遊びに出かける機会にも恵まれていたわけだ。オランダでは普通に流暢な英語が話されているし、形式にこだわらないという彼らの国民性には、私たちと通じるところがドイツより多かったように思われる。ドイツでは秩序と形式格式が何より重んじられる。それが彼らの文化であることをまず理解する必要があった。ただし、それも年中行事の謝肉祭《カーネヴァル》が巡って来るまでの話だ。私たちが駐屯していたのは住民の大部分がカトリック教徒という地域で、四旬節を控えたその馬鹿騒ぎときたら、私たちのドイツ人観を一変させ、彼らの別な一面を知らしめるにじゅうぶんだった。なにしろ、ここはレーパーバーンかと疑うような光景があちこちで展開したのだから［※4］。彼らはいかにも彼ららしい律儀さで、私たちを謝肉祭の祭礼にも招待してくれた。しかも、せっかくだからというので、RAFのコミュニティの代表を、栄えある〝謝肉祭の王様《カーネヴァル・キング》〟に指名した！　もちろん、互いに持ちつ持たれつという、したたかな計算がそこに働いていたのは確かだが。何と言っても、総人口四〇〇〇名を超えるラーブルックの一大コミュニティが、周辺の地域経済を著しくあと押ししていたのは大きかったのだ。

実は意外に見落とせないことなのだが、毎年恒例の演習や作戦配備のサイクルは、喜ばしくも――とは家族にとっては特に――固定されていた。その点ばかりは、本国にいたらひっきりなしの、楽しくないとは言わないが、やたら詰め込まれる派遣プログラムとは違った。日常的な訓練や演習は別として、他のNATO加盟国の飛行中隊との交代配備や、サルデーニャ島における定例の搭載兵器実習キャンプ――これに一九七〇年代半ばからは『レッドフラッグ』演習に参加するため、米国ネヴァダ州あるいはカナダのグース・ベイへの派遣が加わって、一年のスケジュールが構成される。週末にはキプロス島やマルタ島まで〝レインジャー部隊〟を出して、新しい任務と空路の開拓に励み、バッカニアの空っぽの爆弾倉をご当地の名産品で埋める機会を確保した。キプロス産ブランデー、マルタ島のハム等々。

ラーブルックでは、家族用宿舎のどこかで、あるいは下宿屋のどこかで、パーティー開始を告げ

16中隊がサルモンド・トロフィーの獲得を祝う。1979年5月29日

る派手なサイレンの音を聞かずに過ぎる週末はほとんどなかった。当時のアルバムを開いてみれば、仮装パーティーというとなぜか女装に走る英国紳士たちの困った性癖が明々白々だ。まったく、気恥ずかしくなるような露悪趣味なパーティー全盛の時代だった。車椅子に乗った尼僧の扮装をした奴とか。これは今でも語りぐさだが、みんな知っている有名人の某航法士が十字架を背負ったイエス・キリストの姿で登場したことがあった。十字架があまりに大きすぎて屋内に入れず、彼は玄関ドアの外にもたれかかったまま、その晩ずっとしかめっ面で、目をそむけたくなるような腰布に押し込んだ瓶から、長く継ぎ足したストローでビールを吸い上げていた。そんなのが毎週のように繰り返されたのだ。

バッカニア大隊は人騒がせなやんちゃ集団だった——とは、せいぜい控えめな言い方だろう。大隊内でも悪ふざけ競争は盛んだったが、もっと簡単な標的と言えば、偵察飛行中隊のすかした連中だった。彼らは一九七〇年からファントム、次いでジャギュア装備で、ラーブルックに駐屯していた。もっとも、基地防衛にあたるＲＡＦ連隊所属の中隊員に対しては、いくらか――辛うじていくらか手加減した。その将校団となると、常に大人数で、体力自慢が揃っている。ということは、招待晩餐会《ゲスト・ナイト》のあとの食堂《メス》ラグビーの大乱闘で、手痛い報復に遭うかもしれないからだった。

ＦＡＡとのつきあいとなれば、さらに用心すべき数々の伝統があって、一例として、彼らは正式晩餐会を粉砕する――文字どおり〝吹き飛ばす〟ことに明らかなこだわりを持っていた。私がイギリス海軍航空基地《RNAS》ロッシマウスのゲスト・ナイト『ターラントの夕べ』の会場に足を踏み入れたときは、ものの数分で眉毛がなくなった。やる気満々の海軍機上航法士が「シラミ野郎がいるぞ」と雄叫びを上げるなり、私に向かってサンダーフラッシュを投げつけてきたのだ［※5］。それが手始めだった。私はバッカニアに乗ること、ＦＡＡの訓練を受けることに喜びと興奮を覚えていたし、常々ＦＡＡには尊敬の念を抱いていたのだが。その思いが必ずしも報われるわけではないことを発見して、自分としては衝撃の瞬間だったが、ＲＡＦバッカニア部隊がその蛮行の血筋を受け継いだのは確かだ。

一九七〇年代後半から八〇年代にかけて、より重責の中隊長であり基地司令であった私は、ゲスト・ナイトに招かれるたび、食堂の天井を恐るおそる、これでもかと注視したものだ。そこに吊された爆弾《キャベツ》とおぼしきさまざまな装飾品を。戦略的に、この〝主賓席〟の頭上には物騒な導爆線が張られていて、あれとつながっているに決まっている――。そうやって天井にばかり気を取られていると、つい見逃してしまうのだ。目の前に並んだナイフやフォーク、グラスにテーブルマットまでが、見えないように天蚕糸《てぐす》を使って椅子につなげられているのを。これで食前の祈りのあとに椅子を引いて座ろうとすればどうなるか、わかりやすい結末が待っている。もっとも、長年の経験から私にも理解できたが、下級将校の〝領袖団《ジャンタ》〟は、日々厳しい規律を課せられて、自分たちの真の実力を見せつける必要があった。英国軍人行動規定《クィーンズ・レギュレーションズ》が私に最大の仇となって返ってきたと思えば、それも納得できた。こういった〝ジャンタ〟会食での大暴れの結果として発生する食堂の修繕費用は、いつでもあっさりと申請受理された。それが痛いほどの金額でも速やかに認められた。むしろもっと痛かったのは、この手の伝説が、とどまるところを知らなかったことだろう！

## 終わりに

伝説はとどまるところを知らなかった。とは、まるで予言めいた言い方になった。思い出も色褪せることはない。毎年恒例の『バッカニア会議《ブリッツ》』で、私たちは必ず思い出話を確かめあって、涙が出るほど笑う。もちろん、あれは最良の日々だった。ＲＡＦドイツでバッカニアを飛ばし、誠実にして熟練の地上員に支えられて、繰り返しになるが、これぞ世界最高の戦術航空戦力であると主張する根拠をRAFに提供した。それは私たちが参加した『レッドフラッグ』演習のアメリカ空軍《USAF》の判定官も公然と認めたことだ。

後年の湾岸戦争で、トーネード部隊が見せた度胸と腕前は、疑いなく、一九七〇年代から八〇年代にかけてバッカニア部隊が築いた土台に負うところが大きい。当のバッカニア部隊も、第一次湾岸戦争では目覚ましい活躍を見せた。空中での行動能力はきっちりとモニターされ、評価される——それも定期的に。だが、そのように実証するのが難しいゆえに、逸話で裏付けるしかないもの——それが、駐ドイツのバッカニア大隊をひとつに結びつけていた精神だ。バッカニアという機種の多機能性に対する敬意、先輩世代やFAAから受け継いだ伝統と技量の尊重、ここに真に果たすべき任務があるという信念。そしてバッカニア乗りのあいだで、なかなか定義し難いが確かに存在し、維持されている仲間意識。それらすべてが混然一体となって、部隊の精神が作り上げられた。

一九八四年二月二九日、ラーブルックのバッカニアは、トーネードにその責務を譲った。その日、私は最後のバッカニアが離陸するのを敬礼して見送った。それから踵を返し、ひとつ深呼吸してから、新たに編成されたトーネード中隊のNATO正式配備を控えて、有能なチームとともに、基地でその準備作業に取りかかった。世の社会学者はしきりに説く。継続と変化を。それこそイギリス空軍の特徴的な気風であり、伝統であったし、これからもそうあり続けるだろう。

駐ドイツのバッカニア部隊は、みごとに大役を果たした。そこでは良い時間が――本当にとても良い時間が共有されていた。

※1 2ATAFはNATOの連合戦術航空軍中欧の下部組織として一九五八年編成、ベルギー・オランダ・西ドイツのカッセル以北〜エルベ河以南の地域を担当し、RAF第2戦術航空軍(後のRAFドイツ)の総司令官がその総指揮を執った。

※2 Tacevalは即応態勢のチェックと評価を目的に、国内では打撃軍団司令部、RAFドイツの場合は連合航空軍中欧の司令部の主催で年一回実施される演習。TLPはNATOパイロットスクールという別名でも知られる、NATO加盟国およびその招待国参加の教育プログラム。

※3 第5章にRAFドイツにおける主翼固定ピンの脱落事故などの言及がある。

※4 レーパーバーンとはハンブルクにある〝世界でもっとも罪深い一マイル〟の異名で知られたドイツ屈指の歓楽街。

※5 ターラントはイタリア半島南東端ターラント湾に臨む軍港。一九四〇年一一月一一日にイギリス海軍が空母艦載機を投入して大規模な夜間空襲を実施、作戦としては大成功を収めた。海軍では毎年その日の前後に何らかの記念行事がある。また、〝シラミ野郎〟は、原文では〝crab〟であるが、この場合カニではなくケジラミのこと。古く海軍で支給されていたシラミ退治用の水銀軟膏の色と、空軍のユニフォームの色がそっくりだったことに由来して、もとは〝シラミ軟膏 crabfats〟だったのを略して〝シラミ crab〟、といえば空軍の人間を指す海軍の俗語として定着したものらしい。サンダーフラッシュは、発煙/発炎筒。

# 09

# 後席の男

## デイヴィット・ヘリオット

David Herriot

一六歳になる頃には、私は心に決めていた。空軍のパイロットになるんだ、と。だから、最終学年《シックスス・フォーム》に進むにあたって〔※1〕、パイロット育成奨学金を申請した。ところが、グラスゴウ中等学校の校長Ｄｒリーズは、このとき、私の学力に疑念を禁じ得なかったようで、ＲＡＦにもその旨を通知した。申請は却下された。めげずに翌年も申請して、やはり同じ結果になったが、学校生活も終わりに近づいたので必死で頑張り、ビッギンヒルの審査会にまでこぎつけた。それ自体は合格だった。もっとも、養成課程への入学同意書には意味ありげな但し書きがついていた。それによると、私のパイロット適性審査の評点は低かったものの、航法士訓練への適性は抜群で、それに関しては珍しいほどの高得点だったという。決断も何もない。とにかく空軍の将校になって、空を飛びたかった。私は同意書にサインした。

航法士課程一三三期は、私に数々の難題を突きつけた。Ｄｒリーズは冷酷だったわけでなく、飛行員選抜委員会に提出する例の忌々しい内申書に、ただ厳正を期したというだけなのだった。なにしろ私は数学者や物理学者の卵というわけじゃなかったので――要するに、この両科目がからっきし駄目だったのだ。どっちも航法士には欠かせない素養だというのに。にもかかわらず、私にはすでに――養成校の通知表によれば――空で発揮される天性の才能が確かに備わっていたらしい。すでに飛行機乗りの感性を持ち合わせ、通知表に曰く「それに専念する覚悟が本人にあれば」、航法士としての資質はじゅうぶん、と。おまけに私は〝ながら作業〟がすこぶる得意で、これが航法士には必須の技術だったのだ。航法士と言えば、在空中は常に数々の〝定番業務〟に対応しつつ、正確な飛行データの維持管理もやらなければならない。というわけで、私は課程の初級クラスを実にうまいこと切り抜け、上級クラスの半ばまで特に何の努力もせずに進んだ。

ゲイドン基地の初級講座の担任教官は、アーガシィの航法士が本職という人物だったが、ある晩、彼とバーでじっくりと話したことがある。なぜ複座機に乗りたいのか。それより優雅な〝運び屋稼業《トラッキング》〟を選ぶという手もあるのに。私は説明したが、彼はどうしても腑に落ちない様子だった！　上級講座の担任は――こちらはシャクルトンの乗員だったが――ずっと公平な観点に立って、スキャンプトン基地への日帰り旅行を手配してくれた。ヴァルカンの見学が目的だ。この機種に配されるのは、卒業時の成績が下位半分の訓練生と相場が決まっていた。

暗い穴倉のようなヴァルカンのコクピットから突き出たラダーを降りながら、私は心に誓った。卒業までの追い込み期間、もっと真剣に勉強しよう、と。自分が乗るならバッカニアしかあり得ないと決めたのも、多分このときだ。初勤務でバッカニアに乗れる奴など、ほとんどいなかった。何と言っても、空軍バッカニア部隊は動き出したばかりの頃で、新人用の空席などなかったのだ。それだけでもやってやろうじゃないかという気にさせられたが、それに加えて、私はトラック野郎になるつもりはなかったし、哨戒任務も同じく冴えないと思った。当然だろう。高速で低空を駆けまわりながら爆弾を落とす――そんな荒技だって夢じゃないのに、空のトンネルをただせっせと行ったり来たりするだけの仕事に就きたいなんて、誰が思うもんか！

　その日はすぐにやって来た。担任教官が〝口入れ屋《ポスターズ》〟と協議して、私たちの運命を決める。同期で三番目の成績で課程を修了した私は、一九七〇年一二月、同期生七名とフィニングリー基地の士官食堂バーに向かった。そこが吉報なり凶報なりの告知の場所として選ばれていた。Ｖ-フォース行きを宣告される成績下位三人の苦悩をたちどころに癒やすための精一杯の配慮というところだ。成績一位と二位の二人は希望どおりの配属先を告げられたが、私の第一志望のバッカニア部隊はまだ残っていた。

　私がどれほどバッカニア部隊を切望していたかを知っていた教官は焦らしに焦らして、〝空き無し〟が続く新規採用欄を私に辿らせた挙げ句、もったいつけて〝空き有り〟の欄を見せた。バッカニア部隊。その欄に私の名前が入っていた！　私は感極まり、ほとんど茫然自失した。

　これは私も知らなかったが、この挑戦は私が思っていたよりはるかに大事《おおごと》だったようだ。と言うのも、ＲＡＦホニントン基地に新設された２３７運用転換部隊《ＯＣＵ》で訓練を受ける新人航法士の、私が第一号ということになるからだった。それまで、バッカニアを目指す空軍の航法士は、年齢や経験を問わず、ロッシマウスの７３６飛行中隊で海軍式の訓練を受けるしかなかったのだ。もっと本気を出そうという、あのときの決意は無駄にはならなかったわけで、あとがどうなろうと今夜は潰れるまで飲むぞという最新の決意も、すぐに試されることになった。

さて、ベリ・セント・エドマンズ～セットフォード間でA134号線を降りてグリーン・レーンに入り、道なりに走るあいだにホニントンの滑走路09の進入口を横目に通り過ぎたときのことだ。唐突にわかった気がした。自分がバッカニアで飛びたいと熱望してきた、その理由が。そこで私が見たのは、ブレーキをかけながら出力全開にして、今にも離陸しようとしている二機のバッカニアだ。12飛行中隊の所属機だった。愛車モーリス一〇〇〇を基地正門に通じる細いグリーン・レーンの大カーブ地点に停めて、私は驚嘆しながら、ひたすらその光景に見とれていた。バッカニアがいかに禍々しくも逞しく見えるか。あの空飛ぶ金属の怪物を自在に操るなどという真似が果たして自分にできるものだろうか――ようやく実感が湧いてくる。だが、まずは最初に座学、続いて一〇回のシミュレーター訓練があり、その他数々の飛行準備があって、あの怪物に少しずつ近づけるはずだった。

## 後席よりひと言

バッカニアのコクピットを覗いて見たことがあるだろうか？　それはまさに――お馴染みの、言い得て妙の表現を借りれば――「人間工学的スラム」だ。それでも、ブラックバーン・エアクラフト社は――「アビオニクスの箱やらスイッチやらを何でもかんでもコクピットに放り込んで、ずらりと並べてねじ込む」哲学にもかかわらず――高速・低空侵入ジェット爆撃機にとって重要な鍵となる一面を正しく把握していたという意味では、唯一の航空機メーカーだった。バッカニアの操縦士席はわずかに左に偏心《オフセット》して設置され、対するに航法士席はわずかに右寄りかつ高めに置かれている。この配置のおかげで、GIBすなわち〝後席の男《ガイ・イン・ザ・バック》〟は、GIFすなわち〝前席の男《ガイ・イン・ザ・フロント》〟の右肩越しに、右側面風防を通してじゅうぶんに前方視認が可能だった。さらに前席右舷に並んだ重要な計器の盤面もはっきり確認できる。着陸進入に際して決め手となる〝吹き出し機構《ブロウ》〟の計器も楽に見える位置にあった。

航法士は、針路設定をはじめとする航法関連業務に加えて、二人チームの片割れとして、以下の役割を担っている。

・レーダー画面の監視と目標の識別
・兵器システムの管理と運用
・対電子機器の管理と運用
・燃料システムの管理

・無線通信業務
・〝六時方向確認《チェック・シックス》〟ならびに後半球二時から一〇時までの全域を確認
・厳しい状況に陥ったとき、パイロットの額の汗を拭いてやる（比喩的な意味で）！

　これらすべてを実行するにあたって、ＧＩＢには作業負荷を減らす数々の航法補助機器《ナヴェイド》が、フェランティ社によって提供されている。なかでも、いちばんの目玉は『ブルーパロット』レーダーで、本来は洋上目標（想定されていたのはスヴェルドロフ級巡洋艦）の探知用に開発されたものだ。加えて『ブルージャケット』ドップラー・レーダー。ここから対地測位表示器《ＧＰＩ》のあらゆる数値が獲得されて、針路や時間の管理ができる。もっとも、離陸滑走中に対地測位設定ユニットに緯度・経度を入力したとたんに、それらの数値があらぬ方向に（気まぐれに）跳ね上がるようなことがなかったら、の話だ。まったくのところ、これは慣性航法装置とはほど遠く、結果として、多くの航法士が離陸早々に自機の位置に不信を抱くというくらい、あてにならなかった。みんな、たちまち学んでしまった。この機器は無視して、〝目ん玉《アイボール》Ｍｋ１〟を使おう。結局、これがいちばん頼れるナヴエイドだ――。もしも自分に空母のデッキから飛び立った経験があったならば、『ブルージャケット』をもっと頼りにするようになったかもしれない。それは認める。ただ、あいにく私はその名誉とは無縁だったので、やはりその有用性については、速やかに見切りをつけた。

一九七一年、ナヴェイドに〝自動巻き取り地図〟が加わった。ただし、これには糊と鋏と根気による一六時間の準備作業が必要だった。まあ、一六時間というのは大げさだとしても、準備にたっぷり時間がかかったのは事実で、しかもこれは『ブルージャケット』と連動するというので、すぐさま「糞の役にも立たない」認定がなされ、ほどなく人間工学的スラムに鎮座するレーダー警報受信機《RWR》の制御パネルに道を譲った。

また、どこぞの賢い御仁が良かれと思ったのだろうが、航法士席に折りたたみ式テーブル（一八インチ四方）が備わることになった。この卓上で面倒な作図作業ができるじゃないか、というわけで。なるほど、そいつは結構だ！　だが、低高度では〝小卓上ゲ〟の状態にしておかねばならない。テーブルを広げたままだと、緊急脱出を迫られたとき、座席射出用ハンドルに手を伸ばすのに邪魔になるからだった。航法関連装置一式のとどめは、S／Xバンド利用の広帯域誘導システムで、攻撃の最終段階でソ連の艦載レーダーを照準固定《ロック・オン》する際に、方位情報を提供するものだった。

一九七〇年代半ば、洋上作戦に出るバッカニア部隊は、画像《TV》誘導・対レーダー『マーテル』（Missile Anti-Radar TELevision の略）ミサイルを搭載する。そのため、航法士が洋上目標をテレビ画面で識別し追跡できるよう、白黒テレビがその両足のあいだに据えた架台に取り付けられた。その効果と言えば、航法士は足を大きく広げて座らねばならず、「ケツから膝」つまり大腿部が長い奴は緊急脱出で――コクピットから射出されるときに両足が『ブルージャケット』に激突して――爪先を失いかねなかったことだ！
後年、私がバッカニア部隊で四回の年季奉公を経て異動になってからだいぶ経った頃、バッカニアにはようやくＧＰＩ補正ユニットが、次いで慣性航法装置《INS》が、そしてついに全地球測位システム《GPS》が搭載された。

統合兵器システムは、投下制御コンピュータ《C&RC》という、投弾パターンに八通りの選択肢が用意され、投弾までの正確なタイマーが備わった〝魔法の箱〟を通じて後席から管理された。忘れてほしくないのは、これらのアビオニクス魔術系の機器はすべて一九五〇年代に開発設計されたということであり、したがって、デジタル方式ではなく、アナログ方式だった。つまり私が言いたいのは、デジタルには精確さが期待できるが、アナログには曖昧さが残るということだ。ちなみに後席には、国際民間航空機関《ICAO》の標準気圧設定一〇一三mbに規正された帯状表示《ストリップ》式の気圧高度計も装備されていた。とても便利じゃないか、とそこで今どきの飛行機乗りの皆さんはおっしゃるわけだ。いやはや、そうでもないのだよ、諸君。アナログの兵器システムには誤差がつきものだからだ。Ｃ＆ＲＣの箱の側面を取り外してみるといい。内部《なか》には歯車と糸と滑車が詰まっている。もちろん、超高級な歯車であり糸であり滑車であるには違いないが、だからと言って、そのまま精度が高いことにはならない。爆撃を実施するにあたってパイロットや航法士が設定数値《パラメータ》を正確に入力するのに心を砕くの

XV飛行隊の後輩クルー。左から右にデイヴィッド・ヘリオット、イアン・ロス、デイヴ・シモンズ、ジョン・カーショウ

が大前提だ。

という次第で、特に急降下爆撃で目標に向かって降下する際には、大声で高度を告げることも航法士の大事な役目だった。その主たる目的とは——降下中にパイロットがもっぱら目標を注視するあまり、乗機が〝テント・ペグ〟と化す［※2］のを避けるべく、パイロットに降下率が耳から伝わるように、そして、それを所定の降下角を得るのに必要と彼が理解している降下率に合わせて補正できるようにすることにあった。これって信じられるかね？

もっと信じられないようなことを言おうか。これをやるために、投弾訓練の都度、射爆場に入る前に海抜一〇〇〇フィート・侵入速度で〝高度規正〟が実施されて、航法士が高度計の表示面にグリース鉛筆で、一〇一三mbに代わるその日その地域における気圧を基準にした補正目盛を書き込むことになっていた。それって精度はどうなのかって？　まあ、何とか大丈夫。グリース鉛筆で引いた線が高度計の一〇〇フィートの目盛線より太くなければ！

そして、またもやどこぞの賢い御仁が、糸と錘《おもり》と分度器から成る単純な〝ぶらぶら角度計〟を設置するという名案をひねり出した。これで急降下爆撃の精度が向上するだろう――。理屈はお見事。しかしながら、ＧＩＢにはキャノピーの縁で揺れている糸よりも、もっとほかに注意を払うべきものがたくさんあるということをお忘れだった。言うまでもなく、この案が実用化されることはなかった。

というわけで、バッカニアの機内における航法士の役割は、お気楽どころじゃなかった。だが、私たちが低高度の支配者になり、洋上でも地上でも、たいていの脅威を征服できたのは、ひとえにこの一点にかかっていたようなものだ。

要するにどういうことかと言えば、もちろん明々白々、バッカニアは搭乗員協働機《クルー》だということだ。ＧＩＦはＧＩＢがいなければ、ＧＩＢはＧＩＦがいなければ、乗機を飛ばすことも、目的を果たして帰ってくることもできない。ホニントンのＯＣＵに配されてすぐにはっきりと知ることになったが、バッカニアを飛ばすというのは、パイロットと航法士の共同責任であって、互いの全面的なサポートと合意なしには決して実行できない、実行すべくもない作業だった。それが具体的に意味するところは、〝花形役者《プリマドンナ》〟が座る席は前にも後ろにもないということであり、乗員二人の互いに対する敬意がバッカニア運用の最大の決め手だったということだ。一緒に乗務するパイロットと航法士は、おおむね良き相棒同士だった。そうならざるを得なかった。バッカニアのコクピットの居住環境は――前席と後席という縦列配置にもかかわらず――手狭ゆえに一体感に満ちていたからだ。実際、そうしようと思えば『ブルージャケット』の下の隙間から手を伸ばして、パイロットと手を握りあうのも可能だった。いや、つまり肝心なのは、機内通話《インターコム》システムに不具合が発生した場合、手書きのメモをそこから受け渡しできたということなのだ。それよりもっと肝心なのは、GIFがGIBの指示を実行できなかったとき、国防省備品目録番号6B／349――航法士にもれなく支給された長さ二一インチのプラスチック製で目盛は海里で刻まれている航法作図用定規――で、GIFのヘルメットの横を遠慮なくコツンと叩いてやれたことだろう。長くて使いにくかったが、そういうときには実に便利な定規だった！

　OCUでの研修中のハイライトは――この私はそれを解説する資格じゅうぶんと自負するが――、ホニントンの士官食堂バーおよびその周辺を部隊とする社交生活にあった。一九七〇年代初め、237OCUの教育スタッフの陣容は、空軍と海軍双方の人的交流の縮図といった様相を呈していた。一九六〇年代にペルシア湾で切歯扼腕していたハンター乗りもいたし、空母乗組員として複数回の洋上勤務を経験したバッカニア乗りも多かった。彼らに共通していたのは、飛行機野郎に特有の活力と〝バッカニア愛〟、そして、たいていの相手を酔い潰してやれるだけの酒量だった。そして、私のような練習生にとってもっと重要なこと、このOCUに特徴的だったことは、〝貴族と平民〟つまり地位階級にこだわる雰囲気がまったくなかったことだ。

「もしも、おまえが〝バック〟を飛ばすことができるなら、爆弾を落として、ロケット弾を発射して、攻撃手順や回避行動を実施することができるなら、そしてビールを飲んだり、おごったりもできるなら」――ラドヤード・キプリングにはお許し願って、バッカニア部隊に置き換えて言えば、だ――「世界はおまえのもの、すべてはそのなかにあり、そうしておまえは一人前のバック乗りになるだろう、息子よ！」という具合だ［※3］。

いやいや、私は何も、バッカニア部隊に飲酒問題があったと匂わせているつもりはない。そう思われていたかもしれないし、実際、私たちは飲んだくれの集団だったと言えばうなずく向きも多かろう。だが、私が本当に言いたいのはこういうことだ。バッカニア乗りのあいだには、自分たちの経験やプロ意識や専門技術を分かちあいたいという共通の熱意が存在していたのだ。中隊の仲間うちだけでなく、もっと社会的に広い範囲で。私たちは強い絆を誇る選り抜きの集団だったし、今も、また将来もそうあり続けるはずだ。ＦＡＡ所属であろうと、ＲＡＦあるいはＳＡＡＦ所属であろうと――それから、忘れちゃならないが、アメリカ空軍や海軍や海兵隊、さらにはオーストラリア空軍からの交換勤務組であろうと、等しく〝海賊団〟の仲間ということで。私たちの一人ひとりが、純イギリス製で最後にして最高の爆撃機を飛ばすために選ばれたという名誉を担っていた。つまり、私たちは高度専門職の集まりでありつつ、良き時間をともに過ごす術もちゃんと心得ていたのだ。

## 破片密度等時間線図、あるいはQWIが操る種々のはったり

長年にわたって、RAFとFAAは、選りすぐりの戦闘機パイロットを空戦の戦技と戦術の専門家に仕上げるべく訓練してきた。難易度の高いその選抜課程を修了後、彼ら神の子たち――とは、彼らのふるまいがそのように言わせたものだが――には、略称PAIすなわちパイロット攻撃技術教官の肩書きがつき、特に一九五〇～一九六〇年代に花形だったあちこちのハンター中隊には、その姿が少なからぬ数あった。彼らはパイロット仲間の兵器運用の技量と、中隊の戦闘能力の向上および標準化、そのための訓練に責任を負った。

バッカニアがRAFに就役することになった際、バッカニア部隊にも同様の資格制度を設けようというので、当然の議論が巻き起こった。一九七〇年代初頭のホニントンの基地司令ピーター・ベアストウ大佐は、もと戦闘機パイロットでPAIの有資格者であり、このとき、バッカニア攻撃技術教官――略称BAIを育成すべく、そのための研修講座を237OCUに開設する計画を打ち出した。これは、バッカニア部隊の発展という意味で重要なステップだった。そして、それがバッカ

ニア部隊を、運用上の信頼性に関してはＲＡＦの実戦部隊の最先端――あるいはさらにその先――に位置づけることになった。

私は初任でラーブルック駐屯のＸＶ飛行中隊に配されていたが、そのとき、このＢＡＩ養成講座の第一期生として我が中隊からもクルーひと組が選抜された。パイロットはデイヴィッド・カズンズ、通称〝ＤＣ〟。もとライトニングのパイロットだが、それとはまったく関係なく、ここからＲＡＦのお偉いさんへの出世街道を歩み出したのは間違いない！　彼の相棒として――私たちのあいだでは〝ガリ勉と頓馬《ブルシット・アンド・イグノランス》の教室〟の略と言われていた――ＢＡＩ講座に臨んだのは、もっぱら〝ウィングス〟のあだ名で通っていた航法士、本名バリー・チャウンだった。彼はバッカニア部隊でも飛びっきりの個性派だったし――そのキャラクターは今も相変わらずだ――、ブラックバーン・エアクラフト社の最高傑作二機種の両方で最前線の作戦飛行を経験している、おそらくはＲＡＦでもただひとりの男だ。ちなみに、もうひとつのほうはビヴァリーＣ１輸送機だが、ウィングス軍曹（当時）はその通信士を経て、将校任命辞令を受けて航法士になったのだという。私がＸＶ中隊に入って以来、彼は私の師匠《メンター》で、仕事の面でも遊びの面でも、その役目をきっちり果たしてくれたうえ、私がありがたいと思っている以上に私を厄介ごとにも巻き込んでくれた。いや、正直なところ、酒を飲むとか、士官食堂やら海外遠征先で悪戯を仕掛けるとかいうことになると、私は覚えの早い生徒だったので、彼の指導を必要としたのもごく短期間だったのだが。

彼ら二人がラーブルック駐屯地に戻ってくると、中隊の兵器運用面における規定だの基準だのはたちまちきつくなった。訓練出撃の報告臨取《デブリーフ》はより徹底的になって、照準点はいわばナノメートル刻み、着弾はいわばナノセカンド刻みというくらい、こと細かにフィルム解析された。おっかないこと半端なし、搭乗員《クルー》はひたすら戦々恐々だった。射爆場でへまをやらかして、水平飛行や正確な速度や降下角の維持にしくじったのがバレたら、ＢＡＩの雷が落ちること必至だったからだ。

当時のＸＶ中隊指揮官はロイ・〝ポッティ・ワッティ〟・ワトスン中佐だった［※4］。ポッティ・ワッティは、アメリカ空軍に交換勤務中だった朝鮮戦争当時、Ｆ－84サンダージェットを飛ばして、抜群に腕利きのパイロットという名声を得た。実際、よく聞かされた話のひとつに、当時は一介の空軍中尉だった彼が四〇機余りのサンダージェットを率いて特別な作戦飛行に臨んで、その結果、アメリカの空軍殊勲十字章を獲得したというのがある。私は相手に敬意を表して、その話が真実かどうか問いただすことはしなかったが、自分の三九年間のＲＡＦ勤務を振り返っても、一介の中尉が四〇機の指揮を任されるなど見たことがない！　戦後間もない時期は、事情がおおいに違っていたのだろうが。

いずれにせよ、ロイの逸話は、彼が昔気質《かたぎ》の計器無用、〝勘と経験〟のパイロットだったことを確かに証明している。もっとも、ＤＣとウィングスをＢＡＩ候補に選抜したのは彼だ。イギリス本国で長期の訓練を受けさせるため、その両名を中隊から放出したのも彼だ。そして、今から話すように、ＢＡＩの両名をいちばん恐れていたのも実は彼だった。

ＸＶ中隊がサルデーニャ島デチモマンヌ基地における搭載兵器実習キャンプ《APC》に参加中、フラスカ射爆場への出撃に際して、それは起こった。ロイは四機編隊を先導し、地上目標に対してＳＮＥＢロケット弾を発射する訓練を実施した。航法士はピート・リッチー。手始めから五回は外れなしの命中に次ぐ命中で、最後の発射に備えて降下角一〇度の緩降下に入ったとき、唐突にロイが射爆場安全管理官に〝発射中止《オフ・ドライ》〟を告げたことにピートは驚いた。「中止って、ボス、パラメータは完璧ですよ？」　問われたポッティ・ワッティは答えた。「悪いな、たった今気がついた。投影ガラスを起こすのを忘れてた。あとでＢＡＩにボロくそ言われるだろうなあ！」　ＢＡＩすなわちＤＣとウィングスのことだ。

　つまり、それがＢＡＩの権威であり、それが古株の昼間戦闘機対地攻撃《DFGA》パイロットの技量だった！

　一九七六年、思わぬ幸運で、私は第五期生に選抜された。一九七二年の第一期以来、講座は大きく発展し——これに続くＲＡＦの種々の教育制度ともども——、その名称も認定兵器教官課程《QWI》に改められていた。結果として課程修了生は空軍名簿《エアフォース・リスト》にその堂々たるＱＷＩの肩書きとともに記載され、公式にそう名乗る権利を得ることになって、これはキャリア形成の観点からも重要なことだった。これは、その保有者の同僚のあいだでは尊敬の的であり、デブリーフ時には同僚にとどまらず多くの参加者を震え上がらせる効果抜群の肩書きだった。それだけに、履修は苛酷だった。

　最初の週には数学の基礎テストがおこなわれる。それに合格すると、〝取りあえず〟は課程に居座って、以下の課題をものにしなければならない。円運動の強度計算――微分法による弾道計算――、破片密度等時間線図、照準点《AMD》俯角計算、自由落下と投入それぞれに関する理解と計算、望ましい投射高度の把握と算出――高度計にグリース鉛筆で目印をつける、例の手順だ――、レイ-ダウン爆撃における交差進入、ジャイロ計器の監視・調整、エトセトラ、エトセトラ。ひと息いれる暇もなく、合間に空に揚がる楽しみをもって座学の単調さを打ち破るのもそう簡単ではなかった。空に揚がるのは気分転換になったんじゃないかって？　いやいや、それには同意できないな、諸君！

　ある特定の投射手法をめぐって飛行段階に入るたび、研修生の誰かがブリーフィングを準備し、説明役を課され、無慈悲な教官の辛辣きわまりない〝口撃〟に耐えねばならない。うまくやれば、そいつはその後に続く飛行実習を気楽に迎えられる。取りあえずスポットライトは自分から外れ、呑気に聴いていた誰かに当たるからで、今度はその哀れな研修生がいっさいを――射爆場への出撃立案から、ブリーフィング、出撃の先導、デブリーフィングまで――取り仕切ることになる。

　当時はＲＡＦでもブリーフやデブリーフに際してはオーヴァーヘッドプロジェクター《OHP》の恩恵が受

1978年、『レッドフラッグ』におけるQWIの面々。左からグレアム・スワード、リップ・カービー、デイヴィッド・ヘリオット、マル・プリシック、アイヴァー・エヴァンズ

けられるようになっていたが、ＱＷＩの訓練中はそれをまだ黒板とチョークでこなさなければならなかった。説明時に誤解を招くような傷や汚れは許されない――というわけで、ブリーフィングの仕切りを任されたら、まずやるべき準備作業は、前夜に黒板を洗って乾かして、また洗って、染みのひとつでもつけたらまた拭いて洗うことだ。何とかましになった、これで安心して眠れるぞ、というまで。私の知っているＱＷＩはみんな後々までも、何かプレゼンテーションを実施する際は必ずや文字列の底を揃えた書体で（なおかつ定規を当てて真っ直ぐに、行間も等間隔に）板書する技術に長けていた。ただ、何だかんだ言ってもＱＷＩ課程はとても面白かった。確かにきつかったし、三ヵ月のあいだ、いつも頭上に〝ダモレスクの剣〟がぶらさがっているような――つまり、いつクビになって放逐されてもおかしくないような状況だったにしても。

その後、RAF勤務も三期目に入って、237OCUの教官になっていた私は、第八期QWI課程を運営する職員航法士《スタッフ・ナヴィゲーター》を拝命した。一九七八年のことだ。この第八期の研修の山場は、『レッドフラッグ79－1』に参加する208飛行中隊に〝模範四機分隊〟として組み込まれたことだ。これについては、本書のほかの章でさらに詳しい事情が語られるだろう。ともあれ、研修生にとって『レッドフラッグ』参加は、かなりの難関だったはずだ。ネヴァダのネリス空軍基地で八週間の演習中、QWIスタンダードを固守しなければならないのだから。一方、職員パイロットのアイヴァー・エヴァンズや私にしてみれば、やはり『レッドフラッグ』は初めてだったが、思いがけない美味しいおまけというところだった。

冷戦時代、『レッドフラッグ』は打撃／攻撃に従事するクルーにとって究極の作戦飛行体験だった。しかも、そこに米空軍部隊でないのに初めて参加したという唯一無二の名誉に輝いたのはRAFバッカニア中隊だった。その成功を受けて、NATO軍の各飛行部隊も参加常連組になっている。私もまたバッカニアで以後二度も参加できた。

私がバッカニアで『レッドフラッグ』の模擬出撃に臨んだのは一九八二年一一月二日が最後だった。このとき私は光栄にも〝友軍《ブルー・フォース》〟の任務指揮官に指名されたRAF航法士として、三六機の〝大編隊《ゴリラ》〟に真っ向勝負を挑むべく、バッカニア八機を率いて飛んだのだった。さらに思いのほか

1983年の『メープルフラッグ』に向け準備中の16中隊（前列中央がピーター・ノリス大佐）

の幸運と言おうか、私は〝バック〟で『メイプルフラッグ』にも参加できたし、トーネードGR1時代には最新のテクノロジーが提供するアビオニクス満載のフライ・バイ・ワイヤー方式の新鋭機種を『レッドフラッグ』で実地検証に供すべく、二度にわたってネリスに顔を出した。だが、トーネードは決してバックを凌ぐ存在ではなかった。バックの耐久性や低高度での安定感、抜群の信頼性を思えば——。

思えば幸せな話だが、私はバッカニア乗りとして計四期を勤め上げた。そのうち二期は駐ドイツの地上任務部隊、一期は駐ホニントンの洋上任務部隊、一期はOCUの教官稼業だった。最初にトーネード部隊への異動を打診されたときは断ったものだ。バッカニアとのつきあいに終止符を打つ心の準備がなかなかできなかったからだ。ジェリー・イェイツと組んでの一九七一年六月八日の初飛行から、一九八三年九月八日の最後の作戦出撃まで

——そのときは当時のラーブルック基地司令で、12飛行中隊では私のボスでもあったグレアム・スマートが組んでくれた——、私は終始バッカニアに夢中だった。だから、一九九四年、その〝老嬢〟が退役の日を迎えて、ロッシマウスで一大饗宴が開かれたあと、私は考えた。この最後の純イギリス製爆撃機をいつまでも記憶にとどめておくために、クルーが生涯を通じて交流を続けていくために——バッカニアを偲んで酒を酌み交わす機会を確保するためにも——、飛行員協会を是非とも設立しなければ、と。そして、私はそれを実行したのだった。

※1　イギリスの教育制度で、一六‐一八歳の中等教育最後の二年間は、大学進学準備あるいは職業訓練に充当する。
※2　地面に突っ込むように墜落する、の意。
※3　以上は、『ジャングルブック』などで知られた英国のノーベル文学賞作家・詩人ラドヤード・キプリング（一八六五‐一九三六）による「もしもおまえが——」というフレーズで始まる有名な詩『Ｉｆ』のパロディ。
※4　〝ポッティ〟には〝いかれた〟などの意味があるほか、幼児用の〝おまる〟を指すこともあり、〝ポッティ・ワッティ〟といえば幼児のトイレのトレーニングに使う腕時計型の玩具の商品名。

# 10

# アルファ攻撃

ブルース・チャップル＆
ミック・ウィブロー
Bruce Chapple AND Mick Whybro

一九七〇年代を通じて洋上戦術は発展し続けるが、本章ではバッカニア部隊きっての経験豊富な認定兵器教官《QWI》であったブルース・チャップルとミック・ウィブローに、当時の第12飛行中隊の活動状況を語ってもらおう。

## ブルース・チャップル

一九六九年、12飛行中隊がバッカニア部隊として再編されたが、このときからイギリス空軍は、第二次大戦時にボーファイターやモスキート装備の沿岸軍団《コースタル・コマンド》打撃大隊によって展開されて以来の洋上打撃任務に乗り出すこととなった。大戦当時も、組織的な洋上作戦を実施するにあたっては、目標の正確な位置を知るのが何より肝心だという認識はあった。そこで、探査役の一機を先行させ、目標の位置を無線で伝えさせることにより、攻撃本隊の指揮官は、魚雷あるいはロケット弾搭載の配下各機を攻撃に備えて自在に配置できるという方式が採用されていたわけだ。

その時代から、状況はほとんど変わらなかった。攻撃部隊に、より大がかりな支援策が必要となったことを除けば。と言うのも、我々は大戦当時よりはるかに長距離に展開するようになったので、目標発見のための探査海域もはるかに大きく広がったからである。第二次大戦当時の戦術は、最新の運用能力に見合うよう更新されることになり、以降二〇年余りにわたり、新兵器が導入されるのに応じて磨きをかけられていった。

一九七〇年の地中海における演習中、戦略偵察機型ヴィクターを使った〝影の支援《シャドウ・サポート》〟が開発された。航法士（とレーダー）は、一定時間に広範囲を掃引し、艦艇の捕捉を試みる。そして、相手の動きが既知の大洋航路に準じた通常航路から外れていることが認められたら、その針路を監視する。これら捕捉艦艇には慎重に監視が続けられ、その位置は簡単な暗号で攻撃部隊に伝えられる。

その後、ヴァルカン装備の27飛行中隊が、こうした支援任務の専従部隊となった。彼らは、不要な反射波《クラッター》に覆われた海域で目標を識別する専門家になり、暗号による配置情報伝達の新たな手法も開発された。これは洋上レーダー偵察、略称ＭＲＲとして知られるようになった支援方式だ。目標の識別には、キャンベラやバッカニアによるＬＯＰＲＯすなわち低高度探査も頻繁に実施された。

一九七四年、地中海における『ドーン・パトロール』演習で、私と相棒の航法士は目標——なんとアメリカ第6艦隊——探知の課題を与えられ、ＬＯＰＲＯで単独出撃した。私たちはＭＲＲヴァルカンから支援を受けつつ、超低高度を飛んだ。課題は艦隊の探査、周辺海域のクリアーつまり敵影無しの確認、そして攻撃編隊にヴァルカンを介して配置情報を報告することだった。私たちは満タンの燃料と対レーダー『マーテル』ミサイルを搭載し、受動レーダー警報受信機《RWR》を装備していた。

温度の逆転層［※1］を伴う高気圧配置が優勢であると、正弦波における電子伝送が逆転層と海水面との間で交互に反射するようになる〝異常伝搬《アナプロップ》〟［※2］には理想的な状態となり、そうした有利な環境に恵まれれば、通常のレーダー水平線より下方からであっても受動的な探知が可能となる。

このとき私たちは高度一〇〇〇フィートを飛んでいて、一六〇マイルの彼方にある第6艦隊の探知レーダーをRWRで傍受した。三〇度旋回して針路を逸れて二〇分ばかりこれを維持した後、艦隊に向けて針路を戻し、その後の位置ラインを把握し、正確な位置情報を得た。

例によって、艦載レーダーの安全カバー範囲いわゆる〝セーフティ・セル〟は、こちらの低高度通過のリクエストに反応しなかったが、私たちはそのまま押し切った。そして攻撃編隊に相手の位置と配置情報を伝えるべく、さっさと離脱したので、相手の火器管制レーダー群は探知できなかった。セーフティ・セルに再度働きかけたところでやっと彼らは大騒ぎしていた！（ちなみに言っておかねばならないが、防御カバー範囲いわゆるディフェンス・セルとセーフティ・セルはそれぞれ独立して活動していたと思われる）。

敵の影のない広大な海域を飛ぶとき、バッカニア洋上攻撃編隊が採用した標準的な運用方式は、ハイ-ロウ-ハイ（高高度接近・低高度攻撃・高高度離脱）である。これは、航続距離を半径六〇〇マイルまで拡大する利点があったほか、それを空中給油によって着実に伸ばすこともできた。可能な場合、編隊は六機～八機で構成されるのが常で、目標海域を目指すあいだは幅広い戦闘隊形をとり、全機のクルーが目標の位置に関する最新の情報を得るため、ひらすら無線に耳を傾けている。ただし、目標への接近がばれないように、こちらは無線封止・レーダー封止を徹底する。目標から二四〇マイルのあたりで、敵レーダーの探知範囲外にとどまるため、編隊は高度を海面すれすれま

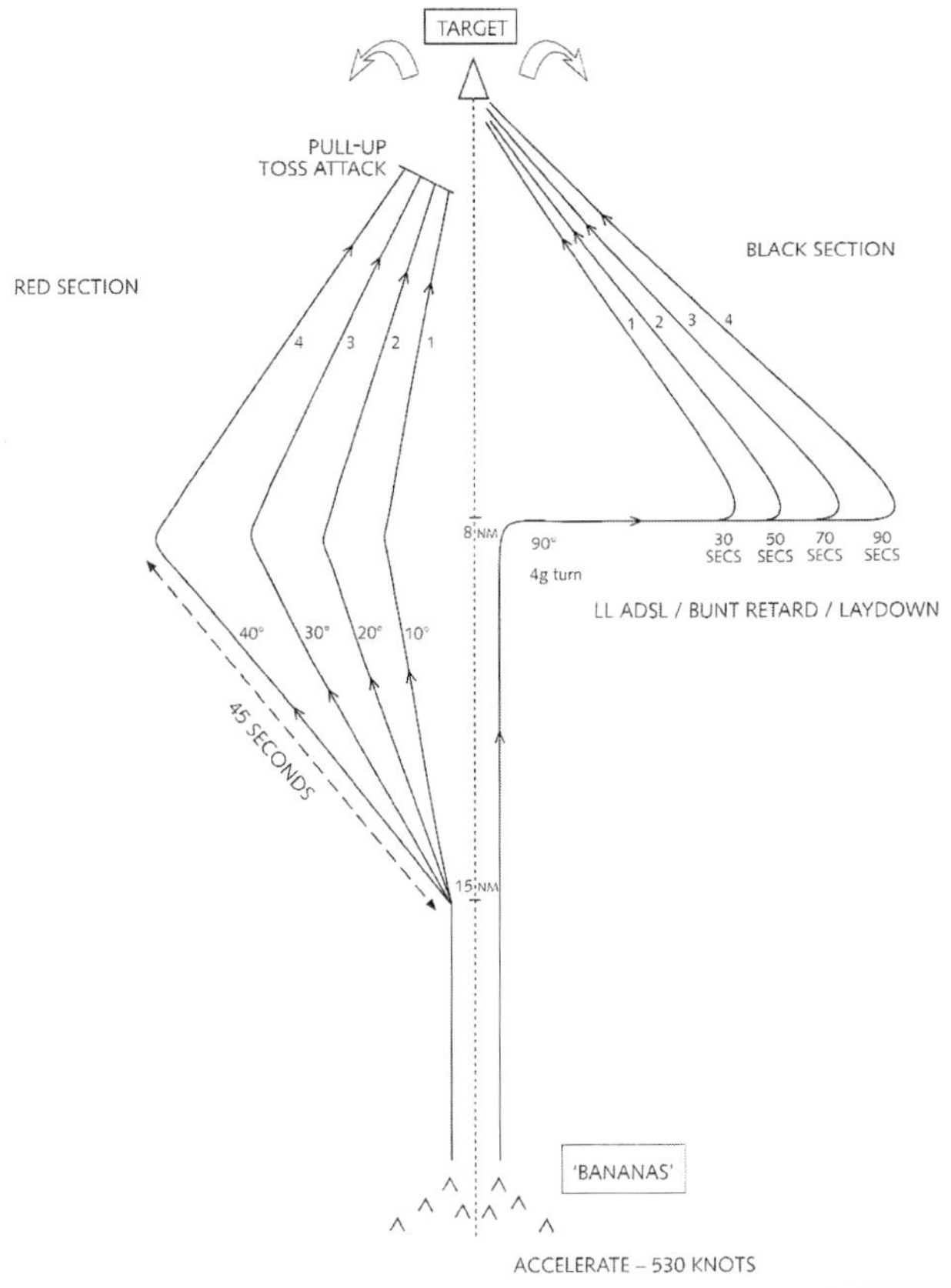
TARGET
PULL-UP
TOSS ATTACK
RED SECTION
BLACK SECTION
4
3
2
1
1
2
3
4
8 NM
90°
4g turn
30 SECS
50 SECS
70 SECS
90 SECS
LL ADSL / BUNT RETARD / LAYDOWN
40°
30°
20°
10°
45 SECONDS
15 NM
'BANANAS'
ACCELERATE – 530 KNOTS

アルファ攻撃

でに下げる〝アンダー・ザ・レーダーローブ〟降下を開始する。降下中は複数選択された探索レーダー周波数に対するRWRの反応に注意を傾ける。もしひとつでも当たれば、より低高度に逃れるべく、さらに降下率を上げる。目標まで三〇マイルに迫ると、編隊長機は〝急上昇《ポップアップ》〟をかけ、同時にその航法士が『ブルーパロット』レーダーをオンにして二〜三回の掃引を実施しながら目標を識別・捕捉した後、再び一〇〇フィートまで降下する。レーダー反射波から〝値打ちある獲物〟と評価できたら、長機航法士はその情報を編隊各機に無線を通じて口頭で伝えることになるが、実はこれが問題を生んだ。

その手順自体は原則として何ら問題なさそうに思われたが、実際には幾つかの難点があった。とりわけ、高速時にコクピット内を満たす環境騒音である。ごく簡単な指示以外は、まず聴き取れないほどの騒音だ。この問題は、中隊の某先任航法士がレーダースクリーン上で捕捉したものすべてを無線で長々と伝えるという自身の流儀を貫いた際に表面化した。まったくの無駄だ、と。極めて〝活発〟なデブリーフが終了したところで、聴衆席からは野次が飛んだ。まともな脳みそがあって、ちゃんと舌のまわる奴が攻撃指示を出せば、状況は改善するだろうよ――。

そうした時期に、アメリカ海軍からの交換士官ビル・バトラーが控えめに提案してくれた。ドップラー安定化レーダーの航跡マーカーを利用し、さらにレーダー上で適正な距離環を選んだうえで、編隊長機は最も有望な反射波が航跡マーカーの輝線に重なるように旋回する（編隊各機は長機の機首方向を見ながら平行に飛ぶ)。そして、レーダー反射波と距離環の一致を見るまで、航跡マーカーの輝線に沿って飛ぶ。ここで必要なのは、劣悪な無線通信環境のなかでも編隊全機に目標捕捉を伝えるのに一発で通じるシンプルな暗号だけだ。この提案は受け入れられ、実際に空で試され、単純にして素晴らしく、また堅実な解決策であると結論づけられた。その暗号は?「バナナ!」だ。この作戦コードはずっと変更されることなく、バッカニア部隊を象徴する〝鬨の声〟となった。これに続いて発せられるのが「スプリット!」だ[※3]。アルファ攻撃の誕生である。

実際には、出撃前のブリーフィングで、幾つかあるアルファ連携攻撃のパターンのひとつが第一候補として選ばれる。どのパターンも、想定される目標の防御態勢に応じて多軸連携攻撃が展開できるよう考案されたものだ。天候や敵艦の配置が、違うパターンを要求するようであれば、編隊長が速やかに別の候補に変更することもあるが、新たなアルファ攻撃も「バナナ」コールとともに宣言される。無線のやり取りは徹底して最小限に抑えられる。「加速」がコールされることはまず無い。私たちは編隊長機のエンジンからの排気煙を見てそれを判断する。旋回はすべて六〇度のバンクを伴って実施され、旋回開始とともにタイミング調整が図られる。完全な無線封止下では「バナナ」コールも無く、代わりに編隊長が翼を振って合図し、さらに編隊長機が旋回すると同時にスプリットが実行される。

アルファ攻撃の意図するところは、奇襲の要素を可能な限り長く維持し、敵の防御態勢を混乱させ、彼らのレーダー照準による対空ミサイルシステムの発動を遅らせることにある。目標艦の兵器交戦圏に突入したら、バッカニアの抜群の低空飛行性能を活かして、高G機動を続けながら高速・超低高度で飛び、敵レーダーの追尾をいっそう困難に仕向ける。初回の攻撃は三マイル地点でのトス手法による集中投弾である。爆弾は六〇フィートで信管が作動して爆発するが、その狙いは敵艦の火器管制レーダーを破壊し、ミサイルとその発射クルーを無力化することだった。その間に、攻撃部隊は右舷側に九〇度旋回し、とどめの一撃として一〇〇〇ポンド爆弾を四発から六発、低高度ダイヴあるいはレイ‐ダウンの手法で、個々に投弾する。これにはタイミングが非常に重要になる。先の攻撃で空中に飛散した破片を浴びたくなければ。この攻撃方法の明らかな弱点は、そうした状況での——特に精密爆撃を遂行した後などの、飛行機そのものの無防備さだった。

NATO同盟国のなかで面目躍如を目指すなら、大規模な演習で、ある程度の〝いんちき〟が必要になることもある。アメリカの第6艦隊は、常に私たちの〝攻撃〟目標リストの上位にあった。先述したのとはまた別の、USS『アメリカ』も参加した『ドーン・パトロール』演習で、私たちは空母航空群《CAG》に対する攻撃任務を与えられた。彼らは海軍大将の幕僚や取り巻き連中に振り回されて〝水面下〟で苦労しているようだった。その彼らはシチリア島の西に展開して、バッカニア部隊が東から迫ってくると確信していた。バッカニアの行動半径について何も知らされていない大西洋の向こう側の我らが従兄弟たちには気の毒だったが、私たちは通常の航空路に沿ってパレルモの北に向かいながらもパレルモには入らず、その手前で編隊全機が鋳鉄のマンホールの蓋と化したかのごとく急降下し――エアブレーキ全開のバッカニアにしかできない荒技だ――CAGのレーダー画面から消えてやったのだ。

低高度に降りて、私たちは西から攻撃をかける機動を取った。つまり、艦隊の背後に回り込んでこれを襲うということだ。彼らのセーフティ・セルからは何の反応もないまま（またしても！）、私たちは攻撃を敢行した。二〇マイル地点で編隊を組み直し、慣例として超低高度で儀礼航過して上昇したが、その間ずっと無線でアメリカ訛の問いかけが続いていた。そちらは何者か、そちらの意図は何か、と。着陸してから知らされたが、向こうの大将閣下と幕僚の皆さん方にとっては実に不愉快な一日だったという。私たちは少しばかりくだけた調子でメッセージを送った。そちらはいつのカレンダーを使っているのか、いつの時代を生きておられるのか。もちろん、それに続いてフォローのメッセージも添えた。四八時間後に仕切り直しということでよろしく、と。

私たちは相手に一歩譲って前回と同じ手法を使うことにして、CAGに攻撃をかけ、編隊を組んで戻ったが、やはりどの防御レーダーにもつかまらずに済んだ。最後の挨拶の低空航過まで、その活動の気配すらなかった。私たちが波頭をかすめるような高度で空母の両舷側を飛び抜けたとき、五分で発進可能と言われるF－4戦闘機の戦闘空中哨戒チームが出てくるところだったが――遅過ぎた！　傑作な話だが、このとき私の後席に座ってくれていたビル・バトラーは、先述したようにアメリカ海軍からの交換士官で、それまではUSS『アメリカ』の乗組員だったので、我が中隊の戦術に対する彼のアドバイスは計り知れない価値があったというわけだ。

　連携攻撃の訓練は夜間でも実施された。ただし、四機編隊で、最低高度は二〇〇フィートを限度とし、それでも相当な集中力が要求されるものだった。基本は日中の訓練と変わらないが、夜間訓練では低高度の精密爆撃は避け、ある程度の〝スタンド‐オフ〟効果が得られる中距離からのトス爆撃が好まれた。この投弾手法を夜間に訓練する場合、特殊な注意力を必要とする瞬間が二つあった。まずひとつは、トス投弾から四Gのかかる離脱機動を取るときだ。そのまま上昇を続けて一三五度バンク、背面姿勢で機首が水平線を通過したら、バンク角を九〇度まで戻すと同時に低高度という聖域にダイヴ、退避する。二つ目は漆黒の闇のなかで編隊が再集合するときで、空間識失調の危険があるうえ、時間を食う。

　じゅうぶんな防御力を備えているとは言えない目標、たとえば高速哨戒艇《FPB》に夜間攻撃をかけるなら、二機ペアの長機が『リーパス』フレア弾を投下するという手法を利用する。二番機すなわち僚機は長機の後方に占位して、二機で目標に接近するが、その追跡距離は雲底高度次第となる。雲が低ければ、それだけ〝フレア・ショー〟開催は遅くなり、したがって追跡距離は長くなる。長機は、目標を越えてその進行方向の前方に落とすようにフレア弾をトスで投下し、その閃光の回廊のなかに目標がシルエットで浮かび上がった瞬間、二番機がＳＮＥＢロケット弾また場合によっては通常爆弾を発射・投弾する。

二番機が一〇度の緩降下で爆撃を実施するあいだ、長機は『リーパス』トス機動から離脱して、追加攻撃態勢に入る。離脱機動中は、続く攻撃に備えてコクピットにぎっしり詰まったあれやこれやのスイッチを操作するのにせわしなく手を動かす――空間識失調の呼び水になりかねない状況だ。長機のコクピットでこの奇妙な手踊りが演じられているあいだ、入れ替わりに二番機が次の攻撃を先導すべく長機と同じパターンを飛んでフレア投下を実施、それに続いて長機がロケット弾を発射する。この爆撃行をいっそう面白くしているのは、各機三発ずつ搭載しているフレア弾が、三発ともそれぞれ異なる起爆高度に設定してあることだ。つまり、全弾が一様に水平線あるいは爆撃進入高度にあわせて炸裂するわけではない。そのうえ、常に一発は降下投弾からの五Ｇの離脱機動中にその真上で炸裂する設定になっていた。これまた空間識失調のじゅうぶんな原因になる。バルト海でのある演習中、ひと組のペアが六発のフレアを同時に燃焼させるのに成功した。換言すれば四分間で四回のアタックを敢行したということだ。高速哨戒艇は、スカゲラク海峡を行き来する民間の夜間定期船同様に、昼間のような明るさのなかで右往左往した。

一九七四年、中隊は北極圏内に位置するノルウェイ空軍バルドゥフォス基地に派遣された。私たちに課せられた演習の相手は地元の高速哨戒艇だった。ノルウェイ海軍は偽装に長けているので有名だ。演習が始まり、私たちは二〇分ばかり演習空域をむなしく行ったり来たりした挙げ句、何ひとつ発見できなかった。何より怪しいと思われた岩場で機首を上げ、試しに投弾した途端、〝巨岩〟がふたつ、急に動き出して、約四〇ノットで走り去る（その二隻の哨戒艇はカモフラージュ用のネットをかけられ、岩礁に係留されていたのだった）！

それに続いて、私たちは高速で回避行動を取る哨戒艇に対抗して、切り立った崖など付近の風景のなかの垂直要素を避けながら、連携降下爆撃を開始、実に面白くも印象的な交戦が展開されたのだった。こんなにも痛快な演習に招待されて、私たちは本当に満足だった。

---

一九七〇年代半ばには、各種艦船の対空防御力が向上し、その威力を増したのにあわせて、対艦攻撃におけるスタンド-オフ能力の確保が必須であることが明白になった。以下、ミック・ウィブローがそのあたりの事情を語る。

## ミック・ウィブロー

遡れば一九六六年のこと、私は最初の任期を終えようとしていたが、それはキプロス島アクロティーリでの素晴らしい三年間だった。私はキャンベラ対地攻撃中隊——その名も高き〝シャイニー・シックス〟の一員だった（もっとも、ライバル関係にあった中隊は、そこまで敬意に満ちた呼び方

バッカニアでの飛行1,000時間に最初に到達したミック・ウィブローを祝福するジョン・ヘリントン大佐

はしてくれなかったが）。私たちは我が世の春を謳歌していたものだ。東はシンガポール、南ははるかソールズベリ（ジンバブウェの首都ハラーレの旧称）、西はジブラルタル、北はもちろん本国イギリス――その範囲なら私たちはどこにでも飛んだ。私たちはそれを楽しんでいたし、退屈している暇なんぞ無かった。次にどこに配属されるにせよ、この最初の配属部隊を上回るような、やり甲斐を感じられる部隊なんてことはまずないだろうと思った。まあ、自分がどれほど間違っていたかという話だ！

　結局、私はバッカニア配備の艦隊航空《FAA》隊に出向勤務となってスコットランドの北の果てＨＭＳフルマー（＝ロッシマウス）に送られたわけだが、とてつもなく幸運だったと思う。まさか自分が五年間も海軍に居座ることになろうとは（これは我が軍隊勤務歴三三年のなかでもハイライトの一時期だった）、そしてその後Ｒ

ＡＦに復帰してさらに五年間、バッカニアを飛ばすことになろうとは、露ほども予想していなかったけれども。まったくのところ、常に新鮮な刺激あふれる、愉快な、充実した日々だった。

　バッカニア部隊勤務も最後となる頃には、私はホニントン駐屯12中隊の、泣く子も黙る認定兵器教官（いわば〝上澄み中の上澄み〟だ）になりおおせていた。この中隊は洋上攻撃部隊であり、画像誘導《ＴＶ》『マーテル』を使用した最初の部隊でもある。このミサイルは可視波長域にある目標に対して使えるよう開発されたもので、ＲＡＦはこれを対艦任務用に獲得した。それに加えて、機体には航法士とミサイルとのリンクを確保するためのデータリンク・ポッドも搭載され、ＴＶスクリーンと制御装置は後席に設置された。

　ミサイルは目標から一五マイルの地点より、高度一〇〇フィート・速度五〇〇ノットで発射される。射出後それは中間軌道高度一五〇〇～二〇〇〇フィートまで上昇する。航法士は、常に雲の下を飛翔させるべく、ミサイルを側方に逸らす（実際のところ、このミサイルシステムは対地攻撃に使用する意図のもと、オペレーターが画面上の地図を読み取って制御できるよう開発されたのだった――それ自体容易な作業ではなかったが）、あるいは降下させるなどの操作をおこなう。また、彼は早い段階での目標捕捉を目指して、ミサイルの先端についているカメラを左右に振ることもできるが、これはその時の視程次第である。いったん目標を捉えたら――まずはＴＶ画面の上方に映れば理想的だ――、航法士はその映像が画面の中央に来るまで待って、終末行程《ＴＰ》を選択する。つま

AR（対レーダー）マーテル1発、TV誘導マーテル2発、画像データリンク・ポッドを搭載した12中隊のバッカニア

り、目標に突入させるべく、画面上に現れた十字線を照準点に合わせながら、ミサイルの飛翔進路を上下左右すべてにわたって制御する。

このTP選択のタイミングは実に重要だ。目標からあまりに遠すぎると、ミサイルは長く浅い角度で目標に迫ることになりがちで、着弾までの最後の数秒間の制御が難しくなる。あまりに近すぎると、ミサイルに大急ぎで〝機首下ゲ〟コマンドを出すことになり、飛翔を制御できる時間は極端に短くなる。もうひとつの問題は――航法士は通常、じゅうぶんな訓練を積んでこれに熟達しているが――、照準点に十字線を重ねるための制御〝スティック〟である。これは航空機のレーダー標識の位置を読むのに使う手動制御装置とは反対の感覚で操作しなければならない。しかも右利き向けに設置されている（後述するが、この点にご注目あれ）。パイロットが機体を操縦しながら、これを操作するのはさすがに無理な相談だったろう。

ＴＶ誘導『マーテル』とその関連システム導入の初期作業はすべてボスコムダウンで行われ、アバポース射爆場で標的艦に向かって〝生きている〟ミサイルを発射したのがその総仕上げだった。次の節目は一九七四年一〇月の『ミスティコ試験』だった。このときは12中隊の所属機から不活化したミサイル六発が発射されている。これを監督したのは中央試験および戦術機構《CTTO》だが、現場を取り仕切ったのはホニントン大隊の兵器将校だ。その名はパディ・オシェイ、超人的なアイルランド人で、ボスコムでの試験でも主導的立場にあったひとりだった。ラグビーをやらせれば荒っぽいプレイを披露し、酒を飲ませれば底なしの、このアイルランド男が言うには――航法士たるもの、目標達成のために最大限の努力をして当然だ！ 試験に先だって、ミサイル操作担当の航法士は、何度も何度も繰り返しＴＰシミュレーターでの訓練を実施するよう求められる。それによって、ＴＰ選択に際して彼らが遭遇するであろうあらゆる状況を予め提示するために。加えて、機体に画像空中訓練装置《TVAT》が搭載されることもあった。これは実際のミサイルのＴＶ部分そのものと思って良い。

定番の訓練出撃では、航法士は手頃な然るべき目標艦を選び、追尾の練習をする。そして、ミサイルを〝飛ばしている〟のと同じように、好ましい結果を目指してパイロットをも操ろうと指示を下すが、その後の降下は彼の裁量下にあるので、口出しは控える。ただ、正直なところを言えば、なかにはほとんどスポーツ感覚のパイロットもいたのは事実だ。パイロットはミサイル発射後ただちに要求される離脱機動の訓練もする。これは発射高度で三～四Gの水平旋回を打って目標から離れる機動だが、その際、機体のデータリンク・ポッドを搭載している側が目標方向に向いていなければならない。着弾の瞬間までその方向を維持しながら離脱、一二〇度を越える旋回を続ける。実際の発射進入においては、航法士は、高度一〇〇フィートの四G旋回で左舷側海面に縞状の波を立てながらの離脱機動の一方で、TV画面には高度一五〇〇フィートを水平に直進する映像が提示されているのを見ることになる。これは並外れて強靱な神経の持ち主でなければ耐えられない、不快な経験だ。

初めてのミスティコ試験は、参加クルーにとっていささか現実味に欠けるものだった。と言うのも、アバポース射爆場の専門家たちが、彼らの描いた厳密な安全の構図どおりに試験を成功させるべく、発射母機の配置や発射地点などすべてをコントロールするのに固執したからだ。結論を言えば、12中隊の試験参加機はさしたる問題もなく見事それに応えて、六発全弾とも目標命中の成果を得た（目標は垂直構造物を据えた全長三〇フィートの筏《いかだ》で、一辺一五フィートの四角いパネルを三枚並べてあり、その前面中央が照準点だった）。

二度目のミスティコ試験が実施されたのは、それから一二ヵ月後のことだ。主催者は依然CTTOであったが、実際の試験の構成は中隊に任され、私が詳細な運営手順を決めた。だから、私がミ

TVマーテルを内翼パイロンに、ALQ-10 ECMポッドを外翼パイロンに搭載している

サイル発射を再び経験できたのは役得だったとも言える。実は、前回の試験でミサイル発射に携わった者は、今回その任務から外すというのが基本的な要求事項だったのだ。だが、新任の我らがボスに、ミサイル一発が割り当てられた。その彼の航法士が私だったというわけだ。この二度目の試験で大きく変わったのは、アバポースの専門家たちが余計な助言（と言うか干渉）をせずに、参加クルーが自分たちの判断で発射空域や発射位置まで機体を持ち込むのを了承し、クルーにすべて任せてくれたことだ。発射「中止、中止、中止」の指示は別としてだが――これは結局発令せずに済んだ。一年前と同様に試験そのものは成功したが、命中は六発中五発に終わった。もっとも、一発外れたのもそれなりに見ものではあった。

続いてCTTOは、賢明なことにと言うべきか、ミスティコ試験に便乗する形で、ある合同試験の開催を決定した。これはRAFファントムを参加させ、その搭載レーダーにＴＶ型マーテルの発射から着弾までを正面から捕捉・追跡させて、レーダーの性能評価を図るのが目的だった。したがって、ファントムは例の筏を挟んで反対側から、飛来するミサイルに相対するように迫る。ファントムの航法士は、そつなく対応したようだ。ところが、よりによってこの日、ＴＶ型マーテルの方がカタログどおりの性能を発揮できず、前回と同程度の成功に到らなかった。ＴＰ選択に際して、航法士——颯爽たるダークブルーのユニフォームの、左利きの海軍観測員《オブザーヴァー》だったが——は高度制御ができず、ミサイルは瞬時に急上昇した。目標上空は完全に雲に覆われていた。その高度二〇〇〇フィート。我らが不運な観測員は、ミサイルが雲中に突入し、高度五〇〇〇フィートで雲を抜けたと思ったら、暗い影に行き当たった一部始終をＴＶスクリーン上で確認した。暗い影の正体はすぐ至近距離にいたファントムだ。言うまでもなかろうが、自分の鼻先に一三フィートの〝排水管〟が垂直に突っ込んで来るのを見たファントムのパイロットは肝を潰した。射爆場の管制官は即座に行動を起こし、ミサイルが安全と判断される前にこれを破壊した。気の毒に、ケンおじさん（というのが彼の通称だったが）は、左利きだから右利き向けに設置されている機器をうまく操作できなかったというので、容赦なくからかわれる羽目になった。もちろん、彼に罪はない。私たちがそれを認めたことを彼に伝えるまで、しばらくかかったけれども。

この試験から間もなく——一〇年ほど頼もしきバッカニアを飛ばした末に——私は否応なしに言いくるめられた格好で、航空団司令部付きの地上勤務にまわされた。ともあれ、それはバッカニアに関連のある仕事だったし、一緒に働く同僚たちには個性豊かな昔なじみもいて、思い出話や武勇伝にともに興じることができた。V－ボマーあがりの〝友人たち〟にはいささか不快な思いをさせただろうが。

だが、それで私がバッカニアを飛ばすことも二度となかった、というわけではない。一九九四年、私はRAFロッシマウス基地（私にとってはここからすべてが始まった）で、トーネード部隊に勤務していたが、ちょうどその年に最後のバッカニア中隊（208中隊）が解隊されることになった。その中隊長がたまたま私の古い友人だったので、昔のよしみで彼に頼み込んだ。まだ間に合ううちに、いま一度バッカニアで空の旅をさせてもらえないか、と。その結果、初飛行から二六年一一ヵ月と七日目の一九九四年二月一五日、私は最後にもういちどバッカニアで飛ぶことができた。そのとき、バッカニアにまつわるあらゆる素晴らしい思い出が洪水のように脳裡に押し寄せ、私は改めて確信した。これほど強固な忠誠心あるいは愛着を乗員のあいだに生じさせるなど、ほかに聞いたことがない――何という飛行機だろう。

※1 通常、大気は高度が上がるにしたがって温度は低下するが、これが逆に温度上昇するような層を逆転層と呼ぶ。その成因はいくつかあるが、ここで語られているのは高気圧による下降気流で断熱圧縮が起こり、その結果生じる逆転層のことであろう（沈降逆転層）。

※2 アナプロップは Anomalous propagation の省略表現。電波の伝搬が自然現象の影響を受けて通常とは異なる伝わりかたが発生する状況を

いう。

※3　バッカニアの開発当時からのあだ名が〝バナナ・ジェット〟ということで、これはおそらくバナナ・スプリットにかけているのだろう。バナナ・スプリットは縦半割にしたバナナにアイスクリームを載せ、ホイップクリームやチョコレートシロップで装飾したアメリカ生まれのスイーツ。

# 11

# 空母勤務の思い出
## ——Mk2とともに

テッド・ハケット
Ted Hackett

海軍幹部候補生時代、私は短期間ながら『アークロイヤル』の艦上で過ごした。当時、同艦は紅海にあって、轟音とともに発着艦するシミターやヴィクセンを眺めつつ、私は独り呟いた。これこそ俺の生きる道だ、と。だが、まずはしばらく洋上勤務で、遠洋航海と当直任務の資格証明書を取得しなければならず、翌年はマイク・クラップ――バッカニアの偵察員《オブザーヴァー》すなわち航法士としてもっとも早い時期から名を知られたひとり――の指揮下、極東配備のＨＭＳ『パンシストン』の航海士を務めた。時あたかもインドネシア紛争の最中だった。『パンシストン』はマラッカ海峡～シンガポール海峡で、あるいはボルネオ島の河川を遡って、砲艦として活動した。それからようやく私はＲＡＦリントン-オン-ウーズ基地で飛行訓練を受けることになり、晴れて飛行機乗りの仲間入りを果たしたのが一九六六年九月だった。思い出すのは『ヤングズ・バー』、そこで大ジョッキを傾けたことだ。

　初級訓練を終えると、英国海軍航空基地《ＲＮＡＳ》ブローディの７５９海軍飛行中隊《ＮＡＳ》に移って、ハンターＴ８での訓練に進む。ところが、ここでは手厳しい授業が待っていた。クリスマス休暇に入る前日、二機のハンターが空中衝突し、クルーひと組が犠牲になったのだ。彼らは同期生で、友人だった。これは辛い体験で、さすがにこたえた。このあたりから、落伍者も出始めた。

　続いては、７３８ＮＡＳで上級飛行訓練だった。使用するのはハンターＧＡ11、そして、飛行場が霧で閉鎖《クランプ》［※１］されているときは『ソルヴァ・イン』だ。落伍者はさらに増えた。二インチＲＰ

左端フレッド・ド・ラ・ビリエールに率いられ清掃大会を開催する801中隊クルー。左から、マイク・リスゴー、ニック・ニコルズ、ステュ・リーミング、ポニー・ムーア、スティーヴ・パーク

の発射訓練は実に愉快で、その頃にはＲＮＡＳロッシマウスからバッカニアが手招きしていた。

一九六八年、バッカニアはまだ最新鋭機であり、境界層制御――いわゆる〝ブロウ〟――という新機構が採用されていて、まさに時代の先を飛んでいた。そのバッカニアでの初飛行は忘れられるものではない。同年六月、Ｍｋ１で初飛行のパイロットの後席に座るという貧乏くじを引いたのはピート・デ・スーザだ。彼が私を無傷で滑走路に連れ戻してくれたようなものだ。

その後は片側のエンジン故障その他のトラブルを経験しつつも、一二月末に至って、私は８０１海軍飛行中隊に加わるべく、コメットでシンガポールに向かっていた。『ハーミーズ』艦載機部隊の８０１は、ＲＡＦチャンギ基地に上陸中だった。スイミング・プールとビール、シンガポールの歓楽街。そして、すばらしい仲間たちがそこにいた。

私の〝お目付役《ルッカー》〟つまり航法士は、ポール・ケリー大尉だった――悲しい話だが、彼は次の任地ドイツで、バッカニアで飛行中の事故により命を落とす――。私たちの最初の試練は、離陸直後に右舷エンジンが完全に停止した件だった。高温多湿の環境で、右舷のエアブレーキ展開での高度調整は困難だった。大きく周回飛行しながら、燃料を人里離れた地域に投棄し、私たちは無事に滑走路に降りた。

後日、中隊は南シナ海で艦に戻るが、このとき私は初めて空母着艦を経験した。飛行甲板は実に狭く見えた。だが、801先任航法士マイク・ビックリーが後席から助言してくれたおかげで、私はどうにか制動索を捉えることができた。気分爽快だった。

多くの船乗りが言うことだろうが、パースやケープタウンは気候も温暖で、〝座礁〟するにはお誂え向きだ。私はそこで初めて空母からの〝出撃〟を体験したが、とても刺激的だった。パースでは――ケープタウンではやらなかったが――何機かで艦から降りた。「これも飛行訓練の一環」、と称して。当直番を逃れるとか、少なくともその言い訳のためには、この手のちょっとした行事に参加する必要がある――というのは、私たちのあいだでは常識だった。つまり、私たちはパースからオールバニィまで編隊で飛んで、儀礼飛行《フライパスト》を披露したのだ。二時間かかった！

こうした折の、カクテル・パーティーはいつも盛況だった。ことに英国海兵隊軍楽隊《ロイヤル・マリーン・バンド》による『ビーティング・リトリート』や『サンセット』といった伝統のセレモニーが開催されればなおさらで、参観者は感涙にむせんでいたものだ。地元の〝接待家庭《アップ・ホーマーズ》からのご招待〟は引きも切らずで、やれバーベキューだ、パーティーだ、ヨットに水上スキーに――「週末までゆっくりしていってくださいね」――、おまけにクラクラするほど可愛いお嬢さんたち。時には、招待に応じきれないこともあるほどだったが、私たちは何とかして顔を出すよう頑張った。

一九六九年夏、ロッシマウスに戻ってもそんな調子で、デイヴィッド・ブリテンと一緒に全長一三フィートのミラー級ディンギーで、マリ湾を救命胴衣なしでセーリングと洒落込んだこともあったが、あれはさすがに無茶だった。クロマティでは、トム・イールズ所有の小型クルーザーに乗り込み、ご自慢の〝Ｍｒブラッシーのジャングル食堂〟で暴飲暴食、そのまま一晩過ごした。

さて、ハイランドで打撃訓練中のこと。私は、分隊長機が低空でよろめいて弾道を描く金属の塊と化し、ナパーム弾のように丘陵に突っ込むのを目撃した。幸いにも、ロビン・ケントとロイ・クロストンは、比較的無傷で脱出した。

その後、私たちは『ハーミーズ』勤務に戻り、地中海で夜間飛行の訓練に入った。着艦は燃油残量僅少の状態――時には二〇〇〇ポンド以下――で実施されるのがそもそも普通なのだが、この訓練期間中に、本当に際どい場面があった。そのとき私たちは、バック四機で空に揚がっていた。緊急時の代替飛行場に指定されていたのはジブラルタルである。着艦準備に入ると、艦からお決まりの指示が届く。「待機せよ、今から風を読む！」煌々たる月明かりのもと、海面は鏡のように輝いていた。発煙筒が真っ直ぐ空に昇っていくのが見えた。だが、空中待機で〝暇つぶし〟に従事しているうちに、私たちはいささか苦境に立つことになる。私は真っ先に離脱を決め、民間旅客機の着陸を優先するためザ・ロック（〝ジブラルタルの岩〟）を再度迂回するようにという、ジブラルタルの航空交通管制《ATC》の指示を断った。ほかの三機もすぐさま私のあとを追ってきた。うち一機はチェーン拘束装置《CHAG》を捉えて着陸、残る二機もジブラルタル飛行場の敷地内に降りた。その夜は大量のビールが必要だった。

同時期のエピソードをもうひとつ。地中海の清々しい晴天の朝のことだ。私は先に発艦して、二番機が合流してくるのを待っていたが、見ていると彼ら――ポニー・ムーアとマイク・カニンガム組はホールドバック・バーから離れるタイミングが早すぎて、カタパルト上で緊急脱出する羽目になった。二人とも無事に救助・収容されたものの、その一部始終を艦橋の〝来賓展望室《グーファーズ》〟から目の当たりにしたジブラルタル駐屯のロイヤル・フュージリアーズ連隊第３大隊の見学者御一行は、さぞ強烈な印象を受けて帰ったことだろう。

東地中海に向かう途上、私たちはヴィルフランシュとマルタ島に寄港した。マルタ島のＲＡＦルカ基地には、任務可能機を総動員して降りることになっていた。その上陸手順のブリーフィングに遅れまいとして、慌てていた私は濡れた甲板で滑って転び、通路の水密扉の縁材に脛をしたたかに打ちつけた。飛行服もろとも脛がざっくりと裂けた。あたりは血の海だ。それでも上陸の機会を諦めたくなかったので、私は艦内病院《シックベイ》に放り込まれるのを拒否した。ルカに上陸しちまえば何とかなるさ——。ところが、私はポール・ケリーと一緒にシチリア島に緊急搬送されてしまった。正午にルカ基地に送り返されたときには、艦隊航空隊《FAA》の有名人にして中隊先任パイロットのフレッド・ド・ラ・ビリエールに率いられ、飛行員は揃って士官食堂バーにゆったり納まっていた。マルタ島の冒険は、またの機会にお預けだった。


一九七〇年七月、８０１ＮＡＳはロッシマウスで解隊の時を迎えた。私は海軍航空団司令官《FONAC》の副官を短期間務めたのち、一九七二年五月、ロッシマウスに戻った。ハンターGA11装備の７６４ＮＡＳで、海軍では最後となる空戦教官《AWI》育成課程に参加するためだった。マイク・ルーカスとマイク・ブリシットが一緒だった。ここで教えられた鉄の掟は「乗機を無事に戻すこと」だったと思う。

その後は、さらばロッシマウス、こんにちはホニントン&２３７ＯＣＵで、さらに一〇月には、８０９ＮＡＳに配されて『アークロイヤル』勤務になった。三〜四機で夜間出撃して『リーパス』を投下するのは、やり甲斐のある訓練だった。が、その後の夜間着艦は、毎度かなりの課題ではあった。

これで思い出すのは、マルコム・テナントとともに給油機の役割で夜間訓練に出たときのことだ。

892中隊所属ファントムに空中給油

舞台は緊急時代替飛行場に指定のデチモマンヌ基地の南沖合。給油機は最後に着艦することになっていた。ところが、先行のＦ－４ファントムの最後の一機が制動索の捕捉失敗《ボルター》で、二〇〇〇フィートまで上昇してくる。私たちには、着艦に備えて余剰燃料の投棄を開始せよとの指示が出たところで、当のＦ－４が再度ボルターした。それが今一度の着艦復行に入るということで、私たちは待機を告げられる。例によっての〝暇つぶし〟の挙げ句、私たちはデチモマンヌに降りることに決めたが、飛行場は閉鎖中ときた！　結局、その南方のエルマスの滑走路の灯が見えたので、辛うじてそこに着陸できた。着陸滑走時、ほぼガス欠だったことは保証する。

　グリニッジの海軍幕僚大学校を経て、一九七五年六月、再びホニントンの２３７ＯＣＵに戻されてから、私は809NASの先任パイロットに就任した。809は同年秋を通じて、ホニントンでクリスマス休暇を迎えるまで、東大西洋で『アークロイヤル』から種々のNATO演習に飛びまわった。私たちの何人かは、交換着艦訓練《クロス・デッキ》でUSS『インディペンデンス』に降りたが、その際にわかった同艦の飛行デッキの広さには、ねたましさを覚えたものだ。

一九七六年二月、『アークロイヤル』はNATO西大西洋管区《ウェストラント》に向かう。艦がプエルトリコのローズベルト・ロアドス海軍基地の沖合八〇〇マイルにあったある日の未明、私は郵便物回収の任務で夜間発進した。後席には、ある健康福祉上の問題を抱えた一等兵曹を乗せて。アメリカからの交換クルーとして809に勤務していたダギー・ハイアット&トム・ロイドによる護衛機とともに、私は首尾良く〝ロージー・ロアドス〟に着き、爆弾倉のラックに郵便物を詰め込み、収まりきれなかった分は後席に放り込んだ。『アーク』への帰路、役に立ったのは護衛機よりも自分のTACAN《タカン》（戦術航法装置）だった。

さて、以上はテレビのシリーズもののドキュメンタリー番組『水兵《セイラー》』の撮影で、艦内いたるところにカメラが待ち構えていた日々の話だ。私たちはカメラの存在にはすっかり慣れてしまっていた。任務から戻って、ひと息ついて、飛行員専用の軽食堂で目玉焼きサンドウィッチを食べようとした瞬間、目の前にカメラが迫ってくる――などというのも、普通のことになっていた。一方、テレビの取材班も常に観察の対象だった。と言うのも、目を離すとすぐに彼らは、ふらふらと飛行甲板にも出て行きかねなかったからだ。そこに潜む危険も認識せずに。しかも彼らは、ＣＢＧＬＯもしくは〝Ｃ－ボールズ〟［※2］とも呼ばれる空母乗艦陸軍連絡将校を口説き落として、バッカニアの投弾訓練をフィルムに収めようと、ヴィエケス射爆場の監視棟にまで押しかけた。射爆場の標的は多種多様で、移動式あるいは無線操縦の標的など、私たちにとっても刺激的な訓練ではあったが。ちなみに、現在のヴィエケス島は、自然保護区を擁するカリブ海屈指の観光保養地だ［※3］

　大西洋艦隊兵器演習場《AFWR》に指定された海域は広大で、設備と管理態勢ともに万全、海軍が展開する戦闘行為の幅広さ――たとえば対潜哨戒ヘリでソナーを投下して潜行中の潜水艦を追跡するなども含まれる――を物語っている。８０９中隊は、実弾演習の実施が認められていた。ＶＴ信管装着の一〇〇〇ポンド爆弾投下から、サイドワインダーの発射まで。あるいは、Ｆ－４ファントム相手の模擬空戦。水平線の彼方まで視界は良好、飛行条件は完璧、の演習場だった。

　ロージー・ロアドスの基地祭のことは忘れられない思い出だ。８０９もお招きにあずかったので、何機かでささやかな展示飛行を披露した。初回は高度五〇〇フィートを緩やかな編隊で航過しつつ、給油機――自前の、つまり同じ中隊所属機だ――と接続する場面を見せる。続いて、給油機が離れると、編隊は飛行場の西に連なる丘陵の尾根に隠れるように沈み、加速して再び尾根を越え、超低空・時速五八〇ノットで次々と飛行場に迫る。五八〇ノットと言えば、到達可能最高速度だ。もっとよく見えるようにと滑走路周辺に並んで待機中の消防車の上に鈴なりになっていた観衆が、墜落

『アークロイヤル』艦上の航空団

事故と勘違いしたのか、こいつはヤバいとばかりに、いっせいに飛び降りて逃げ散った！

ところで、言っておかねばならないが、空母の艦載機部隊といえども作戦飛行ばかりに明け暮れていたわけではない。空母運用には、食料・弾薬・備品・燃料等々の洋上補給《RAS》が欠かせない。というわけで、カリブ海の恵まれた天候のもと、上甲板《アッパー・デッキ》にいるのは快適だったこともあり、飛行員がRAS実施中に補給艦から航空機用弾薬を下ろして下層階の弾薬庫に移す作業を手伝ったり、機体を洗ったりすることも珍しくなかった。

純粋に軽薄な馬鹿騒ぎの時間も設けられていて、たとえばデッキ・ホッケーというのはかなり危険な遊びだったが、そのほかにも綱引き大会、のどかな凧揚げコンペなどというのもあった。航海中、土曜日の夜はお馴染みの艦上演芸会《ソッズ・オペラ》がしょっちゅう開かれ、８０９得意の演し物は『ザ・マジック・ラウンダバウト』もどきの滑稽な寸劇だった［※4］。時にはカジノ大会つきの中隊晩餐会《メス・ディナー》も催された。飛行甲板で——荒天時は格納甲板で——艦上競馬というのも定番の娯楽で、収益金は艦が協賛する慈善団体に寄付されることになっていた［※5］。

一九七六年、『アーク』は北上の途上でフロリダ州フォート・ローダデールに寄港した。アメリカ独立宣言二〇〇周年に沸く海軍基地を素通りするわけにはいかなかった。艦のあらゆる部署・部隊に記念行事の招待状が降り注ぐように届いたのには圧倒されたものだ。

さらに『アーク』は、同じフロリダ州メイポート海軍補給基地で定期メンテナンスに数週間を費やす。そのため、当然ながら私たちはセシルフィールドに降りなければならなかった。周囲はまったくの無人地帯とあって、敷地内ですべてが賄えるようになっている広大な海軍航空基地で、そのとてつもない規模には度肝を抜かれた。何でも揃っているので、基地の外に出る必要はなかった。ただし、そうは言っても、冒険心が疼いて私たちは探検に出ずにはいられなかった。そこで、車を借りてジャクソンヴィルの市中探訪に繰り出し、夜の歓楽街のど真ん中に乗り込んだわけだが、とりわけ『アニー・ティクス』の店は私たちのご贔屓になった。ここにはたくさんの懐かしい思い出がある。

　この期間中、射爆演習場はいつでも利用可能だったが、飛行訓練はさほど重視されなかった。エヴァーグレイズ［※6］の上空を低高度で飛ぶのは遊覧飛行のようで楽しかった。一泊二日のランドーアウェイ［※7］で、中隊の航空機関将校を後席に乗せて、ペンサコーラ海軍航空基地まで飛び、ニューオーリンズまで足を延ばしたこともある。

　その後も『アーク』は北上を続け、ヴァージニア州のノーフォーク海軍基地に寄港した際は、USS『ニミッツ』と埠頭を挟んで並ぶように停泊した。空から見ると、彼女《ニミッツ》の飛行甲板は、我が『アーク』の飛行甲板の四倍の広さだった。私たちはオシアナに降りた。セシルフィールドをそっくり移設したような海軍航空基地だ。ヴァージニアビーチはジャクソンヴィルではなかったが。

イギリスに帰投すると、『ノーザン・デッキスライド』演習が待っていた。この演習では、着艦滑走時に、海のうねりや、甲板に撒かれた水とオイル混合の乳濁液で横滑りする機体を操らねばならない。ちなみに、当時、高圧洗浄装置はなかった。だからだろうか、飛行甲板の後端が低い縁《リップ》剥き出しになっていたのには当惑させられた。

穏やかなカリブ海から一転、私たちにとって大西洋は、もっぱら飛行手当を稼ぐ場所だった。絶え間ないうねりによって、艦は常時縦揺れする。時として操舵員は、艦載機の飛行経路から離れないよう操艦するのに悪戦苦闘していたはずだ。風がうねりに対して横風になっている場合はそれが顕著で、着艦進入時にセンターラインを捉え続けるのは困難な作業になりがちだった。甲板が上下に揺れるのに合わせて、着艦機が制動索ゾーンに降りるタイミングは、慎重に判断されることになる。たとえ着艦視認士官《LSO》に手を振られる事態すなわち着艦復行《ウェイヴ・オフ》指示を免れたとしても、飛行甲板の緩衝後端《ラウンドダウン》しか見えない状態は、そもそも最悪だ。北大西洋では、低く垂れ込めた雲に吹き降りの雨のなかで、ありとあらゆる飛行任務を経験した。

こうした環境での夜間飛行は、実に面白くも、実に冷や汗ものだった。自分には空母管制進入《CCA》の腕利き管制官がついていて、目視でセンターライン上まで導いてくれるのだと、ここはひたすら信じるしかない。水平線も見えない真っ暗闇のなかでは、センターラインを巡ってたちまち振り子運動を始めてしまうことになるからだ。

　巧みな燃料管理は、特に夜間空中給油の任務に就いた場合など、切っても切れない課題だった。挙げ句の果て、いつも決まって最大着艦重量――とは甲板上正味風速《ウィンド・オーバー・デッキ》によって左右されるが――での初回着艦を強いられる。着艦復行《ゴー・アラウンド》あるいは針路変更が必要となった場合に備えて、それに見合うだけの燃料を残してあるからだ。制動索ゾーンに降りる瞬間には、制動索と着艦フックに過度のストレスをかけないよう、適正なスピードを誤差プラスマイナス二ノットの精度で目指す。甲板が縦揺れしている場合、着艦誘導灯《ミートボール》を基準灯よりわずかに上に捉えて飛んでしまいがちだが、そうすると1度ならず二度までもボルター、といった事態を招いてしまうのだった。経験者にはわかるだろうが、Ｎｏ４制動索を捉え損なえば、どうなるかと言うと――エンジン出力全開で、エアブレーキを閉じて、着艦復行に追いやられる。これが夜間となると、また特に不愉快な作業なのだ。ようやく着艦して、駐機区画《フライ・ワン》に乗機を持ち込んだあとは、例によって大量のビールが必要だった。

　一九七七年一月一四日、愉快な日々に別れを告げるときを迎え、私はホニントンから最後の任務飛行に臨んだ。この期に及んで、右舷エンジンにカモメを吸い込むトラブルのおまけつきで！　思えば信じ難い経験だった。三期にわたる空母勤務で、私は五一二回の着艦をこなし、うち一〇八回は夜間着艦だった。それでいて、一度たりとも射出座席を利用せずに済んだ。私は幸運だったのだ。

私たちはみんな知っていた。バッカニアの驚異を。バッカニアは時代を遥かに先取りした機種であり、何らかの改修を加えたなら、今日までその立場を堅持し得ただろう。自分の海軍勤務で、バッカニアとともにあったのが、もっとも痛快な日々だったのは疑いない。だが、本当に成功したのは、それに関わった人間たちだ。海軍だろうが空軍だろうが、軍種の違いはさして問題ではなかった。現に809中隊の飛行員の半数はライト・ブルーのユニフォームだったし、海空協同の精神は素晴らしかった。こうした連帯感はバッカニア《B》飛行員《A》協会《A》にも生まれて、二〇〇八年に南アフリカで開催された五〇周年記念式典［※8］で私たちが受けた盛大な歓待、そしてもちろん毎年恒例の『親睦会《ブリッツ》』にも健在だ。BAAは今なお無類の絆を誇り、私は自分がその一員であることに、おおいなる喜びを感じている。

※1 クランプ＝clampはコーンウォール半島一帯に特有の濃霧のことを指し、これが発生すると飛行場はclamped、つまり霧に閉ざされる。
※2 C-ボールズは、陸側との連携が必要な対地作戦の管理と調整のため、陸軍から派遣されて空母に乗り組んでいる連絡将校団。
※3 同島はプエルトリコ本島の東の沖合一〇㎞に位置し、一九四一年以来、アメリカ海軍の演習場が置かれてきたという歴史がある。
※4 The Magic Roundaboutは一九六五～一九七七年にかけてBBCで放映されたストップモーション・アニメによる子供向けのコント番組。本来のソッズ・オペラは母港に帰港を控えた艦上で催される演芸会で、ソッズはSailor's Own Drama Societyの略と言われている。
※5 公刊されている『アークロイヤル』航海日誌に、馬の頭部のシルエットを切り抜いたボードを、デッキの床に手描きしたらしき即製のコースに並べている一九七二年当時の写真が掲載されている。
※6 フロリダ州南部に広がる大湿原で、南西部は国立公園に指定されている。

※7　land-away は、楽しめる目的地を設定して日帰り旅行や週末の小旅行のように実施される航法訓練飛行。
※8　ブラックバーン社におけるバッカニアの初飛行が一九五八年。

# 12 レッドフラッグ

デイヴィット・ウィルビー
David Wilby

朝鮮戦争当時、アメリカ空軍《USAF》は、おおよそ一〇対一の被撃墜率を達成していた。にもかかわらず、それがヴェトナム戦争では二対一に低下、特に一九七二年には一対一にまで落ち込むという事実に直面した［※1］。『ヴェトナム戦争の戦訓』と題された調査報告書が明らかにしたところでは、最初の一〇回の出撃から生還できた搭乗員《クルー》は、生き延びて任期満了を迎える可能性が高い。ということで、多様な作戦シナリオに対応可能なクルーを育成すべく、その訓練方式を改善する必要性が認められた。

その間にもネヴァダ州ネリス空軍基地では、少数の若手将校グループが、〝敵機役《アグレッサー》〟部隊を発足させ、基地北方の広大な砂漠地帯を〝運動場《プレイグラウンド》〟として利用する演習計画を独自に進めていた。この段階では、それは戦闘機兵器教習校《FWS》の校内行事の域を出ない話だった――立案者のひとりだったムーディ・スーター少佐が、当時の戦術航空軍団《TAC》司令官ロバート・J・ディクソン大将と接触する機会を得るまでは。FWSのプランにいたく心を動かされた彼は、六ヵ月以内にネリス空軍基地に『レッドフラッグ』を設立するよう、実務次官に指示した。それを受けて、一九七六年三月一日、第４４０戦術戦闘機訓練群《グループ》が（本来の意味での『レッドフラッグ』すなわち敵機役の専従部隊として）創設され、きわめてリアルな模擬空戦の実現に寄与することになる。ただし、その時点では、これはまだ米軍限定の演習のはずだった。

この演習はおおむね次のような原則にしたがって実施される。参加する飛行《スコードロン》（中）隊は、その戦術を試すべく、ネリスの北に広がる砂漠地帯の――面積にしてウェールズ相当の――演習場に展開する。演習場には、飛行場サイズの目標が所々に造成され、実際のワルシャワ条約機構軍の防空あるいは電子戦を忠実にシミュレートする部隊が隈無く配置されて、担当区域の防衛にあたる。FWSのスーターのチームがF‐5E単座機でアグレッサー部隊を演じるが、この機種が選択されたのは、その機動性を買われたというだけでなく、飛行特性が当時のワルシャワ条約軍の主力戦闘機だったMiG‐21と類似していたからでもある。アグレッサーの機体には、ワルシャワ条約軍機に典型的な迷彩塗装が施され、ソ連の〝赤い星〟が描かれた。パイロットはFWSの卒業生で、アメリカ空軍トップクラスの腕前と認められた戦闘機パイロットのなかから選ばれた。彼らは、冷戦が本当の戦争に発展した場合に、演習参加者が実戦で遭遇するであろう脅威を伝えるべく、ワルシャワ条約軍の戦術原則に即して飛行する訓練を受けていた。なお、F‐5Eタイガーは、一九八八年にその座をF‐16に譲るまで、『レッドフラッグ』における〝メインの悪役〟であり続ける。

その後、ディクソン大将は、イギリスの同級折衝相手《カウンターパート》である打撃軍団最高司令官サー・デイヴィッド・エヴァンズ空軍大将との一九七六年の二者会談において、イギリス空軍機の『レッドフラッグ』招待参加を打診している。渡りに船というわけで、サー・デイヴィッドもおおいに乗り気とな

戦術戦闘機競技会（TFM）におけるバッカニア要員。座っている左側がデイヴィッド・ウィルビー

った結果、ホニントン駐屯の208飛行中隊が、RAF初の『レッドフラッグ』参加部隊に選ばれるに至った。期間前半は208のバッカニアに二機のヴァルカンが加わり演習に参加、後半ではそれらイギリス国内の基地所属の機体を、駐ドイツのラーブルック大隊の選抜部隊が飛ばすことになった。私はこのとき208の小隊指揮官だったが、中隊長《ボス》のフィル・ピニー中佐から、『レッドフラッグ』参加プロジェクトの担当将校に抜擢されたのは嬉しかった。

　だが、まずは『レッドフラッグ』で飛ぶ要件を満たすため、私たちにはそれに向けた事前訓練が必要だった。たまたま私たち――マイク・ブッシュ、アルフィー・ファーガスン、デイヴ・シモンズと私――は、ルーハーズで開催される戦術戦闘機競技会《TFM》に参加できるという幸運に恵まれた。一九七六年八月のことだ。それまでNATO北翼の支援という私たちの従来の最優先任務のなかで

ラブラドールでの低高度飛行。1979年

確立された対地戦術を、イギリス空軍きっての防空部隊や攻撃部隊を相手に、大幅に刷新し磨き上げる格好の機会が得られたことになる。陸上における私たちの日常的な最低高度は二五〇フィートだったが、『レッドフラッグ』では対地高度《ＡＧＬ》一〇〇フィートで飛行しなければならない。というわけで、ＴＦＭ参加は貴重な体験だった。スコットランドのボーダーズ一帯なればこそ可能な、特別に指定された超低高度《ＵＬＬ》飛行空域を利用して、その高度をクリアできたからだ。

　約二ヵ月後、ＴＦＭで会得した技術を実際に試す機会が訪れた。ノーサンバーランドで『レイピア』防空ミサイル・システムをテストするため企画された『ストランド』演習に、私たちの中隊も参加したのだ。その際のＵＬＬ飛行は『レッドフラッグ』および、そのリハーサルあるいは公式の予行演習——とは、ラブラドール半島に置かれたカナダ軍グース・ベイ基地で実施されるもので、中隊は大西洋を越えて遠征しなければならなかったが——に選抜されたクルーにとっては、格好の導入訓練となった。グース基地はツンドラ地帯のすぐ南の辺鄙な地域にあって、ここから低高度の訓練飛行に出るには理想的という立地だった。

私たちの中隊は、一度に半分ずつ、二週間交代で訓練に臨んだ。各クルーには九回の出撃が課された。地形は申し分なしだったが、目立つ特徴のない地域の上空を飛ぶ難しさ、人口密集地域はないものの（地元の罠猟師からいささかの苦情を頂戴することはあり）、天候は油断がならず、それやこれやで気を抜くわけにはいかなかった。みんな熱心に訓練に励み、各自の低空飛行の技術は、地上一〇〇フィートを地形に関わりなく自在に飛びまわるまでに鍛え上げられた。これと並行して、私たちは、自前で〝悪役〟機を仕立てて、低高度からの編隊突破戦術を試した。そのために私たちは何機かにグレーとホワイトの迷彩塗装を施すことまでやったが、これが〝悪役〟を演じる際に、効果抜群だった。このリハーサルは、来たるべき本番に備えての、まさに総仕上げだった。

いったんイギリスに戻って、本番への準備をしながら、私たちは最初の航程を頭に叩き込んだ。まずは再びグース・ベイまで飛んで一泊、しかるのちにネリスへ向かう計画だ。ところが——。

一九七七年八月二日、スコットランド北西沖。私たちがヴィクター給油機に接近しつつあったとき、相手の機長から告げられた。航法関連装置一式に不具合が生じたので、グースまでの先導役は

『レッドフラッグ』への準備を完了した208中隊の飛行・地上要員。1977年10月

そちら（バッカニア）の一番機に任せる、と。洋上を低高度で飛行中である限り、それは熟練のバッカニア航法士にとってはたいした問題ではなかっただろう。だが、大西洋上空三万四〇〇〇フィート、気まぐれな上層風、バッカニアの後席は例の人間工学的スラム。こう三拍子揃っては、見通し万全とはいかない。航程の大部分を推測航法に頼るほかなかったからであり、まずアイスランド、続いてグリーンランドを右手に捉え続けるために、『ブルーパロット』レーダーの最大有効範囲に近づくたびに北へ機首を向け直さねばならなかった。

その途上で空中給油を実施したが、雲中を蛇行するゴムホースの先端でうねる給油口バスケット目がけて突進するのは面白かった。私たちは短波放送で音楽を聴きつつ、酸素マスクの下で苦労しながらひと口サイズのサンドウィッチを呑み込んだ。水分はほとんど摂らなかった。ゴム引きのイマージョン・スーツの奥深くに隠れた例のものを引っぱり出して排尿チューブを使う事態など、誰だってなるべく避けたいじゃないか。

こうして約五時間半の後、ついに私たちはグース・ベイ基地のTACAN《タカン》ビーコンの明滅を捉え、その二〇分後には寒々としたラブラドールの原野に着陸した。

その晩は給油機《ヴィクター》の乗員と一緒にバーに繰り出し、数々の海外遠征の〝武勇伝〟と相当量のビールで過ごして、翌朝には再び僚機とペアを組んで、荒涼たるカナダの大地を越え、アメリカを横断し──給油機に随伴されつつ、私たちはずっとイマージョン・スーツを着たままで──ネリスの管制空域に入った。巧みな速度制御によって、進入降下中に二番機ペアが私たちと合流し、これはネリス側の不興を買ってしまったようだが、私たちは四機編隊で最終進入、場周経路に入り、着陸した。それだけでイギリスの飛行場ほどの広さのある昔の駐機場に誘導され、最新鋭の高速追撃機と並んでそこに押し込まれながら、私たちはひたすら驚嘆して周囲を見まわすと同時に、管制塔の連中が私たちの古式ゆかしいコーラ瓶形の乗機を見て大受けしているらしい笑い声を聞いた。私たちが主翼を折りたたむと、笑い声はさらに大きくなった。

ともあれ、ゴム引きスーツ着用の六時間四〇分のあとでは、ステュ・エイジャーも私も、地面に──真夏のネリスの三二度Cの炎天下、焼けつくようなコンクリートの地面であっても──足を下ろすだけで嬉しい気分だった。ネリスへようこそ、とキンキンに冷えたクアーズを手に押しつけられたが、すばやく隠さねばならなかった。〝英国軍人《ライミーズ》〟［※2］の到着を取材しようと集まったTVカメラに目敏く気づかれる前に。なにしろ私たちはイギリス空軍代表、つまりアメリカ空軍以外で初の『レッドフラッグ』参加部隊だったのだ。

ところで、この遠征に出る前に私たちは、ネリスの『レッドフラッグ』運営本部のいかした〝戦闘機乗り《カウボーイ》〟二人の訪問を受けていた。不運にも、その二人の荒くれ男が――ホニントンの士官食堂バーで、カウンター脇のキャンドルに近づきすぎて、真紅の、皺ひとつない化学繊維のスーツを少々溶かしてしまったのは彼らにとっても不運だったろうが――、彼らにすっかり参ってしまったらしい我が女房連中に、つい口を滑らせてしまった。ネリスは――それまで私たちが彼女らに言い聞かせていたような――砂漠の真ん中にぽつんと置かれた寂しい基地ではありませんよ、それどころかラスヴェガスから直線距離にして、たった一〇マイルです――。おかげで、この件に関する私たちの隠蔽工作は完全にぶち壊しだった！

なるほど、ネリス基地の将校倶楽部《オー・クラブ》には、砂漠の宝石《ラスヴェガス》の北東一〇マイルという立地から想像できる、あらゆるお楽しみが揃っていた。スロットマシーン、ハンバーガーと低価格のビール、フライドポテトに大画面テレビなどは、そのほんの一部だ。実にたいした娯楽施設であって、我らがイギリス空軍の伝統的な士官食堂とは、およそかけ離れていた。そこに満ち溢れていたのは、過剰なまでに自信満々の飛行機野郎と、その派手な馬鹿騒ぎ。それから私たちのイギリス風アクセントに〝敬意を払った〟、なかなかに麗しい友情の場面――。砂漠の上空を飛びまわった一日の疲れを癒やすには、確かに最高の場所だった。とりわけご機嫌だったのは水曜と金曜の夜のハッピー・アワーだ。バーの真ん中に設えた円形舞台で、ストリップ・ショーがある。という次第で、もとよりこれは〝テイルフック〟［※3］ではなかったが、その下地は確かに揃っていた！

この飛行機乗りの聖地と、けばけばしいネオンに彩られたラスヴェガスの歓楽街を行き来しながら、私たちは訓練の重圧からの、欠くべからざる気分転換と気晴らしを提供された。もう少しまじめな言い方をするなら、それは、アメリカ空軍のご同輩たちと、リラックスした雰囲気のなかで部隊の運用術や戦術について議論できる、またとない機会でもあった。私も参加するにやぶさかではなかった！

このときの私たちの遠征は一回限りのものとして企画されていたので、通常の海外手当はないも同然だった。それでも、みんなすぐに安上がりに楽しめる場所はどこかを探しあて、一大観光地ヴェガスで夜を過ごすコツを呑み込んで、心身の健康維持に努めた。カジノのテーブルを巧く渡り歩けば、無料ドリンク飲み放題。それだけではない。その晩ツキに恵まれていれば、ちょっとした副収入が得られて、フィッシャー・プライス［※4］の新発売の玩具を、家で待つ子供たちに買って帰ってやれる（三五年経った今でも、我が家では孫たちがそれを使っている）。地元のゴルフ場も実に太っ腹で、私たちに料金割引その他さまざまな特典を提供してくれた。ただ、アメリカ流のプレイスタイルには驚かされた。何が凄いと言って、金持ちのアメリカ人は紛失球をいちいち探すなど沽券にかかわると思っているらしいことだった。こちらはそうもいかない。というわけで、私たちイギリス人がたびたびフェアウェイの外に出ては、池や藪に踏み込んで目についたお宝を拾ってまわるのは、たちまち普通の光景になってしまった。ケン・エヴァンズなど今でもそのとき拾ったボールを使っているという噂だ。

こうして私たちはヴェガスとネリスの雰囲気にすっかり馴染んだ。かくも大規模な総合演習場で、血気盛んなアメリカの同輩たちと一緒に訓練に臨むのが楽しみだった。ネリスはあらゆる意味で桁外れな基地であり、当代の新鋭機がずらりと並び、最新のテクノロジーに溢れていた。私たちは——まず間違いなく——はるばるイギリスから海を越えてやって来た〝お上りさん〟として気遣われつつ、面白がられていた。いざ空中で対峙するまでは。

暑さに加え、この果てしなくもややこしい軍事施設に数日かけて順応したのち、私たちは本来の任務に向けて動き出した。私はグース・ベイでの事前演習を下敷きにして、自分たちの飛行計画を組み立てた。演習期間中は、編隊単位で八回の出撃を実施する。いずれも昼間飛行で、その準備とデブリーフの時間もたっぷり取れる——。

そのうちに、参加者の〝内部事前説明《イン・ブリーフ》〟が完了し、私たちの作戦本部と計画空域が確定した。その一方で、各自が個々に信じられないほど長い『レッドフラッグ』特別要項《SPINS》を読んで理解し、サインする。こうした手間を重ねて、ようやく私たちにも『レッドフラッグ』の意義がじゅうぶんに伝わったとみなされ、参加準備が整ったことになった。さらに、ネリス基地およびトノパー射爆場で高度一〇〇〇〇フィートの慣熟訓練を実施し、私たちはいよいよアグレッサー部隊をはじめとする〝敵空軍《レッド・エア》〟と渡りあう用意ができたのを感じた。『レッドフラッグ』運営本部が置かれたビルのエントランスにさりげなく掲げられた銘文――「この門をくぐる者こそ世界一の戦闘機乗り」――にあるように、その門をくぐる「世界一の爆撃機乗り」たることを証明する準備万端だった。しかも、それを単に試してみようというのではなく、相手を打倒する、そのために私たちはここに来たのだ。

初回の出撃は、模擬弾を搭載して実施された。不毛の大地――砂漠の底から唐突に隆起した山脈の、険しい尾根から尾根へと機体を操らねばならないような空域で、編隊各機の安全な間隔と目標到達の時間差を点検し確認するのが目的だった。それを達成すると、すぐに『レッドフラッグ』指定の通常兵器――一〇〇〇ポンド非誘導爆弾およびBL755CBU（クラスター爆弾）の実弾搭載・投弾に移行する。印象的な最新機種を揃えたアメリカの同輩たちとともに、大編成の編隊で飛ぶことになる。ブリーフィングは合同で行われ、その際に私たちに付与されたコールサインは決まって――言うまでもないだろうが――〝ライミー〟だった。
おそらく、この任務でいちばん混乱する場面は、地上走行から離陸までだったろう。大人数の参加者への大量の指示、兵装の最終安全確認――彼ら言うところの〝ラスト・チャンス〟――を経て、離陸許可をもらうのだが、これを理解するのが実は難しかった。「私たちは本当に同じ言語で喋っているのか？」という疑念を抱きつつ、わざとクールでぶっきらぼうなジョン・ウェインもどきの声と口調で復唱してやる。この場面にはいかにもふさわしかろう、と。もちろん、いったん中高度で演習発起点のスチューデント峡谷《ギャップ》に向かったら、冗談抜きのゲーム開始だ。

これが演習初参加とあって、私たちは米国本土においては実力未知数の部隊だったと言える。私たちはアグレッサー部隊あるいは地上に展開する対空部隊に〝撃墜〟されることなく、予定時刻に目標へ到達しなければならない。その後は速やかに無傷で離脱しなければならない。同じく重要なのはミスを犯さないこと、無事故を期す――インシデントもアクシデントも起こさないことだ。
私たちは指定空域の境界ぎりぎりまで飛びながら、事前演習のあいだに練り上げた戦術を実行に移した。ラブラドール地方の厄介な地形と天候に鍛えられた我がクルーの技量は、ここで――各自が自分なりに判断し反応する若干の余裕を持てるからには、まだしも好ましい環境である砂漠地帯で、よりいっそう発揮された。この〝戦場〟は暑いうえに、標高が比較的高い。このふたつの要件が意味するのは、地上付近を飛ぶあいだ、推力計および燃料計の監視を怠ってはならないということだ。さらに、太陽の位置と反射光、遠近感にも留意する必要があった。

　私たちは、最小機体間隔《MSD》一〇〇フィート、つまり、各機の周囲の空間を一〇〇フィートまで詰めて飛行する許可を得ていた。そうした安全規定や、いささか旧式化していることは否めない搭載機器一式の問題があったにせよ、実際のところ、超低高度を飛ぶのは一種の個人的充足感にもつながることだ。無論それは、たとえば地形や機体のスピードと機動性、そして各自の技量次第というところではあるが。バッカニアのパイロットは――超低空・高速飛行の場合は特に――地面あるいは地上の障害物との衝突を避けながら機体を操ると同時に、正面空域の索敵に努めねばならない。航法士は航法関連作業に加えて、機体の各システムの管理のほか、兵器運用時の設定入力も担当する。そのため脅威の出現に備えて頭上から眼下まで、あるいは二時から一〇時までの後方にも――かなりの努力を払って――目を配る必要から、シートのハーネスを緩め加減にしておく傾向にあった。当地の空は、雲に隠れるなどまず望めないほど、どこまでも澄み渡っていた。となれば、万全の警戒態勢が求められる。パイロットが計器を覗き込まねばならないときは、必ず航法士に前方警戒を促す。二人が同時に正面空域から注意を逸らすようなことは決してあってはならなかった。これについては、ある熟練クルーが早々と手痛い経験をしている。彼らは目標上空を抜けたところで編隊に戻ろうと減速中の一瞬、集中を切らしてしまった。地上三七フィートで電線に接触したのは、砂漠の大地を目前に緩慢な降下に陥っていた彼らが、我に返って引き起こしをかけるきっかけになったという意味では、むしろ僥倖だった。彼らはとても運が良かった――もっと悲惨な事態になっていてもおかしくなかったのだから。

スピードは機動性の確保に欠かせない要素だ。脅威を迅速にすり抜ける、あるいは〝敵〟の防空戦術の実行をより困難にしてやるためには。燃料に不安がない限り、兵器込みの戦闘重量で飛ぶあいだは、基本的に高速が維持される。敵の防空域への侵入スピードは四八〇ノットと想定されていたが、さらに目標上空に進む際はこれが五四〇ノット（九海里／分）になる。離脱の際は、なおも限界まで速力を上げることもあった。

クルーの組み合わせは固定していて、私たちは常に決まった相棒と組んで飛んだ。つまり、お互いの仕事の流儀《モダスオペランディ》は知り尽くしていたわけで、円滑な機体運用にはそれが重要だった。同様の理由から、ペアを組む僚機も決まっていた。その決まったペアが二組揃って、いつも決まった四機編隊を構成する――というのが通例だった。さらに、『レッドフラッグ』に参加するにあたっては、飛行時間五〇〇時間を達成している熟練のパイロットであること、なおかつ戦闘準備完了状態《CR》にあり、きちんと体系化された適正な事前演習を完了していることが条件だった。こうした方針に即して、飛行計画の作成を容易にすべく――また、それより大事な理由として――編隊内の動きにも精通していなければならないというので、208飛行中隊では編隊各個の編隊長機をあらかじめ決めておくこと、その地位は後々の出撃時も維持されることになっていた。編隊長機に指名されるのは、任務飛行の実績においても、バッカニアでの飛行時間においても、特に経験豊富と認められたクルーだった。そして、このとき指名されたのは、ピート・ジョーンズ&マイク・ブッシュ組と、我が相棒ステュ・エイジャー&私の組だ。僚機にしても低高度飛行の達人揃いで、あらゆる地形や天候に応じながら編隊を維持する、究極の技量と柔軟性を養ってきた。それは航法関連機器をチェックする、あるいは脅威の存在を察知するのに、いくらかの時間的余裕が確保できていたということだ。編隊形は周囲の状況にあわせて変化し、たとえば平らな砂漠地帯の上空では各機の間隔を数マイル空ける場合もあったが、航過を容易にすると同時に――これも重要なことだが――迎撃機に対しては我が方全機の確認を困難にするという一石二鳥の利点が得られた。経験を積むにつれ、必ずしも僚機を――それがどこにいるか、丘陵の向こうのどこから不意に姿を現すかなど、常に注視しておく必要もなくなった。

すでに私たちはグース・ベイで学んでいた。平坦な、湖沼地帯――渇水だろうが満水だろうが――の真っ只中を飛ぶときは主翼の反射光を避けること。峡谷地帯では、谷底からできるだけ離れておくために、連なる谷から谷を辿りながら、その斜面にへばりつくように飛ぶこと。その他、丘陵地帯で尾根を越える際に、追いかけてくる脅威に対して暴露を最小限に抑えるための、自分たち独自の飛越技法も確立済みだった。越えるべき尾根と平行になるよう、その手前で急転し、そのまま背面飛行で越えて速やかに地形に紛れ込む。もしくはバント［※5］で越える。理想を言えば、尾根の切れ目を見つけて擦り抜けるのがいちばんだったが。

この土地では、上昇気流が暑熱と地形の影響を受けて、バッカニアでさえ厳しいだろう乱気流に発達することがあり、私たちクルーは機体に過度の負担をかけないように、スピードを僅かに緩めることに苦心した。

各クルーは、目標到達指定時刻《TOT》を達成するため、〝タイムライン〟つまり実際の予定時刻を併記した航路地図《ルートマップ》を装備していた。各機がそのＴＯＴを遵守するのは、ほかの機体との衝突回避および実弾投下時の破片浮遊ゾーンへの突入回避に重要だった。目標途上で空戦に至った場合、編隊が崩れるのはありがちなことだったが、タイムラインに沿った飛行に復帰して、各機がもとの位置を回復するのが普通だった。初回の目標航過は奇襲と混乱の要素を最大限に高める。と同時に、動き出した敵を相手にする、あるいはそのただなかに飛び込んで注目を一身に——自分に集めるよりは望ましい。私たちの電波輻射管制《エムコン》（EMission CONtrol=EMCON）の態勢は徹底していて、無線封止はもちろん、レーダーも切ったままとした。私たちは地面に〝可能な限り近く《ナップ》〟飛行するので、ほとんどの脅威は頭上から来るわけだが、編隊中のどれか一機が回避機動を取ればそれが格好のきっかけになってチーム全体に波及し、無線交信するまでもない。各機がそれぞれの判断でしかるべく

『レッドフラッグ』任務のためネリス空軍基地から空中へ（フランク・モーミロー提供）

対応し、適宜タイムラインに戻る。砂漠地帯の澄んだ大気中で、機動を容易にすべく加速した機体は排気の航跡を残して、再集結への無言の道しるべになった。

この当時、電子戦の装備に関して言えば、バッカニアは比較的整っていた。低空を飛んでいると、レーダー環境は静かで、余計な反射波《クラッター》に煩わされることもなく、レーダー警報受信機《RWR》による脅威の早期発見に好都合だった。長距離・早期警戒レーダーが私たちに告げる。接近隠蔽のため、さらに高度を下げよ、と。高周波レーダーの扇形表示画面――に現れる敵の防空勢力を示すパルスドップラー・レーダーの輝点――が、私たちに回避行動を取る余裕をくれる。

ここで特筆しておくが、私たちは二枚貝さながらに開閉する強力なエア・ブレーキにチャフを一発――正確には散布一回分の束をテープで留めて仕込んでおいた。この特設のスズ箔切片の束は、相手のレーダーを撹乱するのが本来の目的だが、目視で急迫してくる戦闘機を眩惑する効果も期待できた。ちなみに一九七七年当時のバッカニアは、固定火器を装備していなかった。そのため、撃墜を狙って肉迫してくる戦闘機パイロットの意図をくじく最後の手段として、ある戦法がすでに編み出されていた。私たちが実際に試すことはなかったが、単純にして有効だった。というのも、〝敵〟は私たちを──私たちがそれを実行するならば──自分たちの生命安全と引き換えの獲物と認識していたからだ。これぞほかならぬＢＩＦ戦法だが、要するに、一〇〇〇ポンド通常〝爆弾を相手の面前で《ボム・イン・ザ・フェイス》〟、高度一〇〇フィートから投弾するというに過ぎない。だが、向こう見ずな戦闘機パイロットの見せ場を台無しにしてやれるだろうこと請け合いだった。この戦法のコード・ネーム？　もちろん〝ニッカーズ〟だ［※6］！

また、私たちは乗機に砂漠迷彩を施していたが、実際に砂漠地帯を低空で飛んでみて、アグレッサー機のパイロットが探し求めるのは、主翼の反射光および地面に映る機体の影だということがわかった。わざわざの迷彩塗装だったが、結局のところ無駄な努力に終わった。さらに言えば、掛け値なしの超低高度に降りると、自分たちが濛々たる砂塵の尾を曳いて、相手にこちらの存在を露骨に知らせてしまうことが、残念ながら判明した。

各回のミッション終了後、そして、状況整理の検証飛行後には、参加者全員が『レッドフラッグ』

運営本部の主導による総括的なデブリーフに集まる。そこでは主役の編隊から敵役のアグレッサー部隊、地上展開の対空部隊オペレーターに至るまで、報告が求められる。この『レッドフラッグ』創生期のデブリーフにおいては――現今の極めて包括的な電子追跡・判定システムの普及以前だったので――〝戦果〟報告は丁々発止のやり取りで一幕の芝居を見るようだったし、その経緯は、特に空対空あるいは対地の交戦記録フィルムがあれば、ほとんど娯楽のように楽しめた。そこに誇大報告が入り込む余地はほとんどなかった。こうしたデブリーフは面白く、同時に勉強になって、参加各部隊の伝統や流儀がたちどころに明らかになる優れた教習所だった。

　私たちの活躍は高く評価された。無線封止手順の巧みさは、私たちが本当にその空域にいたのかどうかという疑念を一部方面から呈されるほどだった。〝被撃墜〟は皆無に近かった。電子戦《EW》実験場に配された地上防衛部隊は、彼らの射撃陣地の上空で展開される壮大な航空ショーを、管制車両から降りて眺めては大喜びした。彼らは日課の全隊デブリーフに、レーダーのアンテナ頂部を掠めるように飛び去るバッカニアのビデオまで提供し、私たちの雄姿を証明してくれた。このとき私たちが使っていたのは、地図とストップウォッチだ。それから、いろいろ難しい砂漠地帯――これと言って航法上の目安になったり、相手から推測が容易な投弾進入路にあって遮蔽物になってくれる地形的要素がない――に対応できる自慢の〝目ン玉《アイボール》Mk1〟も存分に活用した。早期識別や高速に加えて、必要とあればULLでの対抗機動を取る私たちは、アグレッサー部隊にとって、彼らの当時の搭載兵器で確実に撃墜するには厄介な標的だったろう。

私たちは連携プレーの兵器運用でも毎回好成績を収めた。そもそもバッカニアの兵器システムは、スヴェルドロフ級巡洋艦を対象に、トス爆撃の手法で核爆弾を落とすことを主眼に設計されたもので、今どきのデジタルコンピュータが提示するディスプレイ画面による制御方式に比べると、著しく洗練を欠いた。だが、我が中隊のパイロットたちは、水兵並みの――周囲を見渡す千里眼のような――眼力を養っていて、それが低高度や至近距離でおおいに役に立った。私たちの攻撃任務は、飛行場の防衛施設や滑走路の制圧を狙って、三マイル先からのトス爆撃で一〇〇〇ポンド爆弾を一斉投下するというパターンが多かった。あのときの高揚感は今も鮮明に憶えている。私の率いる四機編隊が予定の方向からトス爆撃に入り、同時に別の方向からもピート・ジョーンズ率いる四機が進入、揃って指定のポイントで投弾《トス》する。この一部始終は『レッドアローズ』［※7］の、ループからの印象的な散開演技〝ボム‐バースト〟に取り入れられたほどだ。地上の車列を狙って至近距離からCBUを投下するのも、実に痛快だった。という具合で、一九七〇年代後半の水準に照らせば、私たちはすばらしい結果を残したと言える。

アグレッサー機に採用されたF‐5戦闘機は小型で機動性が高く、その展望室のようなコクピットから私たちを発見すると、低高度における速やかな迎撃を実施すべく即座に高度を切り替えてきた。大抵の場合、私たちはそれを早急に察知し、編隊を解いて、相手よりさらにきつい急降下で対抗する。この手法を取ると、そのうち一機は〝被撃墜〟を宣告されたりするが、残る全機は無傷でタイムラインに沿った編隊飛行に戻ることが可能になるのだった。同様に、地上配置の防衛部隊に対する場合も、RWRによる早期警戒信号を受けて針路を変更し、交戦空域を避けるようにした。回避不可能となれば、より高度を下げ、不規則に三次元機動《ジンク》を取ることで、相手の機影追跡オペレーターの仕事を困難なものにしてやる。こうした場面は――特にオペレーターが発した、往々にして卑語満載の生々しい音声が同時に収録されていれば――貴重なビデオ資料になった。

また、このときアグレッサー部隊の掩護に、〝敵空軍《レッド・エア》〟の一部がF‐15を使用している。就役してわずか三年の最新鋭の戦闘機であり、パイロットの多くは、その極めて高性能のレーダーシステムに不慣れだったはずだ。最終回ひとつ前の出撃で、ステュ・エイジャーと私は六機編隊を率いて、ユタ射爆場への高《ハイ》‐低《ロウ》‐高《ハイ》の打撃任務に臨んだ。私たちは一〇〇〇ポンド爆弾を搭載し、さらにアメリカ海軍のEA‐6Bプラウラーの支援を得て、EW抑止を担当する彼らとともに飛んだ。ところが、この海軍の飛行機乗りたちは低高度を目一杯楽しんで、その挙げ句、目標のかなり手前で〝燃料切れ《ビンゴ・アウト》〟に追い込まれた。私たちは目標に投弾を果たしてから――そして自分たちの行動原則にまったく反して――、F‐15の一団とすてきな空戦にもつれ込んだ末に、高高度飛行で基地に帰った。

演習が進行するにつれ、出撃に際しては、いくらかのお楽しみも盛り込まれた。たとえば六回目のミッションでは、ＣＢＵ実弾投下を済ませてから演習空域を離れて、八機編隊でデスヴァレーまで飛び、海抜ゼロメートル以下に広がる景色を堪能した。最終ミッションが完了したときは、参加した全機で〝ダイヤモンド・ナイン〟の編隊を組み、控えとして揚がっていた一機から記念写真を撮った。

こうして、二週間の出番を終えた私たちは、あとを引き継ぐ仲間を出迎えた。ＲＡＦドイツＸＶならびに16飛行中隊からの派遣部隊で、私たちの機体をそのまま使用して『レッドフラッグ』後半の二週間に参加し、同様に優秀な成績を収めた。私たちは後日ネリスに戻って機体を回収し、グース・ベイ経由のルートを逆に辿ってイギリスに帰還したのだった。

ところで、話を終えるにあたり、私は改めて次の人々――我が中隊の技術将校アルン・パテルと彼に率いられた技術陣、それから兵站業務《ロジスティクス》の専門家たちに敬意を表しておきたい。訓練にせよ派遣任務にせよ、中隊は常日頃から過密スケジュールに追われていたが、特にこの年は、荒涼たるグース・ベイはたまた灼熱のネヴァダ砂漠と、苛酷な海外遠征が相次いで、彼らにとっても厳しい状況が続いた。私たちがグースでもネリスでも一度たりとも飛行キャンセルを出さずに済んだのは驚くべき快挙であって、しかも『レッドフラッグ』ほどの難易度の高い演習を乗り越えた末、一〇機全機で空に揚がって最後の出撃を締めくくったなど、実に異例のことだった。彼らの長期間の準備と調整作業、すぐれたリーダーシップとチームワーク、そして揺るぎないプライドが、このすばらしい結果をもたらした。なかでも、物流担当《ロジスティシャン》は奇跡のような離れ業で、大重量の搭載兵器や重要な機体の予備部品を、必要なとき必要な場所へ確実に手配した。まさに申し分ない働きぶりだった。

さて、イギリスに戻ると、私たちの遠征成功が大々的なニュースになっていた。私たちは国防省の参謀長委員会をはじめ、各軍の参謀本部へ招かれ、報告を求められた。私たちは率直かつ的確な説明ができたし、演習の成果を強調する現実的なレポートに加えて、良質な映像記録も披露し、飛行関連の数値データについて何ら疑念を招くことはなかった。

私たちはこの『レッドフラッグ』参加を一回限りのイベントと捉えていたので、翌年また招待を受けたのには驚いた。私たちの成功を契機にして、以後、ＲＡＦの多くの――あるいはＮＡＴＯの――飛行中隊が、慣例として毎年『レッドフラッグ』に招かれる流れが出来たのだった。

その後の『グリーン』『メイプル』『ブルー』等々の『フラッグ』演習に際して――いずれも開催の目的や段取りの複雑さは少しずつ異なるが――私たちはあらゆる作戦環境に幅広く対応できるよう、事前演習なり戦術なりを確立してきた。それでも、このときのバッカニア部隊の、すなわちＲＡＦ初の『レッドフラッグ』は、やはり楽しくも特別な記憶として残っている。あれがＲＡＦの空戦演習に一定の基準と形式を成立させ、今に到る、という意味でも。

※1　一九七二年五－一〇月にかけて米空軍は対北ヴェトナム戦略爆撃『ラインバッカー』作戦を実施している。

※2　ライミー（ズ）／Limey(s)は、一八世紀末以来、英国海軍で水兵の職業病である壊血病対策としてライム・ジュースを支給する習慣があったことに由来して、イギリスの水兵の渾名になったもの。大西洋を挟んだアメリカでは、これがイギリス軍人あるいはイギリス人全般を、またオーストラリアや南アフリカでもイギリス人入植者を指すようになった。ちなみに英国海軍の艦船は〝ライム・ジューサー〟である。

※3　これは一九九一年九月、米海軍と海兵隊の航空将校の親睦団体テイルフック協会の第三五回年次総会に際して、開催地ラスヴェガス・ヒルトンにおける親睦パーティーの夜、一〇〇名以上の男性士官が、女性士官および招待客と少数の同性士官あわせて九〇名に対し、性的暴行を含む〝不適切な行為〟に及んだ『テイルフック '91』スキャンダルを指していると思われる。事件は公表されて大問題となり、海軍長官と作戦部長が引責辞任する事態に発展している。

※4　アメリカの知育玩具の老舗メーカー。一九三〇年創業。

※5　逆宙返りの半ばで半横転する機動。

※6　ニッカーズ Knickersは〝ズロース〟の類の女性用下着を指す。着弾スピード調整用として一〇〇〇ポンド爆弾に付属していたパラシュートにちなんだネーミングと思われる。

※7　イギリス空軍の公式アクロバット飛行チーム、一九六五年発足。

# 13

# 南西アフリカ／アンゴラ 1975〜1981

## ヘルト・ハーヴェンハ

Gert Havenga

バッカニア500時間飛行徽章を飾り、
400kg爆弾に手を添えてポーズを取る
ヘルト・ハーヴェンハ

アンゴラ紛争と、南西アフリカ（現ナミビア共和国）北部に波及した暴動が着実に拡大の一途をたどり始めて数年を経た一九七八年、24飛行中隊のバッカニアがようやく実戦投入されることになった［※1］。

同年五月四日、南アフリカ空軍《SAAF》と陸軍の協働部隊が、アンゴラ南部に位置するカシンガおよびシエタグエーラ近辺のナミビア独立を目指す武装勢力の訓練基地を襲った。『レインディア（トナカイ）』作戦と命名されたこれがバッカニアの〝初陣〟であり、以後バッカニアが絡むことになる二六次に及ぶ作戦の端緒となった。もっとも、紛争がエスカレートする何年か前から、こうした派遣部隊が同地域に飛び、事実上の〝人心掌握《ハーツ・アンド・マインズ》〟作戦を展開してきた。その種の作戦飛行に、私たちは文字どおり〝衝撃の登場〟を果たした。

このとき、24飛行中隊は、プレトリアのヴァータクルーフ空軍基地から〝バック〟四機で南西アフリカ北部フルートフォンテイン基地に飛び、到着次第、オヴァンボランド［※2］一帯を軍事力アピールの一環として飛行する任務を課されていた。その狙いは、地域住民に対し、南アフリカ共和国《RSA》政府は彼らを守ることができるし、守る用意があると示すことにあった。

という状況下の一九七五年五月一五日一〇〇〇時、私たちは中隊長ダン・ゼーマン中佐の指揮下、4機編隊で離陸した。二番機はサンディ・アリスン、私は三番機で、我が航法士はケン・スノウボ

1975年当時の24中隊員。ヘルト・ハーヴェンハは機体SAAF標識の下、中央の人物

ールだ。マシュー・モートン（前職は英国海軍ＦＡＡのバッカニアのパイロット）とフィリップ・ロソーが四番機。ブリーフィングでは、私たちは緩やかな戦闘隊形で飛び、飛行場上空に達したら、初期進入《イニシャル》から三〇秒間隔で順次離脱《ブレイク》して、右回りの追い風進入航程《ダウンウィンド・レグ》に入りフルトフォンテインの——バッカニアにはいささか短かった——滑走路に降りることになっていた。

私たちは知らなかった。管制塔の周波数が前日に変更されていたことを。それに関してノータム《ＮＯＴＡＭ》——乗員向け航空運用情報《ノーティス・トゥ・エアメン》——を受領していなかったのだ。飛行場を目の前にして、ダンはむなしく着陸指示を要求したが。三〇ノットでオーヴァーヘッド［※3］に入ったところで、ダンから「箱形編隊《ボックス》」のコールがかかった。私たちはダウンウィンド・レグに移行しつつあった。

不運なことに、その過程でマシュー機——バック４２６の尾翼が私のバック４１２の下面と接触し、ちぎれて脱落した。426は制御不能となり、私の412は左主翼下のピトー管を破損、その結果、対気速度表示が失われた。

426のクルーは二人とも脱出に成功したものの、マシューは重傷を負った。フィリップは足首を痛めるだけで済んだ。私は426が地面に激突して派手に炎上するところまで目撃した。アドレナリンがどっと流れ出しているのがわかった。我が相棒ケンは即座にHF無線で空軍司令部を呼び出し、事故を報告した。

自機の損傷度合いを見極めてから、私はダンに呼びかけ、着陸までの誘導を求めた。だが、私たちはすでに最終進入のホットスポットまで到達していたため、標準運航手順《SOP》に従って、ダンはやむなく滑走路直前区域《ショートファイナル》に突入せざるを得ず、私には独力で着陸することが求められた。あいにくながら、ダンが私のすぐ前に着陸したので、こちらは対気速度も確認できないままに若干歪んだ機体を操って、先行機の後流に悪戦苦闘という状況に放り込まれた。びくびくもののパイロットと航法士は、結局、滑走路上のダンを飛び越すことになったが、機体へのさらなるダメージは避けられた。マシューとフィリップは応急手当てを受けた後、プレトリアの第一陸軍病院送りとなった。

続く二日間、私たちは木々の梢をかすめるほどの高度で凄まじい騒音たてて飛びまわり、地元住民を「楽しませて」から、ヴァータクルーフへ戻った。確かにこのとき、バッカニア部隊は南西アフリカにその存在を知らしめたのだった！

その後、一九七九年までの四年間は、24中隊にとっては実戦の予行演習期間に過ぎなかった。だが、この時期に、NATAKフレア弾活用の夜間爆撃や昼間および夜間の中高度トス爆撃、夜間編隊飛行、さらには夜間空中給油までも練習できて、これらは待望の実戦投入にあわせた格好の準備となった。NATAKフレア弾は、地上一〇〇〇フィートの中高度トス爆撃の過程で、編隊先導機から放出される。投弾高度の三〇〇〇フィート上空でパラシュートとともに展開するよう投下され、一〇〇〇万カンデラの光度で爆撃目標を照らし出す。これで残る編隊各機は、ほとんど昼間のような明るさのなかで、降下角三〇度による爆撃を敢行できる。

いちばん難易度が高かったのは、夜間編隊飛行時にバッカニア同士で実施する空中給油――見えない何かに向かって飛ばねばならず、往々にして目眩を生ずるような状況での夜間空中給油だ。それだけに、うまくいったときの充実感は格別だった。

私は一九七五年一月一日に24中隊に配属されたのだが、一九七八年一一月一日、ついに中隊長を拝命することになった。ひとつの夢がかなった。私のもとには、私の仕事を支えてくれる意欲的で献身的で、練度の高い飛行員・地上員が揃っていた。運用可能な機体は六機を数えるのみだったが、常時五機は出撃できるよう、私たちは努力を続けた。

一九七八年一二月二八日、電子戦視察任務で、私は航法士フィリップ・ロソーを相棒に、ローデシアに飛んだ［※4］。私の指揮下にあるバッカニア部隊としては、これが初の作戦飛行だった。だが、我が24中隊が南西アフリカにおける本格的な作戦行動に臨む実力を保持していることを示すには、当時のアンゴラの政治情勢および介入拒否により、まだ三ヵ月ほどを要した。

一九七九年三月六日〇六三〇時、私たちは4機でヴァータクルーフを離陸、アンゴラとザンビアの国境上の某所に置かれた通称ベース52を狙いとする初の爆撃作戦に発進した。各機四五〇kg爆弾八発と、満タンの燃料を搭載していた。私は航法士コース・ボータ（クェース・ブエタ）とともに編隊長機を務めた。かくも重量物満載で海抜三六〇〇フィートから離陸するなど、それ自体すでに悪夢である。パイロットの教本では、離陸後は最低でも毎秒1ノットずつ加速すべしと推奨されているが、この作戦時は推奨値の半分も出せればよしとしなければならなかった。というわけで、私たちは気流《A》方向《D》検知器《D》を常に意識しながら、ハートビエスポートのダム湖――五〇マイル先――まで直線飛行で飛んだ。

爆撃は機首上げ《ピッチーアップ》から三〇度の急降下という手法を採る予定だった。だが、目標の識別が困難をきわめ、私と二番機は投弾をいったん断念した。ところが、三番機――まだ無名の、編隊機動教練は未経験の二人――は、横転開始《ロールーイン》しながら、あっさりと何気なく投弾した。混乱が広がり、つられた四番機が投弾する。てっきり三番機と四番機が目標を把握したものと判断し、私と二番機も、彼ら

アトラス・チーターDに空中給油するバッカニア

の投下した爆弾が炸裂しているところを目がけて投弾した。つまり、四五〇kg爆弾三二発が未確認の目標に落とされたわけだ。後刻、偵察機からの報告によれば、ベース52はすでに一週間前に現地を引き払っていて、その代わりに私たちは少なくとも六頭のアフリカ象を殺すことになってしまったらしい。編隊は全機無傷でフルートフォンテインに降りた。初回の爆撃はみごとな失敗に終わった。

同日午後一二三〇時、私たちは通称フランカ3および4として特定済みのSWAPO［※5］の軍事基地二カ所の爆撃に出た。これは翌朝も実施された。この日以降——三月六日より一四日までの期間、アンゴラ南部のエフィト、セナンガ、カハーマ、ノヴァ・カテンキュに確認されたSWAPOの基地を狙って、フルートフォンテインから規則的に爆撃が続けられる。

一九七九年三月八日には、私たちは初の夜間爆撃を敢行した。その準備の段階で、私はキャンベラの機首に納まってオンダングァ［※6］に飛び、打ち合わせ会議に出席した。その席上、レーダー管制官――故トム・エンゲラ――が、私たちを投弾移行《ターン・イン》ポイントまで誘導してくれる手筈が決まった。バック四機は、三〇秒間のレーダー航跡を捕捉してもらいつつ、計器飛行《ブラインド》で降下角三〇度の爆撃に移行する。控えめに言っても、恐怖だった。なにしろ漆黒の闇夜のことだ。だが、すべては計画どおりに運んで、私たちが投下した三二発のうち二六発が目標のエリアに落達したとの報告が入った。

次の出番は『レクストック（鉄棒）』作戦中の七月六日、このときは払暁爆撃だった。アンゴラ国境をはるかに越えてＴＨＴＣ［※7］に、中高度トス爆撃を加えるべく、私たちは四機でフルートフォンテインを発った。目標三〇マイル手前の爆撃進入開始ポイントから〝超〟低高度で入り、トス機動を取って自動投弾する。地上四〇〇〇フィートで投弾後、ただちに回避機動に移りながら、飛んでくるであろうミサイルを警戒する。全面警戒態勢が必須の状況で、敵火に身をさらしているという実感は尋常なものではなかった。これ以降バッカニア部隊は、一一月五日に同様の空爆を再開するまで、作戦現場からひとまず遠ざかる。

その一一月五日、私たちはヴァータクルーフから目標に直行し、任務完了後はフルートフォンテインに降りた。戦闘機部隊には不可能な仕事だった。彼らは半トンばかりの爆弾を落とすために一

低高度飛行する24中隊の機体

週間前にはオンダングァに展開していなければならず――その時点で〝奇襲〟の原則を裏切っていることになるが――、そのうえ迎撃されるリスクを冒さねばならなかった。低空飛行で戻るには燃料が不十分で、やむなく上昇すれば迎撃の脅威もそれだけ増したからだ。

一九八一年一月から六月（一五日）まで、私は指揮官修業の総仕上げのため、上級幕僚教育課程に送られた。その間も中隊はジョージ・スナイマンの指揮下、作戦飛行を続けていただけに、私自身は現場を離れた焦燥感に苛まれた。そうしたなか三月一七日、私は臨時に中隊に呼び戻されて、ある爆撃作戦を指揮することになった。後席はリム・ムートンだった。キャンベラ部隊との合同作戦で、私たちは四機でTHTC爆撃に発進した。途中まで天候は最悪だったが、目標に近づくにつれ、天が私たちに味方したのか空はすっきり晴れわたり、キャンベラがアルファ爆弾［※8］を投下するのに続いて、バッカニアも各機四五〇kg爆弾八発を落とした。完璧な奇襲が成功し、みごとな戦果を得られた。

ありがたいことに私は、八月二一日発起の次の大規模作戦にあわせて現場に復帰できた。戦闘地域の上空における敵対勢力のレーダー活動が、著しく活発化しているのが実感されていた時期である。本作戦に際しては、相手のレーダー施設を破壊して、攻撃および上空掩護に従事するミラージュＦ-1戦闘機の自由な行動を可能とすべく、そのためのいちばん無難な方法として、ＡＳ-30空対地ミサイルの使用が決定された。

ここでＡＳ-30ミサイルの運用条件を唯一満たしていたのがバッカニアだった。主翼パイロンにミサイル二発を懸吊し、なおかつ爆弾倉に四五〇kg爆弾四発を搭載できたのだから。

ＡＳ-30ミサイルは、弾頭部分五〇kgを含めて総重量五二〇kgである。推進燃焼時間は二〇秒、パイロットがコクピットの左舷に備わった操作桿《ジョイスティック》を操って手動で制御する。目標までの誘導もＵＨＦ無線リンクを介してパイロットが行う。発射と同時に、尾部から赤い燃焼炎が吹き出し、ミサイルの位置が視認できて、誘導の目印になる。

攻撃の概略は、まず目標手前二〇マイル地点まで飛び、一万五〇〇〇フィートにピッチ-アップし、二〇度の緩降下爆撃に入る――ということになっていた。ミサイルは一三マイル地点を四八〇ノットで飛行しながら発射され、目標の真正面に誘導される。

24中隊の飛行・地上要員

入念なＡＳ－30用シミュレーター訓練を経て、北ケープ州リムファスマーク射爆場での実弾発射演習も全弾命中の好結果を得たのち、私たちは四機で再びフルートフォンテインに向かった。一九八一年八月一九日のことだった。

編隊長機――私とサンディ・ロイ――はＡＳ－30ミサイル二発と四五〇kg爆弾四発を、他の三機は四五〇kg爆弾八発を搭載し、気温三二度Ｃの一〇〇七時、私たちはアドレナリン全開でフルートフォンテインを離陸した。まずはカハーマのＳＷＡＰＯ司令部を強襲、ＡＳ－30一発と四五〇kg弾四発を投下、さらに北上してチベンバ（オリファント）のレーダー基地を同様に爆撃する計画だ。その気温と積載量であれば、離陸後七〇マイル飛んだ先のスメブ付近でようやく旋回して、針路変更することになる。

私が率いる編隊の列機三機の安全は、私が実施するミサイル攻撃の成否に直結していた。幸いにも、二発とも命中し、任務は大成功だった。

AS-30がパイロンを離れ、その飛翔を手もとで制御しているときの緊張感は計り知れない。着弾までの一五秒間、極度の集中力が要求される。だからこそ、命中して目標破壊に成功したとなれば、満足感は絶大だ。それもつかのま、今度は自分たちが地対空ミサイルの標的になっているのが意識され、低高度に戻るための五Gのかかる回避機動が重要になる。ミサイル攻撃のあとは、同じ目標に四五〇kg爆弾四発を中高度トスで落とす。

ちなみに、この作戦を遂行中に、私はバックでの飛行時間一〇〇〇時間を達成した。私にはひとつの大きな節目だった。

事実を言えば、このときの攻撃でレーダーは破壊できたのだが、六時間後には新たに投入されたらしいレーダーが活動を再開した。そのため私たちは、同じ目標に対して、AS-30と四五〇kg爆弾による攻撃を八月二八日まで数回にわたって実施した。最終的には、同地域におけるレーダーはことごとく活動停止し、私たちは戦闘支援を続けるうえで、それまで以上の自由を確保した。

何カ所かの広域目標に対しては、私たちはキャンベラ部隊とともに高高度爆撃の合同編隊を組むことにも挑戦した。キャンベラ編隊長機の航法士の投弾指示に従い、敵対勢力が展開していることが判明している地域に集中爆撃を加える作戦だった。

一九八一年一二月五日、私はバッカニアで最後の任務飛行に臨んだ。最後を飾るにとてもふさわしい場面だった。中隊のクリスマス・パーティーのエア・ショーに出演したのだ。そして、1年の終わりにバッカニアとの付き合いに終止符を打ち、後任のジョージ・スナイマンに指揮権を譲った。24中隊での勤務経歴は、私の人生のハイライトであり続けている。飛行員と地上員のあいだに存在した仲間意識は異例なものだった。私は幸運にも一緒に働くことができた彼ら彼女らに心から敬意を表する。

最後にひと言。「バッカニアを飛ばしたことがないのなら、空を飛んだとは言えない」。

※1『南西アフリカ』は現ナミビア共和国の、ドイツ植民地時代以来の名称。第一次大戦後に南アフリカ連邦の委任統治下に入り、二次大戦後も続いた南ア共和国の実効支配に対して、一九六六年の武装蜂起を契機に独立戦争が始まる。一方、ナミビアの北に位置するアンゴラ共和国は一九七五年に宗主国ポルトガルからの独立を認められたものの、東西冷戦の代理戦争も同然の内戦状態に陥り、ナミビアの軍事基地を拠点として介入を図る南ア軍と、アンゴラ軍並びにそれを支援するキューバ軍とが国境で対峙する事態が展開する。本章はこのあたりを背景に語られる。

※2 オヴァンボランド=オヴァンボ族居留地。南アがアパルトヘイト政策にもとづいて自国および実効支配下にあったナミビアに設定した部族居留地/自治区(南ア政府当局はホームランドと命名したが、バントゥー語族の国という意味でバントゥースタンとも呼ばれた)のひとつで、ナミビ

ア／アンゴラとの国境沿いに広がっていた。なお一九九〇年のナミビア独立に伴い、同国内のこうした居留地はすべて解消・消滅している。

※3　戦闘機が多用する着陸進入パターンで、編隊を組んだ状態で比較的高高度・高速のまま滑走路上空に進入、順次一八〇度の急旋回で速やかに高度・速度を落とし機体をダウンウィンド・レグに持ち込む。オーヴァーヘッド・アプローチ。

※4　現在のザンビアとジンバブウェに相当する地域だが、旧英領北ローデシアは一九六四年にザンビア共和国として独立を果たしており、この話の時点では旧英領南ローデシア＝ローデシア共和国を指す。この地域も一九六〇年代から独立運動が活発化するも、一九六五年にイギリス系白人中心のローデシア共和国が成立し、黒人主導の政権樹立を目指して紛争が続く。一九七九年には国名がジンバブウェ・ローデシアに改称され、同年末にはイギリスの調停により紛争は一応の終結を見た。さらに一九八〇年には国名がジンバブウェ共和国に改まっている。

※5　ＳＷＡＰＯ＝南西アフリカ人民機構。一九五八年に創設された民族解放運動組織で、ＳＷＡＬＡ（南西アフリカ解放軍）の略称で知られ、のちにＰＬＡＮ（ナミビア人民解放軍）と改称される軍事部門を有し、独立運動を主導した。

※6　ナミビア北部、アンゴラ国境までは約三七マイル＝六〇㎞。

※7　トビアス・ハイニェコ・トレーニング・センター。ナミビア独立戦争初期にゲリラ戦を指揮したＳＷＡＬＡ（当時）司令官の名を冠したＰＬＡＮの訓練基地。アンゴラ南西部ルバンゴ近辺に設置された。

※8　ローデシアで開発された小型の対人爆弾。

# 14

# 訓練物語

フィル・ウィルキンスン
Phil Wilkinson

一九八〇年一一月六日。キャノピーを閉めたとき、ホニントンには雪が舞い始めた。かまわずに、後席に座る〝ビッグ・ノーム〟・ロバースンとともに滑走路に向かってみれば、ずらりと並んだ四機とも、イギリスの冬を逃れて旅立つ準備万端だった。私たちは「灼熱の太陽と熱い砂とブランディ・サワー」のアクロティーリに向かうところだった――と言えば、あまりに陳腐な浮かれぶりだったかもしれない。だが、バッカニアの悲劇と退役の危機に彩られたこの年の終わりに、『ウィンター・ウォッチャー』演習は希望の光をもたらすだろうという確かな期待もあった［※1］。

ともあれ、話を少し戻そう。一九七七年春、２３７運用転換部隊《OCU》の教官陣は、六三期生には基地司令候補者および次期指揮官すなわち首席教官が含まれ――どちらにせよバッカニアの乗務経験はなく――半端な再教習を経て乗り込んでくる地上勤務上がりだと判明して以来、悪口雑言飛び交う職員会議で楽しく盛り上がっていたに違いない。実際、自分の〝バナナ・ボマー〟［※2］への導入訓練を振り返っても、今もありありと思い出すのは、公平で善意あふれる教官陣のおかげで、散々な目に遭ったということだ。

会議ばかりでなく、地上でも空でもどこでも教官陣にはお楽しみの余地があった。あら探しのデブリーフ、冷酷なフィルム解析、書式《フォーム》５０６０で示される容赦ない成績評価。研修生のためを思えばこその仕打ちだって？ PPRuNe（Professional Pilots Rumour Network／職業パイロットを対象としたウェブサイト）の〝垂れ流しブログ〟で匿名ブロガーが断言している例がある。２３７０ＣＵは、もともと悪意と不寛容に満ちた体質で、偶発的なミスも容認しなかった、と。かくも多くの手間暇が、かくも少ない〝仲間〟にかけられた、と。これについては、またあとで話そう。

さて、ひとたび定型手順《ルーティン》に慣れると、飛行任務には定型などほとんどないのだということがわかってくる。第一線級の機種にも複操縦式の練習機型がなかった時代に――ミーティア、ハンター、キャンベラ、ライトニングはいずれも複操縦型が登場する何年も前から広く中隊配備されていた――訓練を受けた世代は、バッカニア転換訓練に複操縦式《ツー・スティッカー》が１機もないことを訴えれば、たいていは首を横に振り、チッチッと皮肉な舌打ちをしたものだ。だが、頭を軽く叩かれて「さあ行け、坊や」とやられるのと――古株が新入りを空に送り出すときの例の儀式だが――、後席に教官が納まって、何はなくとも神頼みと絶妙に計算された怒鳴り声と――最終的には――射出座席《マーティン・ベイカー》の黄色と黒のハンドルによって、自身（と生徒）の窮地を乗り切るのとでは、雲泥の差がある。

然り。前席と後席どちらに座っても、その人間にとって人生の転換点になり得る瞬間、すなわちＦａｍ１の話だ。第一回習熟飛行――死ぬまで続くかと思われるような飛行前訓練のあとに立ちはだかっている壁。この一大イベントは、私の場合、筐体駆動式《フルーモーション》のバッカニア専用シミュレーターで二時間の授業《セッション》を七回と、ハンターでの短時間の訓練出撃を三回体験してから、一九七七年一二月中旬、トム・イールズに主任飛行教官就任の景気づけを提供する格好で実現した。私たちは生還した。

それと言うのも、トムが数々の難局を捌いてきた経験の持ち主だったからだ——ただ一度だけ、例の有名な一件があったにせよ［※３］。とは言え、ここではひとつ、こうした〝一本立ち《ソロ》〟にまつわる、すこぶる高揚感に満ちた話を紹介しよう。ＯＣＵ教官陣の質の高さ、なかでも当時アメリカ空軍および同海軍からの交換勤務で、まったく性格の違う機種——Ｆ-４、Ｆ-14、Ｆ-１１１等々——からバッカニアに乗り換えた航空兵の優秀さを強調する逸話である。

一九七九年九月二四日。パイロット練習生キース・ヒルドレッドはＦａｍ１を迎えた。後席の教官は、Ｆ-１１１で北ヴェトナム爆撃作戦に従事した経験を持つケン・アリー米空軍大尉だ。バッカニア部隊に交換勤務となって、ようやく一年経ったばかりだったが、すでに中央飛行学校本部ＯＣＵの認定飛行教官《QFI》による「教官適性検査」を含めて、専門課程をすべて通過済みだった。このＯＣＵは同校のＲＡＦバッカニア部隊の対応窓口であり、一八ヵ月に一度、各中隊を訪れて運用・訓練・管理の水準をチェックする〝引っ掛け屋《トラッパーズ》〟という、ありがたくない大任を引き受けていた。『モンティ・パイソン』の人気コントでお馴染みの「まさかの時のスペイン宗教裁判」［※４］さながらに、彼らトラッパーズの抜き打ち訪問が大歓迎されることはまずなかったが。いや、話を戻そうか。

Ｆａｍ１は、当該機種の性能および機動性の特徴を余すところなく利用できるよう構成されている。この場合、離陸してレイケンヒース～ミルデンホール～ホニントンの一帯に設定された航空交通管制空域を、ＳＩＤ３もしくはＳＩＤ５に沿って抜け、東部レーダー空域に管制移行、フライト・レベル三〇〇に上昇する〔※５〕。高速飛行、続いてエアブレーキの効果確認をかねて最大降下率でフライト・レベル五〇前後へ。それから厄介な飛行形態の実演――低速飛行しながら、降着装置や主翼・尾翼のフラップあるいはドループを下げて徐々に抗力を増大させつつ、種々の容易ならざる機体操作。

すでにここまでで大汗かいたところで、いよいよレーダー進入経路に戻るときが来る。管制からの誘導にしたがって飛行場に二度三度アタックをかけて、目視で場周経路に入り滑走路に突入、着地点を行き過ぎることもあれば、滑走路を外れることもあるが、着陸すれば訓練終了。ところが、キャプテン・ケンとヒルドレッド坊やは、この段階で――吹き出し式フラップ全開で最終進入の旋回半ば――不安定な状況に陥り、人体と機器の穴という穴から蒸気が噴き出し、着陸進入を中断する羽目になった。左舷《原文》エンジン《ママ》が停止したからだ。ブルース・チャップルに言わせれば「そろそろレバーの類を快適かつ目立ちやすく配置しなおすべき頃合いだった」ということになるが。この件は後席のケンの控えめな貢献のおかげで解決したようなもので――つまり彼が冷静沈着だったのは有名な話だ。ここでは彼の飛行日誌の見返しに記された〝グリーン・エンドースメント〟の文言をそのまま引用させてもらおう。

「目視場周飛行の三周目、フラップ全開の最終進入の決定的な段階を迎えて、右舷エンジンが停止。こうした状況における機体救済に必要とされるのは乗員の正しく速やかな対処に尽きる。今回の緊急事態に際して乗員両名は賞賛に値する迅速さと正確さをもって対応、アリー大尉は適正回復手順に則って、未熟なパイロット練習生を冷静に誘導し、片発着陸を無事に成功させた。
　アリー大尉は、着陸までの練習生の機体操作を補助するにあたって、自身の専門技能と判断力をおおいに発揮した。深刻な緊急事態をみごとな手際で処理した証しとして、ここにグリーン・エンドースメントを授与する」

　要するに彼は――いや、両名ともよくやったということだ。そのエンドースメントには、当時の我が空軍司令官デイヴィッド・クレイグ少将――後年、第一次湾岸戦争時には統合参謀総長にして空軍元帥《MRAF》クレイグ卿――のサインが入っている。彼がその地位に就いたのは一九七八年七月。その三ヵ月前の四月二一日、私はＯＣＵの研修課程を修了し、基礎的な技能の強化を目指して一時ドイツに渡りＸＶ飛行中隊で、続いて――やはりドイツのシュレスヴィッヒに分遣していた――12中隊で飛行実習に臨んだ。さらにその間を縫って、ＯＣＵ所属の並列複座の練習機型ハンターの右側座席に座り、教官業務の手ほどきを受けた。左席からブルース・チャップルが穏やかな口調で、初めて右席に座る私を絶えず励ましてくれた。

かくて私は六月八日付けでＯＣＵの指揮を執ることになるのだが、その直前の、気楽な立場でいられた最後の週に、ハンターの〝チャーター便〟を飛ばす任務——早い話が、退任する空軍司令官フィル・レイジスン少将の〝お抱えパイロット〟を務めた。少将は自身に縁《ゆかり》ある部隊を巡り、締めくくりに（アウター・ヘブリディーズ諸島最北のルイス島の）ストーノウェイ基地に立ち寄る計画だった。

六月一日、私は当時の我が相棒《バックシーター》だったスコット・バーグレン米空軍大尉（のちに米空軍少将）とともに、ハンターでフィニングリーに降りた。彼とはコンビを組んで転換課程を一緒に乗り切った仲だ。彼もやはり〝強化合宿〟を済ませていた。つまり、どこでも何でもありの飛行任務についてよく心得ていた。という状況で、フィニングリーの士官食堂で静かに一夜を過ごした翌朝、私は少将を謹んで出迎えた。北上は順調で、航空図にはグリース鉛筆で太い線が書き込んであったので、ややこしい針路のじゅうぶんな目安になった。着陸すると少将をねぎらう厳かな式典が始まり、その一方で私はハンターのエンジン始動用カートリッジを装着すべく、精一杯のけ反って胴体下面ハッチに取り付いて悪戦苦闘していた。結局のところ私は降参するしかなく、強面のヘブリディーズ野郎に「邪魔だ、どいてな」と押しのけられた。私に「手本を見せてやる」と。その彼もまたやり損なったのには大笑いだったが。

ところが、少将が一連の儀式を終え、アルコール付きの海鮮《ロブスター》ランチを楽しんでいるあいだに、ストーノウェイの〝鈑金屋《メタルーバッシャー》〟連中は軟質鋼材を叩いて曲げて、ダブル・クランク形状の工具を即製してのけた。これをカートリッジ挿入部に当てて、こじ開ける。これぞ現場の創意工夫と臨機応変の典型であり、私はおおいに感謝して、この発明品をホニントンに持ち帰ることにした。これを携帯すればハンターT7はいつでもどこでも難なく離陸できるという、まさに現場開発の工具の見本として、我が基地の技師たちにも見せよう、と。もちろん、少将閣下も忘れずにフィニングリーに送り返してさしあげた。少将閣下は離陸後すぐに船を漕ぎ始め、スロットルや操縦桿その他いっさい、手を触れようという素振りも見せなかった。おかげで長閑で平和なコクピットだった。フィニングリーで待っていてくれたスコットを拾い、私たちはホニントンに戻った。ハッピー・アワーにちょうど間に合った――金曜日だったのだ。と言えば、それ以上の説明も必要なければ、こうした金曜夜のあれやこれや、いちいち例を挙げるまでもないはずだ！

　このように入念な準備期間を経て、私は晴れて２３７ＯＣＵの指揮官となり、その直後――一九七八年七月――クレイグ少将が第１航空団司令官の地位に就いた。就任早々に彼は賢明な判断を下し、ボートリーで側近に囲まれてただ座っているのではなく、勇ましい部下たちが殺到している機種について知識を得ようと、自らに速習コースを課した。明らかに正規の転換課程までは必要なかったが、どのみち彼が本式の研修に参加するだけの時間を確保するのは不可能だったということもある。そこで、簡略化された一対一の地上講習プログラムが組まれて、シミュレーターでの〝出撃〟のほか、二～三回のハンター実習も設定された。そもそも一九五〇年代半ばにさかのぼれば、クレイグ少将は２４７飛行中隊のハンターのパイロットだったのだが、その素晴らしい特徴を改めて思い出させる実習については、おおいに乗り気だった。もっとも、ＯＣＵ所属のハンターは――バッカニアの帯状表示式の対気速度計その他の統合飛行計器システム《IFIS》表示装置《ディスプレイ》への導入・習熟訓練用として――計器板の左側に、バッカニアの計器板を模した大幅な改造が加えられていた。少将はバッカニアの乗務経験はない。しかも、バッカニアのコクピットの内装は、例のなかなか厄介な代物だ。

という次第で、少将が特例のＦａｍ１に臨んだその日――ちなみに後席はトム・イールズ――、標準警告パネル《SWP》のテストスイッチとエンジン火災消火装置の作動ボタンがごく近い位置にあることが仇となったか、いわゆる〝不運の法則《ソッズ・ロー》〟［※6］が働いて、消火剤がエンジン内部に流れ込む事態となった。地上員がたちまちこれを処理し、代替機が用意され、いとも速やかに離陸準備が整った。ところが地上員一同、愕然とした。少将閣下がまた同じことをやらかしてくださった。結局、これもうまく対処され、代替三機目で短時間ながらも訓練出撃が計画どおりに実施された。少将は意気揚々とラダーを下りて、一服しようと飛行員待機所に向かって来る。少将のバッカニアとの〝出会い〟を祝福すべく、私は格納庫の外で待っていた。だが、ちょっと待て。分散駐機場を矢のごとく突っ切って来る、あれは誰だ、何の騒ぎだ？　両手を広げて出迎える私の前に少将が立つ、その夕イミングを狙いすましたかのように割り込んで来るのは？

　我がＯＣＵの技術准尉はジョン・マクベインだ。Ｍｒマクベインは、小男ながら頼もしき部隊の屋台骨だった。ホニントン基地の〝堅牢化〟が始まるはるか以前から、彼はＯＣＵのために受動的防衛態勢の強化をひそかに立案し、実現に腕をふるってきたが、このことは彼の任期終了時に勲五等大英帝国勲章《MBE》として実を結んだその才能――先見の明と実行力――の一端に過ぎない。彼は部下たち――とりわけ〝フレムス《Flems》〟こと飛行列線整備員《フライトライン・メカニクス》を駆り立てる現場監督だった。みんな彼を尊敬していたが、彼の容赦ない叱責を食らうのを恐れてもいた。陰では彼のことを、当時の峻厳さで知られた某国の宗教指導者の名前をもじった〝浣腸師〟なる渾名で呼んでいたほどだ。下働き組としてはせめてもの抵抗だ。そして、その彼らも互いに競いあって技術水準の維持に努め、独自の〝表彰制度〟を設けていた。その週にいちばんの失態を演じた整備員に贈呈される『今週の浣腸大賞』がそれだ。

　この栄えある賞のトロフィーは、本物の便座を額縁にして台紙代わりの合板をはめ込み、本人の写真を貼り付けて作成される。その時、少将閣下に向かって突進して来た一団は、まさにそれを抱えているように見えた。連中が少将の「無能を讃えて」あの便座トロフィーを捧げた瞬間、私のキャリアはおしまいだ。あっけなく地位を追われる自分の姿が見えた。あいつらがここに乱入して来る前にと、私はそそくさと少将を出迎えて握手を交わした。それから気がついた。彼らが携えているトロフィーは、いつものと違うことに。少将閣下が二度目の不手際――消火剤誤放出――をやらかしてから、ものの小一時間かそこらで、彼らはきれいにニスをかけた板材（便座じゃなくて本当に良かった！）を台座にして消火器のボトルを据えたトロフィーをこしらえていた。受け取った少将が、にやりと笑ってみせながらも、恥じ入っているらしいのがわかった。私たちの――と言うか私の――クビは何とかつながったようだ。やれやれ。フレムス諸君、お見事だった。

こうした〝習熟〟コースを担当するほか、我がOCUはさまざまな広報活動も請け負って、地元の名士やら航空分野の報道関係者やらを――通常はハンターに――乗せて飛ぶのも仕事だった。さらに、時には〝特別任務〟が持ち上がる場合もある。私が特に鮮明に記憶しているのは、『炎のランナー』で知られる映画監督ヒュー・ハドスンと飛ぶことになった一件だ。このとき監督は、『オープン・ゲート』演習に参加する12中隊をヴァンゲリスの音楽に乗せて紹介する、傑作の誉れ高いドキュメンタリー映画を撮っているところだった。彼はバッカニアが演習の標的艦HMS『ケント』に画像《TV》誘導ミサイル『マーテル』を発射する一連の流れを、後席のモニター画面越しに捉えた映像を欲しがっていた。となれば『ケント』に向かって低空進入のシーンは外せない。正確を期したい、と彼は言った。そのために自分がカメラマンを務めるのは当然だ、と。私の飛行日誌によれば、この任務は一九七八年七月二四日、ウォッティシャムから実施されている。確か、このときホニントンの滑走路は補修作業のため閉鎖されていたように思う。今でもはっきり憶えている。ハドスン監督が肩にかついでいたカメラのごつかったことと言ったら。射出座席のトップハンドルを今にも引っ掛けそうで、ぞっとした。私は念入りに事前説明した。座席周辺機器にくれぐれも注意するよう、それはそれは懇切丁寧に。さらに、万が一の事態――緊急脱出――に際しては、カメラを守ろうなどとは決して考えないでくれ、と。

ともあれ私たちは、イギリス海峡を通過する『ケント』の予想針路図をもとに、快晴の午後、一六一〇時に離陸して真っ直ぐにマンストン上空を過ぎ、同艦の最新の位置情報を得て高度を下げた。きっと海軍の連中は大笑いしていただろう。およそ二〇分後、私たちが『ケント』を発見したとき、それはいるはずの位置から六五マイル離れた海上を航行中だったからだ。時間も燃料も切迫していたが、バッカニアは進入開始点に集合し、もちろん認可された〝低高度〟に入って、典型的な四八〇ノットで『ケント』の側面に迫った。ただ、衝撃回避のための引き起こしのタイミングがずいぶん遅かったように感じられた。ところが、ハドスン監督にはさらなる思惑があったらしく「最後にもう一回行こう」ときた。と言われましても、と私は思ったが。それでも何とかやり遂げて、私たちは空っぽの燃料タンクとともにウォッティシャムに降りた。完成した映画のラスト・シーンには、『マーテル』の（シミュレーター内の）モニターを見ているときの、酸素マスクにこぼれ落ちそうに大きく目の玉見開いたジョック・フリゼルの顔のアップを織り交ぜて、その最後の爆撃進入の数秒間が映しだされていた。自分が引き起こしをあれ以上に遅らせてはならなかった、危ないところだったというのも、はっきりわかる映像だった。
　これ以降も、女王陛下の英国海軍とは遭遇の機会があった。一九七九年六月、軍事航空ショー『エア・タトゥー』に参加するため、三機でグリーナム・コモン空軍基地に向かったときのことだ。その途上で私たちはＨＭＳ『ブレイク』にちょっかいを出して、その結果、正式な警告処分を受けた。三日間の大暴れの後、私たちは〝優等生部隊〟として飛行計画を通報して離陸滑走許可を要求し、帰路に就いたのを憶えている。

　一九八〇年、本章の冒頭で触れた〝悲劇〟の後、数ヵ月間は、航空監視パネル《ASP》の画面も空もハンターばかりだった。『レッドフラッグ』開催中のネリス基地を飛び立ったところで、ケン・テイトと〝ラスティ〟・ラストンが命を落とす事故が発生したのは、同年二月七日のことだった。バッカニア全機が飛行停止となり、その運用継続の可能性を探る調査が実施されるなか、当該機配備の五個中隊と我がＯＣＵは部隊存続のため、細々と飛行訓練を続けた。私は第1航空団との協議を終えた基地司令ロン・ディック大佐の指示により、あと何機のハンターを確保し、飛ばせるかを調査した。その結果、追加の複座機はすぐにも手配されることになったのに続いて、二月二八日、私は我

237OCU所属ハンターF6上のフィル・ウィルキンスン。1980年6月

がOCUの下級技術将校《JENGO》ポール・ルームを伴って、ケンブルに飛んだ。同基地の整備部隊を訪れ、放出された一群の単座機を補修の必要度合いに応じて仕分けするために。ほどなく、OCUカルテット――ハンターT7AとT8B計四機――は、複座一六機と単座六機にまで拡張した。さらに、パイロットのなかでも〝遣り手〟の何人かはブローディに出張して、ハンターF6シミュレーターによる速習コースを受けた。

ただ、我が地上員は急激に膨張し混雑するOCU飛行列線の整備と運用支援に奔走するかたわら、各中隊の技術陣を監督するという業務も背負い込むことになった。結局、各中隊がこれらの追加機体の何機かを引き受けてくれて、伝統ある爆撃機中隊のひとつ12中隊などは〝自分たちの〟F6の機首にあの〝キツネの顔〟を描き入れていた。パイロットの腕は維持された一方、航法士は地図とストップウォッチの世界に逆戻りだった。とは言え、基本的には全員それなりに訓練を楽しんだ。六月には毎年恒例の基地祭を控えていたということもある。基地司令の許可が下りて、ハンターも堂々これに参加することになり、基地所属の中隊三個（前年に再編された２１６中隊はバッカニア中隊という彼らの新しい立場を死守すべく奮闘中だった）が儀礼飛行にそれぞれ三機編隊を出したほか、ＯＣＵは四機編隊の『グリーンマローズ』を結成して一度限りのショーを披露した。

　このときはジョン・マイヤーズ（以前からジム・クロウリーと組んでバッカニアの展示飛行パイロットを務めてきた経験があり、のちに『レッドアローズ』に移籍する）が複座ハンターで編隊をリード。相棒はアメリカ空軍の流儀をこの現場に持ち込んだスコット・バーグレン。編列僚機にもアメリカ勢が加わり、二番機はケン・アリーだった。キース・ハーグリーヴズが三番機、ここに私は四番機として滑り込んだ。私たちの演技は統制がとれていながら縦横無尽だった。最後は引き起こしから急上昇散開《アップワード・ボム・バースト》に移り、二番機と三番機はロールを打ちながら左右に分かれ、私はそれをやり過ごして、その航跡を越えてから、場周経路のダウンウィンドに入った僚機に加わり、きれいに間隔を維持した流れるような連続着陸で終了。みんな呆けたように笑いが止まらなかった。任務完了だ。

こうしたハンターでの活動は、全バッカニア部隊にとって、運用継続が承認されたときに――機体数は減らされたとは言え――スムーズに復帰するうえで確実に有効だった。通常の訓練サイクルに戻って、ヒルドレッド青年と一緒に飛んだことを思い出す。飛行停止期間中は訓練中断となっていた彼のＦａｍ１のやり直しにつきあって、私が後席に座ったのだった。と書いていて、たった今気がついた。これは一九八〇年九月二四日のことで、彼がＦａｍ１に挑んでエンジン停止のトラブルに見舞われたのは、そのちょうど一年前の同じ日だった。厳密な訓練計画に、験担ぎの入り込む余地はないというわけだ。

基礎転換訓練も速やかに再開されて、その業務が再びＯＣＵの勤務時間の九五％を占めるようになった。そして、私がまだ指揮官在任中に、ＯＣＵは創設一〇周年記念日を迎えようとしていた。その日の朝の作戦・気象連絡会議の席上、私は議題の一部として、ある統計表を提示する機会を得た。いつもは各飛行部隊の指揮官が、航空団の要求課題に対する前の週の達成状況や、翌週の計画等々を報告することになっている。この日、私はヴューフォイルを使って説明した（年若い読者のために説明しておくが、これはオーヴァーヘッドプロジェクターの投影装置の上に置く透明な合成樹脂のシートで、このとき、それに描かれた図表が大型スクリーンに拡大投影されると、聴衆つまり肘掛け椅子にだらりと身を沈めた飛行員たちも驚いて身を乗り出した）。

そのヴューフォイル（ＯＨＰシート）に載っていたのは素っ気なくも単純な統計数値に過ぎなか

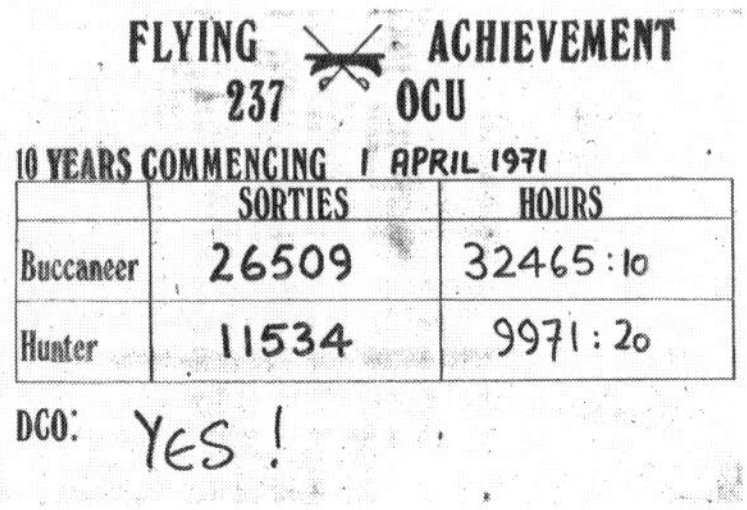
FLYING ACHIEVEMENT
237 OCU
10 YEARS COMMENCING 1 APRIL 1971

| | SORTIES | HOURS |
|---|---|---|
| Buccaneer | 26509 | 32465:10 |
| Hunter | 11534 | 9971:20 |

DCO: YES !

237OCUの飛行時間

ったが、それこそが部隊の飛行時間を雄弁に語っていた。例のPPRuNeの連中が言い立てていることは正しかったか？　かくも多大な手間暇かけておきながら、それに見合うだけの成果を現場に提供できなかった、か？　私はそうは思わない。創設以来一〇年、OCUは全面転換訓練の実施を業務の中心とし、そこに心血を注いできた。そして、同じ一〇年間でRAFのパイロット一六八名がこの課程に参加した。航法士は一七六名だ。さらにアメリカ空軍からはパイロットと航法士各七名、同海軍からはパイロット四名と航法士六名が参入、通過している。（付け加えると、一〇周年記念日の直後には、私たちはオーストラリアから初の交換クルーを受け入れた。これはデイヴ・クレランド-スミスやティム・アーロンといった面々にオーストラリア空軍でF-111を操縦する機会が提供されたことへの返礼だった。ちなみにF-111はTSR-2の代わりに導入が予定されていたのだが、結局はバッカニアを前にして退散となった。まあ、そんなものだ！）

　それらの長期間におよぶ教育課程では、参加飛行員の専門技能の習得に関わる主要課目に絶対の重点が置かれたのと並んで、教官や地上整備員のためにも時間が割かれた。専門技術者や養成校既卒者の実習支援、兵器教官や計器評定官の育成、さらには、いわゆる〝大物〟諸氏の体験飛行コースその他諸々。こうした基礎転換訓練や再教育、専門飛行訓練をあわせると、課程通過した飛行員は計六一二名――パイロット三三二名、航法士二八〇名――にのぼる。一方、課程の要求水準に到達できず脱落したパイロット二〇名、航法士二〇名。率にしてパイロット六%、航法士七・一%だ。つまり私が言いたいのは、育成成功率おおむね九五%とは、OCU職員の飛行員約一〇〇名と関係地上員一〇〇〇名余りの、その一〇年間の仕事ぶりを端的に示す数値ではないかということだ。

237OCU指揮官としてのフィル・ウィルキンスン最後の飛行に、ジョック・フリゼルがまっさきにシャンパンを分かち合う

まさしく〝勇武と厳格《パナシュ・エ・プレシジョン》〟だ。それが237OCUのモットーだった。

そして一九八一年六月五日、私はついに指揮官の任期満了の日を迎えた。最後の飛行を終えて戻った私に、シャンパンのグラスが差し出された。すると――私と一緒に飛んでくれたのはロン・ピーグラムだったのだが――一〇〇ヤード向こうからでも酒の匂いをかぎつけるジョック・フリゼルが（数週間前の仮装パーティーの名残のパーマ頭を振り乱しながら）

すかさず割り込んできて、彼と乾杯することになった。その晩の仕切り役は私の後任のデイヴ・マリンダーだ。金曜日だった。週明けの月曜日の朝、デイヴの着任初日、私が基地司令の執務室で別れの挨拶がてら雑談に興じていたとき、一機のバッカニアが滑走路を離れた直後に射出座席を使う騒ぎがあった［※7］。思えば私は、一度の事故も重大インシデントさえもなく、三年間を乗り切ったのだった。偉大なる神よ、感謝します！

※1 この「悲劇」は一九八〇年初頭の『レッドフラッグ』演習で、バッカニアが金属疲労による主翼脱落～墜落事故を起こしたことで、同年二月以来、RAFのバッカニア全機が飛行停止処分を受けた件を指す。後述。
※2 バッカニアがブラックバーン社で開発途上にあった際、書類上はBNA（Blackburn Naval Aircraft）あるいはBANA（Blackburn Advanced Naval Aircraft）の秘匿名称が使用された。これが〝バナナ・ジェット〟というニックネームにつながって、現場のパイロットのあいだでもそう呼ばれたという説がある。
※3 第5章参照。
※4 「まさかの時の～」：一九六九年からBBCで放映された伝説的お笑い番組『空飛ぶモンティ・パイソン』の第二シーズン第二話、コント進行中に唐突に乱入する緋色の僧服三人組が叫ぶ台詞。そのあと〝我らの武器は二つ、恐怖と不意打ち、そして……〟と続く。
※5 SIDは標準計器出発方式の略。計器飛行方式で離陸する航空機が、目的地へ向かう経路に合流するまで各空港ごとに定められた経路。
※6 〝ソッズ・ロー〟は〝マーフィーの法則〟のイギリス風の言い方。しくじると予期されることは案の定しくじるものだ、などの悲観的・警告的経験則をそれらしく命名したもの。
※7 第6章参照。

# 15

# バッカニアの領分

ロブ・ライト

Rob Wright

　時は一九七九年――と言えば、私はF-4Jファントムのパイロットとして、アメリカ海軍に交換勤務中だった。当時の飛行日誌を見てみよう。四月四日のページには次のような記入がある。ヴァージニア州オシアナ海軍航空基地付属空戦演習場にて、VF-43〝模擬敵《アグレッサー》〟飛行隊のスカイホークと四対四・空対空の戦闘訓練に出撃、と。ところが、さらにページをめくって六月八日。何と、わずか二ヵ月後に私は新たな世界に足を踏み入れている。ホニントン基地より、バッカニアS2シリアル番号XT283で第一回目の習熟飛行に出撃、後席はケン・アリー米空軍パイロット――。私は彼の生徒第一号だった。ということで、実は彼が自分より神経質になっているのではないかという懸念がありつつも、何のことはない、かく言う私も彼とご同様、いわばお互い様というところだった。

　自分が意外にもバッカニア部隊へ転属することになったのを、もとハンターおよびファントム乗りたる私は複雑な心境で受け止めていた。さかのぼって一九七二年、私は西独ブリュッゲン駐屯の17（戦闘機）中隊に勤務中で、我が中隊はラーブルック駐屯の〝バッカニア・ボーイズ〟とは実にうまくつきあっていたが。さらに女王陛下の在位二五周年のジュビリー・イヤーだった一九七七年には、やはり交換勤務組としてオシアナでA-6イントルーダーを飛ばしていた海軍のバッカニア航法士ブライアン・ジャクスン-ドゥーリーとともに、空母『アークロイヤル』の艦載機部隊の受け入れを手伝ったこともある。892および809飛行中隊は、退役を控えて最後の航海中だった

『アーク』がジャクソンヴィルで演習を実施し、ボイラー補修の必要が（またしても）生じてヴァージニア州ノーフォークに図らずも入港した際、一週間ほど艦を離れ、海軍航空基地《オシアナ》に展開して訓練しなければならなかったからだ。『アーク』は母国イギリスを目の前にジブラルタルまで何とか辿り着くのがやっとの有り様だったが、それでいてバッカニア部隊（および『アーク』の全艦載機部隊とそのクルー全員）の良き評判は、彼らの赴く先々で、確実に彼らを先回りして鳴り響いていた。

ほとんど実感は湧かなかった。そのバッカニア部隊という兄弟の紐帯《バンド・オブ・ブラザーズ》に、自分が加わろうとしているとは。てっきり次の転属先はジャギュア部隊かと期待していたのだが、予想は外れた。もとバッカニアのパイロットで、ワシントン駐在の我ら交換勤務組の大隊長（今や社交界の仕切り役）グレアム・スマートが、この忘れがたい『アーク』展開中にひょっこり訪ねて来たのだ。おおかた彼もこの人事に絡んでいたのだろうが。米国海軍で三年間を過ごした私に思いがけず告げられたのは、私を２０８飛行中隊の副中隊長に推すとの計画だった。ちなみに２０８の中隊長《ボス》の座には、歴代で初めて高速ジェット機バッカニアの航法士が納まっていた［※1］。まさか航空大臣が水晶球で占って今回の人事を決めたわけでもあるまい、とは思ったが、いやいや、案外そうだったのかもしれぬ。

２０８に赴任して二年も経つと、私はすっかりバッカニア贔屓になった。この時期は海外遠征が

1980年『メイプルフラッグ』における、カナダ軍基地コールドレイクの飛行列線。

盛んに実施された。ネリス米空軍基地やカナダのアルバータ州コールドレイク基地をはじめ、ノルウェイ北部やドイツ、サルデーニャ島デチモマンヌ、キプロス。バッカニアはこれまで私が出会ったあらゆる機種を凌駕していた。特に基地を遠く離れる場面では。まずはその異例の航続距離だ。増設タンクと空中給油でそれがさらに延びる。そして、ずば抜けた積載能力、コクピットの快適な居住性、すぐれた運用性。おまけにあらゆる環境に抜群の適応力を発揮した。ノルウェイ北部への長距離任務でブーダー空軍基地の一面の圧雪上に着陸するのであれ、磐石の兵器演習場として定評あるサルデーニャ島キャパ・フラスカに爆弾を落とすのであれ。

航法関連機器は揃ってちょいとした年代物《ヴィンテージ》だったが、じゅうぶんに働いてくれた。後席に座るはまさに驚異の男たち。対地測位表示コンピューター《GPIC》という新式の魔術と種々の旧式の機器を駆使して、奇跡を呼び起こした。

今でもありありと憶えているのは、事前に計画された飛行場爆撃演習に臨んで、ラーブルック基地の管制塔を呼び出したときのことだ。飛行は中止せよと応答があった。飛行場周辺の天候が怪しかったからだ。だが、我が編隊はすでに高度二五〇〇フィート、飛行場まであとわずか一分の位置にあって、そのまま強行するほかなかった。基地がもっぱらレーダー捕捉に終始する一方で、私たちの爆撃演習は大成功だった。後席の男《GIB》すなわち航法士の技量の、これが何よりの例証ではなかろうか？

高速・低高度の条件下では、自分が飛ばしたなかでバッカニアが最高の機種であったことに疑問の余地はない。燃料が続く限りは高速を維持できる。巡航速度は四八〇ノット、目標突入時は五四〇、離脱時は五八〇ノットだ。ことによると、私たちクルーが把握していたよりも、もっと高速が期待できたかもしれない。

オシアナを離れて二年、飛行日誌のページを一九八一年五月までめくってみると――それが私にとってはバッカニアとのつきあいの最後の年だったが――、私は『メイプルフラッグ81』の総仕上げに際し、アルバータ州のカナダ軍基地《CFB》コールドレイクから一斉出撃する八〇機の先頭に立っていた。この難易度の高い演習に先立って、我が中隊はロッシマウスで二週間にわたる超低高度《ULL》訓練を完了させており、全クルーが地上一〇〇フィートでの機体運用に熟達していた。それに続いて、コールドレイクに赴いてからも一週間の適応訓練が課された。私たちにはＵＬＬ飛行は至って快適だった。何でもかかって来いという気分だった。バッカニアはきわめて高性能の機種であり、それを運用する中隊には膨大な量の戦術的知識と経験の蓄積があり、全員――飛行員も地上員も、自分たちがその分野の頂点に立っていると実感する。これはたいした高揚感だった。

コールドレイク航空兵器試験場は、広さにして約一〇〇×四〇マイル（飛行時間にして一一×四分）といったところだが、周辺地域はＵＬＬ解禁の広大な無人地帯だった。あたり一帯、ひねこびたシダレカンバの原生林に覆われ、無数の湖が点在する。そこはネヴァダの砂漠の『レッドフラッグ』開催地ほど魅力的とは言いかねたが、我が中隊の日頃の作戦地域である北ヨーロッパに似かよった地形なり目標なりの上空でリアルな演習を展開するには好都合だった。

試験場にはレーダー発信装置をはじめ、（回避すべき）対空砲陣地やダミーの戦車群、（攻撃目標の）飛行場が連なり、はるか南で開催される〝姉妹演習〟たる『レッドフラッグ』で見られるような目標併設の得点表示設備は欠いていた一方で、ここの自由な飛行環境は特筆に値するものだった。

五月一四日、バッカニアＸＸ９０１で参加した出撃については今も鮮明に記憶している。それまでの充実した二週間は、この日の大編隊出撃で大団円を迎えた。私はその先導機を務めるという名誉にあずかり、また、その出撃により時間調整技術が格段に向上した。

私の後席はロジャー・ストーン、七機のバッカニアを率いて、私たちは主力部隊に先駆けて離陸した。機首を北に向け、試験場の北およそ三〇〇マイル――と言えば期間中の数々の演習のなかで

TAXYING out for action . . . 208 Squadron's Buccaneers

THE NOSE of a Buccaneer and an F4 Phantom in front of a line-up of F16s and A7 Corsairs.

# Fantastic! Buccaneers take the honours

ARRESTING moment for 208 Squadron commander Graham Pitchfork during a visit by members of the Royal Canadian Mounted Police

**NORMALLY an operational pilot would not expect to discuss tactics with the enemy — still less in a friendly, relaxed atmosphere over a pint in the bar.**

But the apres-battle discussion between friend and foe is a very important part of the 'war' fought in Canada during May. In reality, of course, it was an exercise, named Maple Flag, planned to produce conditions as close as possible to actual combat.

More than 100 aircraft from Canada, America and Britain were taking part in the seventh Maple Flag over the Primrose Lake Air Weapons Range, which spans 100 miles by 40 miles of wild forests and lakes of northern Alberta and Saskatchewan. The Canadian Armed Forces base at Cold Lake, Alberta, hosted the aircraft and 800 personnel.

Buccaneers of 208 Squadron, Honington, were taking part together with United States Air Force F4s, F15s, F16s and A7s and Canadian Armed Forces F101s, F104s and F5s, in various combinations as friends and foes.

Providing full-time opposition were the 57th Fighter Weapons … fighters simulating Russian weapons and using Russian tactics the freedom to operate down to 250 feet over an area four times as large as the British Isles.

In all, 1039 sorties were flown by Maple Flag aircraft during the first two weeks (the first time that the 1,000 sortie in two weeks had been passed). A planned 2,080 sorties were planned for the whole month. The Buccaneers, which took part in only the first two weeks of flying completed 115 of their 118 assigned sorties.

Some units, squadrons and individual aircraft, like the Buccaneers, wre rotated during the exercise. At any one time …

RAFニュースの記事（RAFニュース編集部提供）

も圧倒的な長距離――の攻撃発起点を目指し、高度一〇〇フィートを広い戦闘隊形で飛行し続けた。私たちに随伴するのは米州兵空軍のA‐7D部隊で、私たちのはるか上空を飛びながら、囮《おとり》として〝敵空軍《レッド・エア》〟を引きつけつつ試験場周縁に誘導する。その間隙を縫って私たちが別の方角から突入し、攻撃本隊がすぐあとに続いて、間髪入れずに総攻撃を展開する。

　A‐7Dもスペイ・エンジンを搭載しており、その航続距離は戦闘機（この場合F‐16）を凌いで、相手を燃料切れに追い込むことも狙えるほどだった。迎撃されたA‐7D部隊は急旋回に次いで急降下し、F‐16を引き離したうえで方向転換し、目標到達指定時刻を守る。このプランは図に当たり、私たちは首尾よく試験場に忍び寄った。

　爆撃進入開始とともに機体のスピードを上げて、五四〇ノットまで加速。一マイルを七秒で飛び抜けると高度一〇〇フィートでも森や湖はすべて滲んで見える。湖の上を飛ぶのは避けて（上空から発見されやすい）、目標とする飛行場施設群に接近し、敵火に捉まらないよう立体的に蛇行しつつ、飛行場が照準圏内に入ったら爆弾倉を開き、八機のバッカニアは各機あらかじめ選定した照準点に向かう。全機が飛行場に殺到するからには交錯に要注意で、全機が衝突回避に務め、地平線まで見通せる平坦な地形の其処此処で、この大編隊を構成するF-111、F-4、CF-104そして我らが友人A-7Dの各隊が、地対空ミサイル施設や車列、弾薬庫などそれぞれに割り当てられた関連目標を襲うのが確認できる。全隊が目標空域で縦横に協調連携する。ほんの数分間の出来事だ。アドレナリンの奔流、目標命中、回転式爆弾倉を閉鎖、離脱のため五八〇ノットに加速、機織り機動《ウィーヴ》あるいは三次元蛇行機動《ジンク》、捕捉される、さらに強烈にジンクをかける、捕捉を振り切る、これと言って特徴のない風景のなかで目印になる――周囲の森の木々から頭ひとつ抜けてさらに三〇フィートの高さまで突き出ている――〝一本松〟を探す、試験場空域の境界に達する、自分たち《バッカニア》にとって危うい時間帯に入って、両側面から現れる掩護チームを目で探す。このとき無線交信は不要だ。同僚たちに対する信頼のみ、彼らは必ず来る、予定の時刻・正しい位置に、広い戦闘隊形で交差掩護を展開するために。当該空域の境界に達すると同時にスロットルを戻し、四二〇ノットで五〇〇フィートに上昇するが、これが一万フィートにも感じられる。減速感も顕著で、ひょいと外に飛び出して歩いて帰れるのではないかと思えるほどだ。

コールドレイク基地に帰還すると、集団デブリーフが待っている。ヴィデオ検証が始まる。綿密な計画にもとづいた効果的連携、抜群の低空飛行戦術、巧みな回避機動の技術、数機の〝撃墜〟、バックは〝被撃墜〟なし、目標命中、素晴らしい成績。アメリカ空軍の戦術航空軍団の司令官から祝福の言葉、視察に訪れていた我が空軍参謀総長の前に全員整列。我らイギリス空軍バッカニア部隊が他をリードする高度なプロフェッショナル集団であることが認められる。旧式化が囁かれる〝バナナ・ジェット〟はよく働いてくれた。

その二日後。中隊はグース・ベイに向かう途上にあり、経由地のCFBトレントンでクルーの給養や給油を実施して(今思い返すとほとんど信じられないような話だが)中隊全機が九〇分あまりで順次連なって離陸、グースへの旅を再開した。そのころ、私たちの地上員はハーキュリーズで私たちのあとを追いかけて来ている最中だった。私たちはトレントン基地の友人たちの質の高い熱心なサポートのおかげで、彼らを待たずに済んだ。その夜、私たちはグースに到着し、たっぷり二四時間の休息を取り、たっぷり給油を受けて、信頼してやまぬ優秀なヴィクター給油機の同僚たちとともに帰国の途につき、五時間後にはホニントンに帰着した。私たちはたまたまツキに恵まれたということに尽きるのだが、コールドレイクからいかにも易々と撤収したというのは、第1航空団司令部には印象的な快挙と映ったに違いない。私自身、その後のトーネード乗務時代を振り返っても、大規模演習からの撤収がかくもうまく運んだ経験はなかったように思う。このとき私たちは確かにくたびれ果てていたが、任務の大成功にはおおいに満足し、自分たちが専門技能の頂点を極めたという実感があった。それというのもスコットランドでの事前演習の成果、『レッドフラッグ』の経験と今回の『メイプルフラッグ』参加、決断力と優秀な機体と優秀な組織あったればこそだ。

　私たちにはそのすべてが欠かせなかった。と言うのも、着陸した私たちを待っていたのは、第1航空団司令官マイク・ナイト空軍少将からの「おめでとう、諸君はロッシマウスの戦術爆撃競技会《TBC》に参加することになった」という伝言だったからだ。そのこと自体は問題ではなかった。それが私たちの到着のどさくさ紛れに急遽決定されたもので、しかもこの権威ある競技会の開催まで二週間しかないと告げられるまでは。さて、どうするか。今から通常の事前演習を組むか？　まさか！　だが、我が中隊のモットーは「我々は眠らない」であり、であるからには可能な範囲で最善の事前演習を実施するのみだった。というわけで私たちはリラックスして、例のイギリス特有の天候に対する勘を取り戻すことだけを心がけ、もっぱら自分たちの特殊技能の微調整のためだけに数発の投弾訓練を実施することにした。

　ただ、残念ながら私は訓練過多の状態にあった。ＴＢＣ開催地のロッシマウスを目指す途上、カウデン射爆場の目標に接近しつつあるところで、つい無意識に爆弾倉を開いてしまうほどに。いや、それは爆撃任務中のバッカニアの標準的な運用手順なのだが、爆弾倉のラックに八機のクルーの手荷物を満載しているときに実行する手順ではない。このとき私は主翼下に爆弾を吊っていたのだった。もっとも、いつだって何かしら救いはあるものだ。詰め込んだ手荷物のうち、二個が海上に落下しただけで済んだ。ただ、その二個というのがよりにもよって我がボスと我が航法士のスーツケースだった。後日、彼らがそれぞれ保険支払い請求を出したあと、保険会社から異例の問い合わせがあって、ふたりの着道楽の伊達男ぶりがおおいに話題になった――高級オーダーメイドとバッカニアの航法士というのは、確かに普通は結びつかない取り合わせだ！

　こうして私たちは『メイプルフラッグ』の勢いを保ったままスコットランドに飛んで、競技会に臨んだ。対戦相手はまさに売り出し中の若手が操縦する新品おろしたてのＦ-16――パイロットは今回のデビュー戦（売り込み戦？）に備えてヨーロッパ地域で三ヵ月の事前演習を乗り越えてきた特別選抜組――だった。ＲＡＦドイツのジャギュア部隊、在欧アメリカ空軍《USAFE》のＦ-１１１部隊も、この難易度も注目度も高い競技会に参戦している。これは非常に刺激的かつ現実的な競技会であり、スペイディアダムおよびオッターバーン射爆場に設置された戦術目標を目指して爆撃の成否を競うというものだった。いずれも指定の進入路はライトニングとファントムのチームによって守りが固められている。評価はポイント制で、〝被撃墜〟と〝撃墜〟それぞれに対して、そしてもちろん成功した爆撃に対してもポイントがつく。目標は飛行場と種々の車両群から構成され、すべてがレーダーや対空監視員、複数基のレイピア発射ユニットによって――実際、過剰なまでに――防御されていた。

競技開始の最初の出撃では、全参加部隊が、連なる谷伝いに目標施設群の両端から接近するという定番の連携攻撃を実施することが多い。だが、これを想定済みの空軍連隊レイピア中隊は、きわめて用意周到に待ち構えていた。一連の試技に出撃するにあたり、私はロジャー・ストーンとともに編隊長機を務めた。一緒に飛ぶのはエディ・ワイヤー、その後席は我らがボスのグレアム・ピッチフォーク、それからジェフ・フランコムとチャーリー・ライトン組、テリー・ヘイズとジョン・プラム組だ。

最終戦に発進する頃には、我がチームは衆議一決した。何か違うことをやって、レイピア部隊を黙らせよう。今までの定石を破って、南側から仕掛ける。尾根を越えて、五〇〇ノットの〝ワジ〟編隊（とは私の駐中東ハンター部隊時代からの言い方で、二五メートル間隔のいわゆる〝フィンガー〟編隊のことだが、後席からはそれよりとんでもなく密だったとの声があがっている）でメイン会場の谷を横断してクラスター爆弾による攻撃に臨み、射爆場北側の南向き斜面に展開した車両群に一斉投弾すると決めた［※2］。

目標に向かって、私たちは特徴的な森林地帯の境界を辿って飛び、四機が一体となって尾根をかすめるように飛び越え、投弾高度まで急降下し、目標を発見すると全機が私の合図に応じて投弾した。その後ただちに目標から離れ、各機それぞれに回避機動の〝我が道〟を選択した。我ながらこれは飛行機乗りとして体験した、最高に驚異の一〇分間だったと思う。編隊を維持し、全機揃って効果的投弾を果たして（判定官によれば目標は完全に破壊されたとのこと）、離脱、ウィービング、ジンキング、紛れ込み《ハイディング》など個々に回避機動を取り、想定時刻には再び編隊を組んで帰還。

この間、言葉はほとんどひと言も交わされなかった。私たちは相手の戦略や能力についての、あるいはチームのメンバーが各自どう動くかについての、身に染みついた理解と認識を軸に〝敵〟戦闘機に対処した。主翼を振って合図することで、あるいは低高度にとどまる、互いに掩護する、必要に応じて散開し、場合によっては別々の谷を飛び、予定時刻に再び集結することで。私たちはロッシマウスに機首を戻しながら、ここでもまたとてつもない達成感を味わっていた。首尾は上々、大成功だ。我が編隊の誰ひとりとして、この出撃のことを忘れられるものではない。

デブリーフで流されたレイピア側のヴィデオには、次のような音声が収録されていた。「奴ら来るぞ、聞こえるんだが……姿は見えない……」これに続いて悪態が聞こえ、耳をつんざくような轟音がただ一度、あとは沈黙。それで決まりだった。逆に我がチームは空対空も地対空も一発たりとも被弾しなかったうえ、レイピアの車両群に四発の直撃弾をお見舞いしている。『メイプルフラッグ』

の最終日に味わったのと同じ充足感とプロ意識がよみがえった。

何という一ヶ月だったことか。何という飛行体験、何という飛行員、地上員か。そして何という機体だったことか。五ヵ月後、グレアム・ピッチフォークが離任することになり、私は彼と別れの挨拶を交わし、ロッシマウスからの餞別の記念飛行を終えて、やはり航法士のベン・レイトを新しいボスとして中隊に迎え入れた。明らかにここでひとつの慣例が出来上がった。同時期に華やかなTaceval（戦術評価演習）——中隊は最高ランクの評価を得ている——があり、これがベンの忘れがたい就任式となった。そして、私もやはり中隊を去り、幕僚養成カレッジに進むことになったのだった。

※1　グレアム・ピッチフォーク、第1章参照。
※2　ワジ＝wadiはアラビア語で川床、谷底を意味し、アラビア半島～北アフリカの雨季にのみ水が流れる涸れ谷、涸れ川を指す。ワーディー。

# 16

# F-111からバッカニアへ

――これぞ進歩というものだ！

ゲーリー・グーベル＆
ケン・アリー

Gary Goebel AND Ken Alley

艦隊航空隊《FAA》とイギリス空軍《RAF》はいずれも交換勤務プログラムで派遣されてきた優秀な人材との協力関係を享受してきた。本章では二人のアメリカ空軍パイロットがＲＡＦ勤務時代の思い出を語る。

## ゲーリー・グーベル

私はイギリス贔屓で、それは一九五〇年代の初めから変わらない。私の父は第二次大戦の〝マスタング・エース〟だった。戦後も空軍に残り、オックスフォードシャー駐屯部隊で勤務を続けた。私がほんの小さい子供の頃だ。ウィットニーに住んでいるあいだに女王陛下の戴冠式があった。幼い私でも国を挙げての祝賀ムードに強い印象を受けた。ホットクロス・バン［※1］と記念のマグカップが配られたのを憶えている。本当に華やかな、晴れ晴れしい時代で、ＳＳ『ユナイテッド・ステーツ』でいよいよイギリスを離れるとき、私はたくさんの楽しい思い出と不思議なイギリス訛りを身につけて帰ったのだった。今にして思うが、このときから私はいつかイギリスに戻る運命にあったのだろう。

一九七五年、私はネリス空軍基地でＦ－１１１を飛ばしていたが、その私のもとに飛び込んで来たのはＲＡＦバッカニア部隊への交換勤務の話だった。私はジェーン『世界航空機年鑑』を開いてみなければならなかった。そいつはどんな飛行機なんだ、と。それは見るからに風変わりな、ずんぐりした奴で、尾部なんぞまるでマルハナバチの尻のようだった。それでも、幼年期の思い出がよみがえり、何の迷いもなかった。私は勇んでイギリスに渡り、まずはRAFブローディ基地に赴いて、ホーカー・ハンターでの導入訓練を受けたついでに、操縦術に関するカルチャーショックをも頂戴した。同じコースにいたほかの訓練生は、機種転換の再研修に来た飛行隊長クラスばかりだった。彼らはすいすいと難なくコースを通過していった。

だが、私ともう一人の交換パイロットにとっては、何もかもが目新しかった。「エイヴピン［※2］っていったい何だ？」を手始めに——。離陸滑走に出ると、風でラダーが動き、ペダルも動く。油圧系統はまったく関与していない。前輪の操向装置《ステアリング》はないが、ラダーの位置を決定する差動ブレーキが、左右それぞれのペダルを踏み込んだときに操縦桿についたレバーを絞ることで作動する。私の父がスピットファイアで同じからくりを経験しているはずだ、何とね！　おまけに私は帯状表示《テープ》計器のF-105およびF-111で二〇〇〇時間飛んでいるが、ここで再び円形指針面の計器に戻った。限定パネルの計器進入は、予備の姿勢指示計ではなく旋回傾斜計《ニードル&ボール》に頼らねばならない。イギリス贔屓もどこへやら。逃げ帰りたくなったのは、たぶん、このときが初めてだ。三〇㎜機関砲を撃つと、砲弾が正面に飛び出して瞬時に落下してゆくのが見えた。もっとも、何だかんだ言っても、ご老体の割には優秀な機種だった。降下速度がきわめて速く、加えて実に容姿端麗だ。そして、この基地のハンター乗りというのも気持ち良い連中だったので、訓練を終えたときの別れが辛かった。

さて、ホニントンのバッカニアOCUだ。ここではまずシミュレーターでバッカニアのコクピットを疑似体験する。目の前には、精巧なミニチュア模型の集落を上から撮るカメラのリアルな映像が流れる。私には見たこともない設備だった。そのバッカニアのコクピットが「人間工学的スラム」だというのは、いささか辛辣に過ぎる――と私は思ったが、確かにたくさんの計器やらスイッチやらが無秩序にばらまかれている印象はあった。姿勢指示計の説明に使われたのは、〝アウトサイド・イン〟もしくは〝インサイド・アウト〟という、まさに人間工学的用語で、バッカニア部隊でどちらが常用されていたか憶えていないが、自分が慣れていたのとは正反対の言い方だった。ただ、少なくとも予備計器はあったし、旧式のニードル&ボールはお払い箱だった。不思議なことに、飛行戦術や計器の表示、それらにまつわる専門用語は、自分の場合さほど習得に苦労はなかったように思う。

搭乗員《クルー》の装備はなかなか優れていた。たとえば救命スーツ（耐寒耐水スーツ）だ。ズボン部分の丈が短すぎるのが難点だったけれども。だが、酸素マスクに付属するコードやチューブが煩わしく絡みあうのには、最後まで閉口した。救命スーツのズボン丈に関しては、着用対象者の九六％に合わせたサイズと仕立てだったからだと私は睨んでいる。と言うのも、ハンター課程にいたとき、ある訓練生部隊長が、残る〝規格外〟の私たちに教えてくれたのだ。彼はテストパイロット養成校を出たあと、ファーンバラに送られた。〝聖地〟のパイロット専用ラウンジに足を踏み入れながら、彼は期待したらしい。航空力学や航空機デザインその他いろいろ、さぞ深い話が聞けるだろう、と。ところが、先輩たちはメジャーを手にひとつのテーブルに集まって、互いにあちこち採寸しあっていた――。あくまでも私の推測に過ぎないが、そのとき彼らは人間工学的デザインの救命スーツを開発中だったのだ。ズボン丈が短くなったのは、そのせいだ。

そして初飛行だ。信じられないほど勇敢な教官が――彼が座る後席には飛行制御の手段が一切ないのに――つきあってくれる。計器類の配置に難があるとは言え、バッカニアは魅力的で、掛け値なしに頼もしく、速度安全限界の上限に到達しても楽々と性能を発揮できるようだった。エアブレーキはきわめて強力、回転式爆弾倉は作動も滑らかで、まさに新機軸だった。後日、一〇〇〇ポンド爆弾を爆弾倉内に満載して飛んだときも、飛行性能の低下はほとんど感じられなかった。F-4に一〇〇〇ポンド爆弾四発を機外搭載して飛ぶとしよう。航続距離がどれほど制限されることか！

私は確信している。戦闘機には胴体内爆弾倉がベストの選択だ。そして、ステルス性の追求から、現用航空機の設計者が必然的にそれを取り入れることになったのは何よりである。願わくは、前方発射兵器と並ぶ性能が確保できるように。必ずしも火砲である必要はなく、常にそこ（胴体内爆弾倉）に装備できて、作動不良に陥ることなく、自動的に照準を定めて発射するシステムで、空対空および空対地の双方で活用できれば良い。

ＯＣＵでの私のＧＩＢすなわち後席は、大柄で気の良いアイルランド野郎、マイク・カニンガムだった。彼と私は実にうまくやっていた。「ハラペーニョ事件」があったにもかかわらず——。

その日、基地内の広場に面した私の家族用宿舎で、彼と私は昼食をともにした。女房たちは連れだってどこかへ出かけてしまった。たぶん、ショッピングだろう。それで私がサンドウィッチをこしらえて、アメリカ南西部名物のハラペーニョの酢漬けの瓶詰めを添えて出した。そいつは辛いぞと警告してやったが、彼は試さずにはいられなかった。いきなり口に一本放り込んだとたん、その額に汗が噴き出し、目からは涙があふれ出した。彼は涙を拭おうとしたが、その指にハラペーニョの漬け汁がたっぷりついていたから、事態は余計にひどくなる。洗面所に駆け込んで顔面を水で洗い流す彼に手を貸すこともなく、我ながらひどい奴だと思うが、私は床を転げまわって大笑いしていた。まあ、最後にはタオルを渡してやったが……。

その後、私は12飛行中隊に配された。艦艇を攻撃対象とする洋上作戦部隊だった。ここでの勤務期間中、私の相棒は〝ＤＰ〟ことアラン・ダイアー-ペリーだった。私は沖縄の嘉手納空軍基地からＦ-１０５を飛ばしていたこともあるので（偶然の符合だが、そのときの所属はアメリカ空軍第12飛行隊だった）、洋上飛行には多少なりとも慣れていた。だが、ヴェトナム沖で数隻の漁船を沈めた以外は、対艦攻撃はまったく未知の世界だった。ことに夜間出撃で攻撃を敢行するとなれば。それが誰であろうと、『リーパス』フレア弾を放り投げて、航行中の目標にロケット弾を浴びせることを考えついた人間は、リンチにかけられても仕方ないところだ。

　私は幾つかの用語の違いも発見した。たとえばA／Bと言えば、バッカニア部隊ではエアブレーキのことだが、我がアメリカ空軍《USAF》ではアフターバーナーの意味だ。英米混合の編隊で「A／B、展開」とコールしたら、さぞ傑作なことになっただろう！　また「ダウンウィンド、降着装置《ローラー》」などは、何を指しているか自明の言葉で、理解は容易だった。一見同じ言葉のほうが実はよほど問題含みで、同じ単語なのに微妙に違う意味だったりする。アメリカ人が思う〝紳士《ジェントルマン》〟とは、後ろに続くひとのためにドアを開けて待っているとか、老婦人が通りを渡るのをエスコートするとか、そういう人間のことだ。イギリス人にとっての〝紳士〟はイートン風のアクセントで話し、仕立て屋を丸め込んで支払いをとぼける奴のことだ。今は亡きドク・リードがネヴァダに派遣されてきたとき、彼から尋ねられたことがある。どうしたらアメリカン・ガールとお近づきになれるだろうか。イギリスでただドクターと言えば、国民保健制度に奉仕する人間を指すに過ぎないが、健康崇拝者の多いアメリカでは、ドクターを名乗る者は皆すべて大祭司も同然だ。私は彼に助言してやった。きみのその飛びっきりのお上品アクセントで自己紹介するといいんじゃないかな。「僕は英国の医師なのですが！」とね――。帰国に際して、彼はわざわざ私に会いに来て言った。あれは本当に効き目抜群だったよ！

イギリスに来る前、私は空中給油の訓練を数えきれない回数こなしてきた。いろいろな理由から――幾つかはもっともな理由から、アメリカ空軍の空中給油はブーム・アンド・レセプタクル方式［※3］が標準だった。東南アジアでF-111を飛ばしていた頃は、ほぼ毎回この方式を使った。機体設計が融通性に富んでいたF-105の場合は、プローブ・アンド・ドローグ方式［※4］が利用できた。その際、絶対に外せない条件は、何よりもまず給油機との連携を崩さずに飛ぶこと、決してドローグを直接見るのではなく、周辺視野にとどめつつ見失わないことだ。空中で揺れ動くドローグを注視していると、その動きばかりを追いかけてしまい、かえって狙いが定まらず、接続に失敗する。

あるとき、新人ばかりを率いてバッカニアでの空中給油訓練に出ることになった際、私はこれを彼らに理解させようとした。壁に給油機の絵を貼り、その絵に見合ったサイズのリングを天井から吊るしてドローグに見立て、訓練参加者に一本の鉛筆を掲げさせて、そのまま前に歩かせる。彼が給油機の方に視線を集中させていれば、掲げた鉛筆は無事にリングつまりドローグに収まる。一度もそれを直接見なくとも。その間、私は彼の目の動きを確認できるよう、彼がドローグに視線を向けた瞬間に注意を与えてやれるよう、正面に立って見守ることにした。案の定、事前説明でその点

ジブラルタルの12中隊所属バッカニア

を強調していても、小隊のパイロット全員が必ずどこかでリングをまともに見てしまい、当然、叱責されることになった。私の記憶では、訓練本番はうまくいって、全員がドローグとの接続に成功した。ということで、鉛筆シミュレーションはそれなりに効果があったとは思う。だが、このすてきな〝空中給油シミュレーター〟使用中の滑稽感ときたら自分でも半端じゃなかったので、二度とは試さなかった。

交換勤務の全期間を振り返って、もっとも楽しかった思い出と言えば、ヨーロッパ各地への遠征だ。

〝ジブ〟こと英領ジブラルタルは特殊な土地で、この当時、スペインへ通じる道路は封鎖されていた。にもかかわらず、観光客で賑わい、彼ら向けの興味深いコースがいくつも用意されていた。〝ザ・ロック〟の蜂の巣状のトンネル網を探検するとか、その山頂に登って眼下に広がる景観を楽しむとか、バーバリーマカク［※5］を観察するとか。さらに古《いにしえ》の『トラファルガーの海戦』の戦没者が埋葬されている共同墓地を訪れるのもありだ。そして、この地での飛行任務もまた――ハンター部隊の戦闘空中哨戒《CAP》を突破して地中海側からジブに進入する訓練、あるいは大西洋側でUSS『ケネディ』やUSS『エンタープライズ』相手の対艦攻撃訓練が課せられるなど――特殊だった。今も思い出すのは、標的空母に向かって低空侵入し、A-7部隊の急降下爆撃を見事すり抜けた一件だ。離脱の瞬間には、一機のF-14が雲底高度五〇〇フィートから我が僚機に向かって搭載砲の射程距離まで迫ってきた、その腹が見えた。私は特にアメリカ海軍のファンというわけではないが、あれは強く印象に残っている。ジブへの着陸進入も面白かった。スペイン空域の通過が制限されていた私たちは、滑走路西側からの有視界飛行方式《VFR》による進入に限られた。ここの滑走路は両端がすぐ海、ことに西側は長く海上に張り出していて両サイドもすぐ海。おまけに、ほぼ中央付近で幹線道路が平面交差しているため滑走路上に一般車両や歩行者が横断する踏切が設けられていたのだから。

フランス北東部ナンシー空軍基地への派遣は、12中隊にとって歴史的な意義があった。ダンケルク撤退の直前、中隊所有の銀器類がその近辺に埋められたということになっていて、しかもまだそこに眠ったままだろうという曰くつきの地だ。ホスト部隊は新鋭機ジャギュア（ジャグァール）装備の飛行隊だった。私たち付きの世話役は基地周辺を案内してくれたが、彼がつきあってくれるのは昼間だけで、夜になるとどうもその姿が見えなくなる。いくつか遠回しに質問してわかった。私たちの世話役は、日中は私たち相手の勤務刑に服していたのであって、夜間は懲罰房に戻らねばならない立場にあったのだ。聞いたところによると、彼は中隊長がリードする小隊の二番機を務めていたが、地上走行の最中にコクピットの床にチェックリストを落としてしまった。それを拾おうと彼が身をかがめたのと、中隊長の一番機が停止したのが同時だった。彼の二番機の機首が、一番機の尻にまっすぐ突っ込んだ。

飛行評価委員会が開かれて、私たちの世話役には懲罰房六ヵ月が言い渡されたという。そいつはすばらしくフランス空軍流の事故対策だと私には思われた。ひるがえって我がUSAFやRAFは、同様の事故が起こったら、どういう解決策を採るだろうかと考えてみた。アメリカ空軍は、こと細かいチェックリストと実行手順で有名なので、新たに「地上走行中、他の機体あるいは車両への追突事故を避ける」方法を付け加えた改訂版を出すだろう。加えて、私たちは技術的解決の絶大な信奉者でもある。ジャギュアのテールには、ブレーキペダルと連動する停止ランプが装備されることになっただろう。イギリス空軍なら、パイロット本人を処罰することはなく、国防省の人事担当官の責任を――適性に欠ける人間をパイロットに採用したという理由で――追求するだろう。本人は再教育に送られるか、ヴィクター給油機部隊あたりに配転となるかもしれないが、いずれにせよ、それで一件落着だ。ただし、彼は以後ずっと空軍じゅうに〝カマ掘りチャーリー〟とか〝追突ボブ〟

とかいう渾名で知られるのを覚悟しなけりゃならないが。

キールに派遣され、ドイツ海軍航空隊を訪問した際の飛行演習は大がかりだった。恒例のメーネ・ダム［※6］への模擬攻撃が実施され、空一面の分厚い雲の下、かなり多数のベルギー機や西ドイツ機さらにはイギリス機までも追い散らしながら、北ドイツの平野を低高度で駆け抜けた。見当たらなかったのはアメリカ空軍機くらいのように思われた。F-15は上層部から低空飛行に関する制限を受けていたとのことで、ここに参加するのを拒否したのだ（面目ない）。非番のとき、私は中隊の仲間から『今宵、我らはイギリスへ征く』の歌詞を教わった［※7］。そして〝独逸海軍将校倶楽部〟——今では〝連邦海軍〟と言うのだとホスト部隊の世話役が穏やかに訂正してくれたが——の洗面所で、〝ホンカトリウム〟なる磁器製品を初めて見た。身長九フィートの大男向けに据え付けた小便器とでもいうような代物で、酔っ払ったらそこに頭を突っ込んで呑み過ぎたビールを吐く。なるほど、そうすれば延々飲み続けられるというわけだ。

冬季演習の開催地はサルデーニャ島デチモマンヌだった。輝く太陽と、飛行に最適な天候と来れば、これはちょっとした休暇気分にもなる。島の観光地は非番の息抜きに最高だった。もっとも、バッカニアのクルーのうち少なくともひと組は、ゴルフカートでスイミングプールに突っ込む事件を起こして禁足を食らっていた。

ここで爆撃訓練の一環として、私たちは、模擬弾を使用してVFR進入からレイ-ダウン手法による高抵抗の減速弾投下を実施することになった。私はF-111部隊の兵器将校だったので、減速弾投下の鍵となるパラメータは、目標までの距離であることを知っていた。減速弾の到達距離は決して長くはない。バドミントンのシャトルコックを前方に放り投げるようなものだと思ってもらいたい。というわけで、私が標準手順として実行していたのは、投弾高度とそれに見合った軌道を計算し、割り出した距離を地図上あるいは航空写真上に当てはめて投弾指標ポイントを確定したのち、照準装置の光点を目で追いながら目標に向かい、翼端が投弾ポイントを越えた瞬間に投下する——というやり方だった。〝デチ〟では、計算の手間を省いて爆撃進入の練習時に、「投下用意《レディ》、投下用意《レディ》」に続いて「投下《リリース》」と、自分がリリースボタンを押すのと同じタイミングでコールして、後席のDPがその瞬間に目に入った特徴的な地形を把握するようにした。本番の投弾競技会では、DPが自ら決定した投弾ポイントにあわせて「レディ、レディ、リリース」とコールし、私は彼のコールと照準装置の投影像をすり合わせる。結果はなかなかの高得点だった。これは別に手抜きでも何でもない。私は実戦でも同じテクニックを活用することがあったからだ。

　私にとってバッカニアは偉大な傑作機だった。少なくとも私には、後々まで語り種になるぞと思えるようなバッカニア絡みの大事故の記憶もない。私はツキに恵まれ、優秀な整備部隊にも恵まれたということだろう。瞬く間に三年が過ぎ、私たち家族は名残を惜しみながらイギリスを去り、アメリカに戻って、新任地アリゾナ州トゥーソンのA-10部隊に向かった。帰国して間もないころは、何もかもがとんでもなく田舎臭く感じられた。地元の新聞にはヨーロッパのニュースなど載っていない。本当に、国際ニュースがいっさい入ってこない。それでも何ヵ月か経つと何もかもが当たり前になり、我が家の子供たちはイギリス風のアクセントをあらかた失った。

一九九六年、私はイギリス再訪の機会を得た。サウサンプトン勤務の息子に会いに行ったのだ。私たちは慣れ親しんだ風景を求めてベリ・セント・エドマンズを訪れ、懐かしのホニントンまで足を伸ばした。基地のゲートの横に、一機のバッカニアが置かれていた。いかにもくたびれた姿で、寂しそうに。父が乗っていた機種がことごとくゲートの番人に成り果てたとき、私はずいぶん彼をからかったものだが、今や私が飛ばしていた機種が同じ位置にある。警戒態勢が不明だったので、私は念のため衛兵に歩み寄って尋ねた。このバッカニアの写真を撮ってもかまわないかね、と。彼は答えた。「五〇ペンスいただきます」。かくのごとく世の栄光は立ち去りぬ！

## ケン・アリー――ゲーリーに続く交換勤務パイロットとしてRAFホニントンへ――

私が同盟国間あるいは各軍間の交換勤務に志願したのは、アッパー・ヘイフォード在英アメリカ空軍基地でF-111Eを飛ばして、同型機で飛行時間一五〇〇時間を達成した頃のことだ。F-

１１１アードヴァークからの〃脱出戦略〃のつもりだった。そのときたまたまテキサスの人事担当局に雷の直撃でもあったに違いない。いきなり私のもとにイギリス空軍バッカニア部隊での交換勤務の話が舞い込んで来た。私は慌ててＲＡＦ運用機一覧の本を買いに走った。バッカニアとはどんな飛行機か、調べるために。

ホニントンに足を踏み入れたのは一九七七年一二月で、当時すでに交換勤務中だったパイロット（ゲーリー・グーベル）の宿舎に荷物を預けた。クリスマスは母国で過ごして、翌年一月初旬からは、ＲＡＦブローディ基地の外国人パイロット研修コースに入った。私は楽しく研修を受けていたが、唐突に告げられた。ＲＡＦヴァリー基地に移って、ハンターでの通常の兵器／習熟訓練コースに参加するように、と（ブローディのコースが定員一杯で、私はすでにイギリス流の飛行要領に則った飛行経験を積み重ねているからというのが、その理由だった）。

ハンターで飛ぶのは面白かったが（特にその兵装の素晴らしさ！）、私はいわば初級飛行訓練の世界に戻った。いかに熟練パイロットだろうが練習生であることに変わりはなかったらしい。つまり、アメリカ空軍のパイロット養成訓練の世界とほぼ同様、まるっきり間抜け扱いされたのだ。今なお不思議でしかたないのだが、どうしてこの期に及んでニードル＆ボールと対気速度計で計器チェックを習得しなければならなかったのか（第二次大戦時の機種がまさかの現役復帰となる場合に備えたに違いない）。私は何とか生き延びて、三月には237OCUバッカニア転換コースに加わった（その前にヴァリー洋上生存訓練校でアイリッシュ海に放り込まれ、危うく溺死しかけたのだが、その話はまた今度ということで）。

ホニントンのバッカニア転換コースはヴァリーの導入コースよりも格段に待遇が良く、所帯持ちは基地の既婚者用居住区に戸建ての宿舎を提供された。私は交換勤務士官専用の住宅——家じゅうのコンセントの電圧をイギリス標準から一二〇ボルトに変換する変圧器の設備がある——に入居した。玄関のドアを開けると、すぐ目の前は士官食堂の裏口だった（傑作な話だ）。我が愛する女房リズは今でも言う。あなたはそうなるようにわざとあの家を選んだんでしょ、と。私が絶えず客人を——その裏口から出てきては、バドワイザー目当てに我が家に転がり込む奴を迎え入れていたからだ。転換コースは順調に進み、私が練習生として最後の飛行に臨むときが来た。

それは金曜日の午後、二機編隊で出撃して攻撃手順を展開、スコットランドのルーハーズ基地に降りるという段取りだった。もう出訴期限はとっくに切れている（と思う）ので、私がここで関係者を実名で公表してもかまわないだろう。私の後席はマイク・ヒース、二番機のクルーはジョン・マイヤーズとジム・クロウリーだ。ジョンとジムは、翌日のルーハーズ基地祭にバッカニアで展示飛行をおこなう予定だった。私たちは士官食堂に繰り出して、ビールの大量消費に取りかかった。食堂には大勢の飛行機野郎が集まっていた。明日の基地祭に参加する全機種のクルーが揃っていたようだ。当然のように、私たちは食べる方はそっちのけだったので、気がついたときには厨房が閉まっていた。だからと言って諦めなかった一部のクルーが、厨房に不法侵入して勝手に自炊を始めた。お察しのとおり、私たち四人もその炊事班に加わって、できた料理を部屋に持ち込んで食べた。そのとき誰だったか名案を思いついた。皿は窓の外に放り捨てちまえ、部屋で見つかるとまずいだろう（いや、結局まずいことになったのだが）。翌日は予定どおりに行事も済み、私たちはルーハーズを発った。

明けて月曜日、私の宿舎に三人の共犯者が立ち寄って、自分たちはボスの執務室に呼び出しを食らったと告げた。ただ、どういうわけか、とりあえず私だけは――外交特権が認められたのか――お仕置きを免れるとのことだった。飛行服の尻のあたりが破れた三人が戻ってきて報告してくれたところによると、私たちには食材とディナー用のグラスだの皿だのの弁償に加えて、基地司令主催の基金に協力するという罰金刑が科された。どうやら私たちは土曜の夜の航空団司令官の正式晩餐会で提供されるはずだった食材を失敬してしまったらしい。もっとも、アメリカ空軍なら、こんな軽い処分じゃ済まなかったと思うが！

この罰金を払ってから、私は交換パイロットとしての残りの任期を過ごすべく、そそくさと12飛行中隊にもぐり込んだ。ピーター・ハーディングが指揮を執る由緒正しい精鋭部隊であり、私はこの洋上攻撃中隊で自分の腕を確かめるのを心から楽しんだ。記憶に残る事件と言えば、四機編隊でヴィクター給油機を目指す空中給油訓練で起こった一件だ。私たちが離陸滑走を始めようとしたまさにそのとき、編隊僚機の誰かが長機に無線で呼びかけ（両名の名前はあえて伏せるが、今も存命の編隊長はスコットランド系の退役大佐にして、もと駐ポーランド大使館付空軍武官だ）、丁寧に尋ねた。受油プローブなしでどうやって空中給油に臨むおつもりですか――。編隊長機はヨーロッパ遠征に出た際、空域規制で長距離飛行の必要がないことから、NATO基地で受油プローブを外されて、そのままだったようだ。

さて、ジブラルタルへの派遣任務から、相棒の故トニー・ホワイト（とてもいい奴で、私の親友だった）と帰還したときのことだ。ホニントンの分散駐機場に機体を収めたところで、トム・イールズ少佐が飛行列線の向こうから突進して来るのが見えた。機から降りるやいなや私は彼につかまって、出し抜けに告げられた。真面目な話だが、きみは２３７ＯＣＵに転属することになったからな、さっさと12中隊に置いてある荷物をまとめて、うちに出頭してQFI実習を始めるするといい——。彼にOCUまで（ターマック舗装の路面に飛行ブーツの踵の跡を残して）引きずって行かれながら考えた。またハンターで実習に出るのも面白いだろう、と。私は本当に洋上任務で飛ぶのを楽しんでいたのだが、これこそが自分の空軍パイロットとしての経歴で（飛行隊長時代は別として）最高の——飛行そのものはもちろん、愉快な日々と愛すべき仲間たちとの出会いという意味でも最高の二一ヵ月間への船出の瞬間だった。私の軍規違犯、つまり例の司令官の晩餐会用の食材を頂戴してしまった件は大目に見てもらえたらしい。ボスのフィル・ウィルキンスン中佐は私を〝OCUファミリー〟に気持ち良く迎え入れてくれたからだ。ウィルキンスン以下（ごく一部の名前を挙げれば）マイヤーズ、クロウリー、ウォディントン、イールズ、ヒース、デイヴ・クレランドｰスミス、クープ、ムーアといった面々が揃えば、それはもうノンストップのドタバタ喜劇へ一直線と決まったようなもので、実際そうだった。

というわけで、愉快な日々が始まった。まずは不運にもFam1につきあってバッカニアの後席に座ったときのことだ。ドループとブロウ全開で最終ターンに入ったとたん、片側のエンジン停止に見舞われた。私たちは緊急脱出を避けて何とか着陸に成功したが、思ったとおり、そうした状況では異例の結末だった。その日トム・イールズはどこかに出かけていて、この一件を知らずにいた。

だが、私が士官食堂のバーに（たまたま）いたとき、トムが現れた。私はさりげなく彼に近寄って、Ｆａｍ１の最終ターンで片側エンジンが停止したことを報告した。彼は瞬時に顔面蒼白、しばらく言葉を探していたが、さらに私が無事に着陸したと言ってやったところ、その顔色は戻った。ついに私を抜き打ちで12中隊から引き離したお返しをしてやれた。

ジョン・マイヤーズとジム・クロウリーは、相変わらず各地の航空ショーへ〝巡業〟に出て、バッカニアの展示飛行を続けていた。光栄にも私は、彼らが参加したショーのほぼ全てで予備機を務めた。これに関しては楽しい思い出が多すぎて、いちいち思い出せないほどだが、次の一件は是非とも話しておかねばならぬ。グラスゴウに飛んだときは、やはり私と同じアメリカ空軍からの交換勤務のスコット・バーグレンが私の航法士だった。静かな（わけがない）金曜の夜、バーギーと私は、地上展示に供された予備機の警備に立っていた。ふたりとも飛行服にアメリカ空軍の小さいパッチをつけていた。そのせいだろうか、ずいぶん怪訝な目で見られたし、奇妙な質問を浴びせられたが、それがまた傑作だった。「そうか、こいつはアメリカさんのバッカニアか」「おいアメ公、お前らこれ盗んだな」「そこのお二人さん、我がイギリス製の飛行機でいったい何しようってんだ」。

これはまた別の話だが、ウィルキンスン中佐から、ハンターでコッツモアまで飛んでくれないかと頼まれたことがある。そこで航空団司令官サー・マイク・ナイトを拾って、ロッシマウスへお送りするように。もちろん、私は承知した。その日を目前にして、中佐が言い出した。司令官殿を左席に座らせるな、トーネードＯＣＵの発足記念式典でシャンパンをたっぷり飲んでいるだろうから、と。だが、当日、コッツモアで私が左席のラダーを上りかけたとき、背後で大音声が響いた。「大尉、ここはどこの空軍だと思うかね？」――とは、つまり、私に右席へ移れとおっしゃっているわけだ。ロッシマウスが近くなると、サー・マイクは自分が着陸操作を行うと宣言した。ところが、いざ着陸進入に入るなり、かなり猛烈な横風を食らったうえ、着地寸前で突風《ガスト》も発生し、私たちは着陸復行《ゴー・アラウンド》を余儀なくされた。この事態に動揺した司令官殿は言った。「よし、きみがこのポンコツを地面に降ろせ」。風の神々が私には慈悲をたれてくださったか、私は再進入でうまいこと着陸に成功した。司令官をロッシマウスで降ろし、私はホニントンに戻った。翌朝、（悪い羊みたいなニヤニヤ笑いを浮かべた）フィル・ウィルキンスンに尋ねられた。サー・マイクはおとなしく右席に座ってくれたか。ここに至って、ようやく気がついた。たぶん私はまんまと嵌められたのだ。司令官が断固として左席に座ろうとすることなど、最初から想定済みだったに違いない。

一九八〇年二月、『レッドフラッグ』演習中、主翼ピンの破損が原因で、バッカニア一機が悲しくも乗員二名もろとも失われる事故が発生した。バッカニアは全機が当面のあいだ飛行停止となり、ＯＣＵは何とか飛行訓練部隊の体裁を保つため、代替機ハンターの追加配備を受けた。ホニントン

『グリーンマローズ』の面々。左からジョン・マイヤーズ、ケン・アリー、スコット・バーグレン、フィル・ウィルキンスン、キース・ハーグリーヴズ

は夏に基地祭を控えていた。その儀礼飛行に向けて、私たちは基地司令の許可を得てハンターの四機編隊を組んだ。編隊長機は複座で、ジョン・マイヤーズとスコット・バーグレン、列機右翼はキース・ハーグリーヴズ、左翼は私、最後尾四番機はボスが担当した。『グリーンマローズ』――と命名された私たちは、基地祭をみごとに盛り上げた。事故もなく、奇妙な編隊構成を笑われるようなこともなく。

さて、私の交換勤務にまつわる思い出話は以上で完結――とはいかない。士官食堂でのレディ同伴のアメリカ式クリスマスパーティー、夏の夜会《サマー・ボール》や、女王陛下のご訪問にも触れておきたいところだ。きっと女房連中の多くは今でも不思議がっているに違いない。亭主どもはどうやってあんな短時間であんな大量のシャンパンを消費したのか。言うまでもないだろうが、これが私の武勇伝たる〝最後はストレッチャーに乗って〟

事件だ。当時は思ってもみなかった。サマー・ボールで夜通し飲んだ挙げ句、明け方にはテニスに興じる——などという真似が、まさか自分にできるとは。デイヴ・ヘリオット〔※8〕の自宅で開かれる〝前夜祭〟パーティーには出席すべからず、というのも学んだ。おかげでバーグレン夫人のためのサマー・ボールが大幅に規模縮小されてしまったことがあるからだ。もちろん、女王陛下のご訪問は、忘れがたい特別なイベントだった——本番の晩餐会に備えて繰り返された予行演習も含めて。

ひと言でまとめるなら、これ以上の素晴らしい飛行体験、愛すべき仲間たちとの痛快な——それでいてあくまでも〝遵法〟行為だった——日々は、望むべくもなかっただろう。

※1　ホットクロス・バンは十字形に飾りをいれたイギリスの菓子パン。本来は聖金曜日などキリスト教の年中行事に供されるものだが、日常的にも食べられている。
※2　Avpin：エイヴォン・エンジンの点火に使用する液体単元推進剤。硝酸イソプロピル。
※3　給油機側が給油ブームを調整し、受油機の受油口に差し込んで給油する方式。
※4　給油機が繰り出すホースの先端にあるドローグ＝バスケット状の給油口に、受油機がプローブ＝受油パイプを接続させる方式。
※5　一八世紀に北アフリカからジブラルタルに狩猟用として人為的に移入されたマカク属霊長類で、ザ・ロックは今でもその棲息地。
※6　一九四三年五月に、RAFがルール工業地帯に点在するダムの破壊を狙って展開したチャスタイズ作戦の第一目標だった。
※7　『Wir Fahren Gegen Engelland（我らはイギリスへ出撃する）』。第一次大戦以来のドイツ海軍の愛唱歌。
※8　当時のOCU教官のひとり。第9章参照。

# 17

# 長距離作戦

## マイク・ラッド

Mike Rudd

空軍参謀総長キース・ウィリアムスン元帥を
出迎えるマイク・ラッド（右）

一九八三年一月一四日の明け方。冷戦も山場だった当時の話だ。12飛行中隊のバッカニア六機が、本拠地とするRAFロッシマウスの分散駐機場に待機していた。私はその雌狐《ヴィクセン》編隊のリーダーであり、他の列機同様、自機のスペイ・エンジンを始動させ、最終チェックを済ませた。

「ヴィクセン、交信開始《チェックーイン》」
「ヴィクセン2」
「3」
「4」
「5」
「6」
「ロッシマウス管制塔《タワー》、こちらヴィクセン、バッカニア六機、これより地上走行」
「グッドモーニング、ヴィクセン、こちらロッシマウス・タワー、滑走路05に入ってください、現在の当飛行場気圧一〇〇九」
「ヴィクセン、了解」

私たちは離陸し、計画どおり任務を遂行した。ヴィクセン編隊は、荒天の北大西洋五〇〇マイル沖で演習標的艦――打撃空母USS『アメリカ』とその護衛艦の群れ――に対して、手本のような『マーテル』ミサイル攻撃およびトス爆撃を実施した。よくあることだが、ソ連海軍の艦艇――このときはカシン級駆逐艦――が近くでこちらを監視していた。こちらはお返しに相手のレーダー波を記録し、写真を撮影し、我が基地の情報担当部局に提供した。

その夜、士官食堂バーでハッピー・アワーを楽しんでいたら、早朝の出撃のときの管制官に言われた。「あんたら12中隊の皆さんがたは、ずいぶん傲慢だよな。地上走行まで偉そうにやってくれる」

「そりゃどうも！」と私は答えておいた。

私たちに課せられた任務とは、北はノルウェイのノール岬からアイスランド～フェロー諸島海隙《ギャップ》を抜けて大西洋、南は地中海に到る広大な海域のどこでもソ連の大型艦艇に攻撃をかけ、これを破壊することだった。おそろしく過大な要求だったが、私たちは信じていた。自分たちならできるはずだ――。私たちにはそれにふさわしい兵器が、訓練が、戦術があった。だが何と言っても頼もしきバッカニアがあった。それに、図太い神経も欠かせない。傲慢と言われるのは、むしろ大歓迎だった。自分たちの自尊心を高めてくれるからだ。東西冷戦時代、抑止力の名のもとに展開された心理戦の、まさに最前線に私たちは立っていたのだ。

自分をここまで誘った旅の出発点はどこだったか。はっきり憶えている。それよりさかのぼること九年前の話だ。当時二四歳の私は、クランウェルのイギリス空軍士官学校で、古式ゆかしい練習機ジェット・プロヴォストの認定飛行教官《QFI》だった。〝上澄み《クリーミー》〟——新卒で教官に採用される者は〝選りすぐり〟の意味でそう呼ばれる——としての三年の任期が終わりに近づいたある日、ボスのコリン・リチャードスン少佐から、次の勤務先が決まったと告げられた。それがバッカニア部隊だった。

ついに私は〝時に長きにわたる献身的な精神修養の果てに訪れる、苦悩からの解放〟すなわち我が至福の境地《ニルヴァーナ》に到達した——実戦運用の高速ジェット機の世界だ。気分は高揚したものの、私は現場の実情を何ひとつ知らなかった。一方、同僚の教官の多くは、大型多発機部隊の出身だった。熟練の曲者揃いで、そのすぐれた技能を——当時は数ある初級飛行訓練校《BFTS》でも、重要性を増すＲＡＦ最前線のパイロットを確保すべく、その養成に励んでおり——練習生に伝授していた。教官控え室では愉快痛快な〝武勇伝〟がたくさん聞けた。Ｖ-フォースの副操縦士は宇宙服みたいな防護服姿で『ブルースティール』ミサイルにロケット燃料酸化剤（高濃度過酸化水素水）を注入するんだとか。何週間もぶっ通しでマシラー島（オマーン）、ガン島（モルディヴ）、ナイロビその他エキゾチックな〝観光地巡り〟に励んだとか。だが、バッカニアおよびその任務について、実体験を通じて知っているのは誰一人いなかった。よし、おもしろそうじゃないか。望むところだ——。この、世間知らずも相俟っての私の楽天主義は、むしろ強みだったと言える。

ジェット・プロヴォストの教官からバッカニアの中隊勤務パイロットへ、というのは難関コースで、そのためには何段階かに分かれた特別な訓練を乗り越える必要があった。まずはＲＡＦヴァリー基地でハンターへの転換訓練、さらにブローディ基地で、やはりハンターを使用しての戦術兵器訓練を経て、ようやく私はバッカニアを操る準備ができたと認められた。

第四九期バッカニア転換長期課程に参加したのはパイロット三名と航法士三名だった。だが、諸々の理由から、課程修了時に残っていたのは私と、あと二人の航法士――これが初勤務だというマイク・ケネディと、ヴァルカンのエース級レーダー航法士のアル・レイドラー――だけだった。この２３７運用転換部隊での訓練の詳細は、本書の別の章で誰かが語ってくれるだろう。ここでは、２３７ＯＣＵの訓練は素晴らしい水準で、当然ながら厳しかったと言うにとどめておく。バッカニアそれ自体も、確かに凄かった。優に大の男ひとり分のサイズのスペイ・エンジン二基と特異な機体デザインが出会って実現した、高い積載能力を有する高速機。おまけに航続距離も長く、操作性は抜群。まさに戦闘機仕様の爆撃機だ。もっとも、複操縦式の練習機型はなかったので、パイロットにとってバッカニアでの初飛行は、いきなり独りで空に放り出されるも同然だった。私の初飛行につきあってくれた勇敢な――とは、私より彼のほうがよほど不安を覚えていただろうから言うのだが――教官は、ピーター・ノリス主任飛行教官《CFI》だった。ピーターはクランウェルの先輩教官で、その後、ふたりともバッカニア部隊勤務の何年かのあいだは、しょっちゅう顔を合わせていた。

〝バック〟を飛ばしてみての第一印象は、おおむね好ましいのひと言に尽きた。三六〇ノットより上での機体の安定感は文句なしだ。ただし、着陸に備えて一三五ノットあたりまで減速すると、バックは縦揺れ《ピッチ》・偏揺れ《ヨー》に陥りやすくなり、一定の速度維持が覚束なくなる。着陸進入およびレーダー管制下の目視場周飛行には、いささかコツが要る。だが、低空域を四〇〇～五八〇ノットで駆け回るのは、喜びそのものだった。この驚異の機種が、そもそもの開発目的に沿った任務において、円滑な長距離飛行を苦もなく実施できるのは、高翼面荷重とエリアルール採用の胴体設計がおおいに寄与している。

　私たちパイロットの多くにとって、さらに未知の体験だったのは、航法士という同乗者とともに飛ぶということだった。私は訓練開始当初から、この点に心地良さを感じていた。何らかの信頼できる航法関連機器一式が装備される以前は、特に洋上・低空域を飛ぶ際には、現在位置――今いったいどこを飛んでいるんだ？――の人為的な算出作業が死活問題だった。低高度の全天候・昼間／夜間攻撃任務となれば、それが決定的に重要になるが、たとえいくらか近代的な機器が導入されていても、パイロットが一人でこなすにはあまりに作業負荷が大き過ぎた。

　現役のバック乗りでいたあいだ、ずっと優秀な航法士と組むことができたという点で、私はとてもラッキーだった。ＯＣＵでは、未経験の新人だなんて嘘だろうというマイク・ケネディが相棒で、彼とは練習生同士のクルーとして、厳しい転換コースをともに楽しんで乗り越えるために力をあわせた。『アークロイヤル』艦載機部隊たる809海軍飛行中隊《NAS》勤務で組んだアーサー・デイヴィス海軍大尉は腕利きの航法士というだけでなく、一緒にいてとにかく楽しい男だった。〝深夜興行〟の艦のマーチングバンドを率いて、鼻でリコーダーを吹きながら演奏をリードしつつ練り歩くなど、彼の数ある特技のひとつだった。その後、ロジャー・カーが、私と同じく艦隊航空隊《FAA》に勤務する空軍の〝シラミ野郎［※1］〟として809に加わり、私とコンビを組むことになった。それが生涯続く友情の始まりだった。

　ロジャーはまさに後席のエキスパートで、自身の安全はまるで二の次と思っているように見えた。私たちは二人とも空母発着艦の夜間作戦に関しては初心者もいいところだったが、中部北大西洋で〝薄暮訓練《ダスカーズ》［※2］〟に臨んだ際、私は飛行管制《フライコー》の指示をみごとに勘違いして、ロジャーを含めて私以外の誰もがタッチ・アンド・ゴーの訓練と思っていたであろう場面で、着艦フックを下げてしまった。私たちが飛行甲板後端に迫ったとき、着艦拘束装置《アレスティング・ギア》のオペレーターは——その手もとには二種類のボタンがあり、ひとつは弓状スプリングで制動索《アレスティング・ワイヤー》を浮かせる、もうひとつは着艦機によって引き出されたワイヤーを巻き戻すボタンだ——進入機の着艦フックが下りているのを認めて、ワイヤーを捕捉させねばならぬと咄嗟にスプリングの作動ボタンを——彼はそのつもりで——押した。一瞬の後、うまくワイヤーに引っかかり、我らが乗機は危険なまでの勢いで艦尾方向に引き戻された。「出力全開《パワー》！」。フライコーの無線越しの絶叫が今も耳に残っている。おかげで〝巻き戻されるワイヤーを引っかけた件〟として知られるこの一件の記憶は、思い出すたび鮮明だ。私は（比較的）冷静に指示どおりスロットルを全開にした。機体はぎりぎりの位置で停止し、濡れ鼠で任務終了の事態は免れた。まったく私のミスだったのに、ロジャーはいつものように私を慰めてくれて、非難めいたことは言わなかった。

８０９中隊、のみならず総じてＦＡＡというのは、意欲満々で技量も高く献身的で、厄介な状況で任務を遂行する達人の集団だった。と同時に、自分たちの遊び心がご自慢の連中でもあって、ライトブルーのユニフォームの〝弟分〟すなわち空軍にはそれが欠けていると、ある種の正当な優越感とともに思い込んでいた。このダークブルーとライトブルーのバック乗り同士の、わずかに対抗意識をのぞかせつつも親密な身内意識。これこそが、珍しいほど長続きしている毎年一二月の『バック・ブリッツ』のたびに再確認される、他に類を見ないような不滅の絆を固めているものと私は思う。

こうして経験を積んで晴れて栄転、私は12飛行中隊で小隊指揮官バリー・ダヴと一緒に飛ぶという幸運に恵まれた。やはり空母勤務の経験がある、空軍の逸材のひとりだ。12中隊が演ずる役割は８０９とほぼ同じだったが、こちらは陸上基地に駐屯し、ＲＡＦの核抑止戦力Ｖ－フォースの管理運用を担当する第１（爆撃）航空団の管轄下にあった。両者はまさに似て非なる部隊、私の日常は激変した！

すでに12中隊は洋上攻撃に新たな独自の手法を編み出していた。これに投入されるのは標準搭載の6機編隊で、精度と練度が求められる。この精鋭部隊の一翼を担うのは、おおいなる喜びだった。おまけに空軍勤務も三期目を迎えた私は小隊長と組むパイロットということで、すぐに六機編隊をリードして飛ぶ立場となった。そして、ラーブルック駐屯XV中隊での短期間の研修勤務に就いて、錚々たるバック乗り――ごく一部の名前を挙げるだけでも、クリスピン・エドマンズ、ジョン・コスグローヴ、トレヴァー・ナトラス、スティーヴ・フィッシャー、スティーヴ・パーキンスンらの指導や支援、親交を得ながら対地任務に従事し、再び12中隊に復帰した。その頃には、中隊はスコットランド北東マリ湾岸のRAFロッシマウス基地に移駐済みだった。ここで私は大親友のひとりであるブライアン・マハフィーと再会した。809NASでの〝共犯者〟で今や小隊長を務めるパイロットだ。〝輝ける12〟は、常に人望あるカリスマ的なボスに恵まれた中隊だった。私が最初に配属された当時はホニントン駐屯だったが、その頃のボスはグレアム・スマート、次いでピーター・ハーディングだった。ロッシマウス以後のボスはジェリー・イェイツ、その後任はマーティン・イングウェルだ。それぞれの流儀は違えど、いずれも紛れもなく理想の上司だった。

という次第で、私が12中隊の傲慢について士官食堂で苦言を頂戴するに到る本章冒頭の場面まで話は戻る。私は〝A〟小隊の指揮官として、まことに誇らしくも、初めて自分の相棒を自分で選べる身となっていた。ピーター・ビンハム通称〝ビンス〟は、標的艦をいち早く――しょっちゅう誰よりも真っ先に視認するコツをわきまえているというので、ひときわ目立つ若手航法士だった。彼の優れたレーダー解析術と探知作業を経て、そこから断片的に得られた情報を組み立て、さらにその直観力も適度に加味したことで、私たちのコンビはうまく機能した。ある日の地上訓練を思い出す。全員が交代で機体システムについてみんなの前で講義をおこなうというもので、このときピートは飛行制御システム講義の担当だった。システムの概略図を描いたヴューフォイル（ＯＨＰシート）をスクリーンに投影しながら解説して、彼曰く「飛行制御システムは、航法士の頭脳と機体を結びつけるに必要な機械的構成部品の一個としてパイロットをもこれに含む」。なるほど。より優れた自動操縦《オートパイロット》さえ導入できればバックを単座機にすることも可能、と彼は考えていたようだ。ピートがさらに上の世界を目指して部隊を去ったのに伴って、私はアンディ・ヘクストを指名して、彼と組んだ。数ヵ月後、私たち二人にとって、かなり〝熱い〟状況が訪れる。

フォークランド戦争が終結して何ヵ月か経った一九八三年二月のことだ。12中隊はバッカニア二機プラス予備の一機を用意したうえで、ＲＡＦスタンリー基地（東フォークランド島）への往復飛行任務を課された。往路復路ともに中継地点は一カ所――アセンション島しかない。この任務の目的は、南大西洋地域に配備された比較的小規模な戦力をいつでも増強できることを実証し、その実行可能性を誇示することにあった。イギリス軍は本格的な攻撃力を速やかに投入可能であるというメッセージを発信する。国家の狙いに沿った展開能力の実証実験というだけでなく、それこそが明確にして暗黙の意図だった。先任小隊指揮官だった私はこの任務に選ばれ、一九八三年三月三日、アンディとともにロッシマウスを離陸、ヴィクター給油機チームと会合《ランデヴー》すべくコーンウォールに向かった。他の二機のクルーはキャス・ケイプウェル&ナイジェル・イェルダム、デイヴ・ロード&マーティン・テイラー。さらに控えのクルーとしてトニー・バーテンショー&ディック・エイトキンも、地上員と一緒にハーキュリーズで発った。かくも長距離におよぶ飛行計画は、また新たな懸念を引き起こす。たとえば、エンジンオイルや油圧系統の作動油、酸素の平均的消費量に目を向けただけでも、一〇時間の飛行ともなれば、けっこうな問題が発生しかねないことを覚悟しなければならなかった。結局私たちは、第一航程《ファースト・レグ》のあいだに予防線を張るのが得策と判断した。緊急時に降りられる友好国の代替飛行場が点在していて、第二航程《セカンド・レグ》——すなわち使える代替飛行場がほぼ存在しないアセンション島~フォークランド間の飛行中に想定されるリスクを軽減できると踏んだからだ。

　アセンション島までの最初の七時間は、ヴィクターからの空中給油を受けながらの編隊飛行だった。かなりの荒天で、途中で乱流雲にも遭遇した。そのため、航程の大半を機体間距離（通常のゆるやかな編隊であれば一〇〇ヤード余りのところ）数フィートまで詰めた密集編隊で飛ぶことになった。このときの空中給油作業は最高の難易度で、給油機《ヴィクター》を囲んで連携飛行すること計三回、その

フォークランド島スタンリーのバッカニア分遣隊

間ずっと相手の主翼は揺れ、繰り出されたホースと給油口バスケットは派手に踊る。こちらは固定式の受油パイプをそれに接続させるべく、厚い雲のなか三〇トンのバックを手動制御で巧く操らねばならない。

ようやくセネガル沖に到達したところで、最後のヴィクターがダカールに向けて離れていった。この先のご安航を祈る、という言葉とともに。第一航程、残るは一二〇〇マイル、大海原に針で突いたように浮かぶ火山島――まさに絶海の孤島たるアセンション島まで、降りられる陸地はなく、したがって地上からの航法支援も得られない。いや、大丈夫！　自分たちが南北どちらの半球のどこを飛んでいるか確実に教えてくれる航法補助機器が搭載されていたならば――。というわけで、アンディら航法士が、自機の位置を割り出すべく、乱気流に揉まれる機内で懸命の作図演習に取りかかったが、ここは彼らに期待するのみ。機上TACAN《タカン》や『ブルーパロット』

アセンション島からの無着陸飛行でロッシマウスに到着した直後の飛行要員。左よりナイジェル・イェルダム、トニー・バーテンショー、マイク・ラッド、アンディー・ヘクスト

測位レーダーあるいはＵＤＦといった機器でアセンション島を確認するには、まず同島まで二〇〇マイル圏内に入らねばならなかった。

　赤道に近づくにつれて、気象状況は視程良好な好天《CAVOK》に変わり、飛行条件は申し分なしだった。ところが一機のニムロッドから無線が入るという思いがけない形で、この平穏は唐突に破られた。と言うのも、この任務飛行にあたって私たちは、合成開口レーダー《SAR》搭載ニムロッドからの支援は受けられないと告げられていたのだ。だが、実際は受けられた。ニムロッドは航法関連の実に価値ある最新情報を提供してくれた。私たちが予定の飛行コースから三〇マイル逸れてしまっている、と。その助言のおかげで私たちは針路を修正できて、さらに四〇〇マイル進んで残り二〇〇マイルのあたりで、地上ＴＡＣＡＮ局のビーコンを捉えるのに成功した。予定どおり一〇時間きっかりで、私たち三機は午後遅く無事アセンション島ワイダウェイク飛行場に降りた。今さら記録を申請するつもりもないが、バッカニアでこれより長時間を一気に飛んだという話は聞いたことがない。

その晩は米軍施設でビールを飲み、『有刺鉄線の街《コンサーティーナ・シティ》』でぐっすり眠って、翌日に備えた。翌日は休養と計画に当てられ、それには、世界最悪と保証付きの一面火山岩に覆われたコースでのシングル・ホールのゴルフと、ありがたいことに駆け足の島内観光も入っていた。

そしてヴィクター給油機がありったけ集められたかのような、アンディ・ヴァランス中佐率いる大所帯によるブリーフィングを経て、私たちはワイダウェイクから発進した。ヴィクターの群れと大編隊を組んで、スタンリー飛行場まで第二航程にして最終航程だ。予備機のバッカニアは初回の空中給油まで随伴した後、渋々アセンション島に引き返して行った。かの有名な『ブラック・バック』作戦［※3］さながらに、大編隊はひたすら南下を続け、その間、給油任務を終えたヴィクターが順次離脱し、やがて最後に残った満タンの一機が大海原の能う限りの南の果てへと私たちを導いた。

ただし、このヴィクターの友人たちと別れる少し前に、ちょいと厄介な一幕があった。熱帯収束帯《ITCZ》［※4］の激しい雷雨のなかを飛んでいる最中に、先導するヴィクターから指示が入った。「雲の上へ抜けるぞ」。周囲一帯の積乱雲はことのほか分厚く、私たちは重い機体で私たちの抗力曲線《ドラッグ・カーヴ》上の底を――つまり低速ということだが――飛んでいたので、たちまちずるずると遅れ始めた。私はヴィクターに〝トボガン〟すると伝えた――とは機首を下げて加速するという意味だ。だが、この企ては失敗し、私たちは友人を完全に見失った。やっとのことで雲を抜け、果てしない青空に……ヴィクターの姿はどこにもなかった！

目視で必死に周囲を捜索しながら無線交信することおよそ二〇分。長かった。何とも落ち着かない気分だった。再会した友人から最後に目一杯の給油を受けて、さらに二時間ばかり飛び続けたところで、私たちはスタンリー基地所属のハーキュリーズ給油機型一機と予定どおりの会合を果たし、駄目押しの給油を受けた後、六〇〇〇フィートの立派な舗装の滑走路に拘束装置を利用して着陸した。

海軍の部隊、ファントム、ハリアー、ハーキュリーズその他スタンリー常駐の守備隊と、一〇日間にわたって一緒に飛び、高度な訓練を実施したのち、私たちは来たときと同じコースを辿ってロッシマウスへ帰還した。帰路の私たちは長距離中継飛行の手順にすっかり慣れていたので、アンディ・ヴァランスの〝空飛ぶガソリンスタンド〟と南大西洋の真ん中で会合するのも実に順調にいった。相当に危険で難しい今回の作戦飛行をミスなくやり遂げた我がイギリス空軍のチームワークならびに頼もしき軍馬バッカニアを讃えつつ、最高の満足感とともに私たちはロッシマウスに降りた。

つまり、私たちはイギリス本土〜フォークランド諸島の往復飛行――総距離一万六〇〇〇マイル余り――を何の問題もなく成し遂げた初の高速ジェット機部隊になったということだ。

数ヵ月後、ロッシマウス所属のバッカニア大隊《ウィング》は、再び海を渡って遠く離れた地での作戦に駆り出された。この当時は、レバノンの首都ベイルートで、多国籍軍《MNF》が混迷を極める危機的状況の安定化を図って鋭意活動中だった［※5］。それに参加しているイギリス陸軍クイーンズ・ドラグーン・ガーズの現地派遣部隊から、情勢の急激な悪化に備えて、速やかに航空支援を確保するための待機要請が入ったのだ。12および208中隊から抽出のバッカニア六機がこの任務を請け負い、ただちに出動して即応支援を提供することになった。ベン・レイト中佐がこの分遣隊の指揮官で、私は実際の飛行作戦リーダーに抜擢された。二四時間で準備完了し、一九八三年九月九日、私たちは作戦時重量でロッシを離陸、キプロス島のRAFアクロティーリ基地に向かった。五時間半のあいだにヴィクターから二回の給油を受け、私たちは計画にしたがってアクロティーリに降り、再給油後に即応態勢に入った。

翌朝、私はエピスコピ駐屯地の本部で空軍司令官レイ・オフォード准将から、現地の状況と作戦についてブリーフィングを受けた。その間、クルーはアクロティーリ基地で、作戦地域に存在する脅威の詳細な情報を画像で確認した。困難な任務だった。イギリス兵八〇名の活動拠点はベイルート郊外の一棟のビル。対立する各派各武装勢力が、市中に構えた陣地からその近辺に盛んに砲撃を

INSIDE

★ "Star Wars" feature — P10/11
★ The Sea Searchers — P12/13
★ Horse of the Year Show — special offer — P17

# NEWS

No. 582 SEPTEMBER 24-OCTOBER 7, 1983 FORTNIGHTLY 12p

## Lossiemouth Buccaneers in show of air support for British troops

The Buccaneers over Beirut as seen by viewers of ITN

# RAF OVER BEIRUT

ベイルートでの“儀礼飛行”を伝えるRAFニュース（RAFニュース編集部提供）

仕掛けてくる。作戦が確定して、私たちは翌日、兵装を整えて二機ずつ発進し、ベイルート上空で示威行動に出ることになった。我がイギリスの駐留部隊に対するいかなる攻撃も断念させる。その目論見に沿って、視覚的にも聴覚的にももっとも効果あるデモンストレーションを実施しようと、市街地のビル群の屋上を掠める超低空飛行のルートが採用された。予想される脅威は、ZSU23-4自走式高射機関砲や、当時最新のSA-8自走式地対空ミサイルシステムを含むソ連製対空砲だ。出撃準備をおこなう私たちは、控えめに言っても、張り詰めた興奮状態にあった。

このときの我が相棒はディック・エイトキンだった。私たちは保安上の理由から無線封止で発進して、多国籍軍の強力な洋上部隊のあいだを通過した。こうした場合の定まった手順は確立されていなかったので、一筋縄ではいかなかった。ベイルート空港近くの海岸に到達したところで火器管制レーダーシステムが作動し、レーダー警報受信機《RWR》が点灯するなか、私たちは高度を下げて、五四〇ノットで轟音たててビル群の屋上を舐めるように航過した。街路から街路を目視で駆け巡った末に、私たちは無傷で撤収し、港を越えて市の北方海上に出た。威容を誇る戦艦USS『ニュージャージー』に挨拶を送ってから、アクロティーリに戻る。本国イギリスでは、絶え間ない対空砲火の音と映像とともに、そのなかを駆け抜ける私たちの姿がBBCニュースで紹介された。任務は成功だった。

その後も、随所に展開する脅威の再評価と作戦立案を重ねるうちに、低高度で飛びながら市街地の目標を捉えるという難題を解決すべく、私たちはより適切な、中高度からの精密誘導爆弾の投下という戦術を開発するに到った。この戦術を考え出すにあたっては、〝ペイヴスパイク・キング〟の異名を持つノーマン・ブラウンが大役を演じている。私たちの警告的飛行が果たして期待どおりの効果をあげたのか否かはさておき、これだけは言える。我が駐留部隊の兵士たちは、以来、激しい攻撃にさらされずに済むようになった。後日、私はイギリス空軍のチヌーク輸送ヘリでベイルートに飛び、数時間だが地上部隊の指揮官たちと市内を見て回り、作戦の成果について協議した。私たち分遣隊は、戦術を練り上げ、その実行手順や投弾手法に磨きをかけながら、冬を迎えるまでの数ヵ月にわたって、即応警戒態勢を維持した。誇り高きクルーが操る頼もしきバッカニアは——これが最初でも最後でもなかったが――存分にその火力や汎用性、航続性能を見せつけた。

バッカニアはソ連海軍の大規模艦隊に対抗して、ある非常に特殊な役割を担うべく開発された。だが、その巨体と、遷音速を可能にした特異な機体設計によって、イギリス海軍および空軍のあらゆる戦術航空機のなかで比類なき航続距離と有効搭載量《ペイロード》を獲得した。バッカニア中隊にとっては、欧州全域から地中海地域、アジア地域、果てはカナダやアメリカまで大変な距離を越えて展開する長距離遠征も、ありふれた日常業務《ルーティーン》だった。私たちが南大西洋へ飛んだときのように自力空輸仕様であれば、バッカニアは二五〇〇マイル余りを再給油無しで飛べたのだ。

我らがバッカニア――〝バッカニア・ボーイズ〟全員が、それを飛ばしたことを熱狂的なまでに誇りとするバッカニアは、世界を席巻する強力な戦術航空戦力の樹立にあたって、欠くべからざる存在だった。その数々の特性のなかでも、長距離展開能力こそが決め手であったと言える。

---

※1 第8章参照訳注参照。
※2 ダスカーズ duskers はFAAにおけるパイロット訓練の準最終段階。
※3 『ブラック・バック』はフォークランド戦争中の一九八二年五月一日～六月一二日にかけてヴァルカン戦略爆撃機とヴィクター給油機を投入し、七回にわたって実施された長距離爆撃作戦。
※4 南北両半球の貿易風が合流して赤道付近に形成される低気圧地帯。赤道前線。
※5 レバノン内戦中の一九八二年八月以降、パレスチナ難民の保護や治安維持の名目で米英仏伊などが派兵。多国籍軍として同国内に駐留した。

# 18

# 大物たちに加わって

ジェリー・ウィッツ

Jerry Witts

一九六〇年代の話だ。航空訓練兵団《エア・トレーニング・コーア》のひよっこ訓練生だったとき、英国海軍航空基地《RNAS》ヨーヴィルトンで開催された航空展示の参観に連れて行かれたことがある。シミターとシー・ヴィクセンによる華々しい儀礼飛行は今も記憶に鮮明だが、その日、本当に私の興味を惹いたのは当時まだまだ新鋭機の部類に入るバッカニアだった。すでに軍用機パイロットになる決意を固めていた私は、これぞまさしく自分が乗るべきジェット機だと思った。入隊できる年齢に達するやいなや、私は海軍に願書を送った。高速ジェット機パイロットとして艦隊航空隊《FAA》に加わりたいと。とても丁重に、遺憾ながらと返事が来た。要するに、海軍は固定翼機搭載の空母を見限りつつあり、もしもヘリコプターのパイロット業務に興味があるというならともかく、そうでなければ君は空軍に入ったほうが君のためにもよろしかろうというのだった。私はその助言に従って、空軍に入隊を申し込み、一九七二年初頭、どうやら一丁前のパイロットとして養成課程を卒業した――と言っても、高速ジェット機を操る上級訓練についてゆく自信満々というほどでもなかったが。

その後、お定まりのコースたる多発機の上級訓練を終了後、私は35飛行中隊のヴァルカンＢ２の副操縦士になってキプロスにいた。正確には高速ジェット機ではないにせよ、優れた飛行機ではあった。ところが一九七四年五月、いかにもキプロスらしい爽やかな上天気のある日、私は駐アクロティーリ航空守備隊の56飛行中隊長マーティン・ビー中佐の隣に座ってライトニングＴ５を飛ばす栄誉にありついてしまった。中佐が私に操縦をほぼ任せてくれたおかげで、私の野心は再燃した。

何とかして高速ジェット機のパイロットになろう――。だが、当時はそこに辿り着く道が見つからなかった。

もっとも、私はヴァルカンの操縦士として満更悪くもなかったらしい。一九七五年、RAFウォディントン駐屯の44飛行中隊に配属され、二五歳にしてヴァルカンの機長を拝命したからだ。ただし、向こうもそれほど危険な賭けに出ようとしたわけではなかった。私の副操縦士はキャンベラのパイロットが前職で、私より年上だったし、測位航法士は何と中隊長だった。彼は私をしっかり導いてくれたが、二年ばかりすると空軍は、V-フォースのクルーを再教育して、最終的にはその後継となるはずのトーネード部隊の要員に確保できないかと摸索し始めていた。そして、どういうわけだか私は、ヴァリー基地でハンター使用の高速ジェット機の速習コース、続いてロッシマウスでこれまたハンターを使っての戦術兵器教習に合格したらという条件付きで、バッカニア部隊に転属するテストケースに選ばれた。

この再教育の期間中、最初から最後まで教官にはとても恵まれた。ヴァリーではアル・ビートン、ロッシではグレアム・バワーマンが、この厄介な生徒を担当してくれた。二人ともバッカニアの熟練パイロットで、最高に面倒見が良く、必然的に段取り重視となるV-フォース流のものの見方にとらわれていた私の頭を解きほぐし、よく聞かされた言い回しによれば〝鍛え抜かれた掟破り〟へ、徐々に変えてくれた。これがとんでもなく楽しかった。

ただ、私は重大な戦術上のミスをひとつ、思わず知らず犯していた。と言うのは、自分の配属先がもう決まっていたことですっかり安心して、空対空射撃などバッカニアとは直接関係ない訓練には結果を意識せず気楽に臨んだからだろうが、かえって成績優秀だったようで、事実、アデン砲競技会のトロフィーを課程代表で獲得してしまったのだ（決勝戦を一緒に飛んだ当時の基地司令デニス・コールドウェルは、私が彼の得点を横取りしたんだと今なお主張しているが、いやいや、それはない！）。その結果を受けて、こいつはいけると思われたのか、私は小隊長から配属先の変更を持ちかけられた。バッカニア部隊の空席は他の訓練生に譲って、防空任務に従事するＦ‐４ファントム部隊に鞍替えするつもりはないか、と。「滅相もない！」と私は——精々慇懃な言い方に直せば——答えた。

こうして一九七九年四月、私は順当に駐ホニントン２３７運用転換部隊《OCU》の六九期バッカニア転換課程に進んだ。ここで私は、再教育請負人にして百戦錬磨の航法士ノーマン・ロバースンとクルーを組むことになったが、Ｆａｍ１で——たまたま機内通話《インターコム》システムに故障が発生して——私がその寿命を縮めた相手はパイロット教官ノーマン・クロウだった。私はバッカニアという飛行機に惚れ込んでいたが、その多彩な投弾手法の奥義など、習得すべきことも多かった。それでも、ついに首席教官フィル・ウィルキンスンに課程修了の署名をもらい、西ドイツはラーブルック駐屯、デイヴ・

ネリス空軍基地で飛行する12中隊の2機

カズンズ通称〝DC〟率いる16飛行中隊に配属となった。
これがまた素晴らしい部隊で、一九八〇年にピーター・ノリスが〝DC〟から指揮官の地位を引き継いで以降もそれは変わらなかった。温かく、友愛精神に満ちあふれた、あらゆる意味でプロフェッショナル――まあ、私自身は別としても――の集団だった。私は我が身の幸運を信じられなかった――とりわけ、当面は実務見習い中の立場で、特に役職にも就いてない自分が少佐に昇進しようとしていることを知ったときは。総じて、決まった段取りを遵守せざるを得ないV-フォース特有の作戦行動から、臨機応変の対地戦術爆撃への転換を果たすには完璧な環境だった――とりわけ、編隊をリードするにあたって、自機だけにかまけているわけにはいかないとなれば。強いて難点を挙げるとすれば、クルーが揃ってバーに繰り出しても、一杯奢りあう人数が五人から三人減って、たった二人になったこと、私物を押し込むには爆弾倉がいささか狭かったことだろうか。
皮肉なもので、V-フォースから転属して来て間もない私の最優先課題は、即応警戒態勢《QRA》［※1］の当番に参加できるよう、打撃任務に慣れることだった。V-フォースでは、演習でもない限り、QRAに参加することはなかったので、これはこれでまた新鮮だった。定期的に巡ってくる二四時間勤務が、高度二五〇フィートを五四〇ノットで暴れまわる日々にあっては格好の息抜きになったからで、真面目に取り組んでいなかったというわけではない。兵装の定時点検と、不意に仕掛けられる緊急発進《スクランブル》演習の合間には、たっぷり時間があった。書類仕事を片付けるもよし、テレビを観るもよし。ドイチュ3の夜一一時からの番組は特に面白い――というのだけはわかった！

この当時、私はよく〝ジョン・ボーイ〟・シーンと組んでいた。凄腕の航法士で、QRAに入ったらリスク［※2］の鬼と化す、とにかく多芸多才の〝出来る〟男だった。悲しいことに、彼は数年後にはトーネードGR1で訓練中に事故死してしまうのだが、彼にまつわる、ひとつの忘れがたい思い出がある。大西洋を横断して『レッドフラッグ』に派遣されたときのことだ。美しく晴れ渡った日曜の午後、ピーター・ノリス率いる九機のバッカニアは、テキサス州バーグストロム空軍基地から、グランドキャニオンを越えてネヴァダ州ネリス空軍基地まで低高度で飛ぶ、最後の航程《レグ》に臨んだ。このレグでは、たまたま私は順番に従ってハーキュリーズ移送組に入っていたのだが、代わりにジョン・ボーイと組んだパイロットによれば、九機のバッカニアが峡谷《キャニオン》に連なる断崖を辿りつつ、その上空一五〇〇フィートをダイヤモンド編隊で通過しようというところで、後席のジョンがヘルメットと酸素マスクを取り払って、ステットソン［※3］を頭に載せているのが操縦席のバックミラー越しに見えたのだそうな！　何て奴だ、まったく。今でも彼を失ったことが寂しくてしかたない。

　一九八〇年の一時期にはバッカニアの全機飛行停止を受けて、私たちの活動も少しばかり停滞したことがあったが、脚光を浴びる機会は多く、たとえば一九八一年八月、バッカニア部隊としては初めて、イエーファーで開かれるＮＡＴＯの戦術《T》リーダーシップ《L》・プログラム《P》に参加した。ジョン・ボーイと私は、そのＴＬＰの訓練出撃でいささか調子に乗ってしまった。私たちは自衛手段の――エアブレーキにテープで留めて仕掛けておけるが、当然ながら使えるのは一回限りの――チャフを放出して以降も、西ドイツ軍の『ホーク』地対空ミサイル部隊にしつこくマークされるのに、いい加減うんざりしていた。爆弾倉にも一発仕込んでおくといい――とは誰に教えられたのだったか。なるほど、その次の出撃では確かにそれがとても有効に働いたのだが、思わぬ弊害も生じた。いや、実際、大変なことになったのだ。爆弾倉に仕込んだチャフの束を放出してものの数秒後、機内のあらゆる警告灯が点灯した。そうなるとただちに地上に降りるほかなく、私たちはＲＡＦギュータースロー基地の拘束装置を備えた滑走路に機体を持ち込んだ。誓って言うが、エンジンを切って、電源を落としてからも、警告灯が点滅していた。もちろん、もっと思慮深い練達のバック乗りならとっくに予想できたのだろうが、要するに、このときチャフのスズ箔切片が、爆弾倉内の天井部分を覆う電気系統のケーブルやコネクタに触れて瞬時にショートを起こしたというわけだ。いやはや！

私たちが緊急着陸して間もなく、TLP支援に就いていたオランダ空軍のヘリコプターが、私たちをイェーファーに送り返すべく到着した。途中でラーブルックに寄りたいという私の要請に、パイロットは快く応じてくれた。私は大急ぎでいちばんましなユニフォームに着替えて、ラーブルックの基地司令のオフィスに出頭し、自分がやらかしたことを報告した。基地司令グレアム・スマートは信じられないほどの寛大さでそれについては不問に付し、TLPに戻るよう私を促した。もっとも、戻ったら戻ったで、私は大量のビールという代償を払わねばならなかった。私たち――私とジョン・ボーイ――の不手際の後始末にこれから何日か費やすことになる機付整備員たちのために。

幸運にも、TLPに続いては同じ年の一〇月、『レッドフラッグ』に参加する機会があった。この期間中、中隊長《ボス》の航法士を務めるデイヴ・ヘリオットは、よく〝フライ・バイ・ワイヤで行こう！〟という派手なロゴ入りのTシャツを着て歩き回っていた。そのわけを尋ねられると、彼は毎度こう答えた。「ボスと飛んでるからね！　あの人、いちいち俺に訊くんだ。どうしてこうなる、何でそうなる、って」。言うまでもないが、彼がそのTシャツを着て現れるのは、ボスがいないときに限られた。いや、彼らがどんなときも――空でも地面でも、素晴らしい相棒同士だったのは私もよく知っていた。だから、あれはきっと彼一流のジョークだったのだろう！

　その後、一二月になって、私はジェフ・トンプスン――前職はニムロッドの機長航法士――とともに、再びネリスに派遣された。『レッドフラッグ』で主翼折りたたみ機構に問題が発生して、そのまま同基地に残置されていたバッカニアを回収する任務だ。当該機は一Ｇを越えない水平飛行であれば耐えられるということで、大西洋を越えてＲＡＦセント・アサン基地までこれを自力空輸するには、四発ジェット機の機長経験者コンビが適任だった。ネリスで主翼脱落の危険がないか確認する飛行テストのあと、私たちは滞りなく旅路についた。ネブラスカ州オファット空軍基地、ラブラドール半島のカナダ軍グース・ベイ基地、アイスランドのケブラヴィーク米空軍基地を経由し、四日がかりでＲＡＦセント・アサン基地を目指す。機体はそこでスクラップ処分される運命だった。その最終レグに入ったところで、ジェフが、ケアンライアン――ストランラーのすぐ近く――で『アークロイヤル』が解体作業中だと言い出したので、私たちは、ここはひとつ低空飛行で敬意を示して然るべきと考えて、高度を下げた。もちろん、一Ｇを越えないようにやったのだが。

　一九八二年、ピーター・ノリス中隊長は、ラーブルック基地の〝家族の日《ファミリー・デイ》〟に向けて五機編隊の展示飛行チームを編成すべく、お偉方をうまく説き伏せた。16中隊が一九一五年にサントメールで創設されたことから、〝聖者《ザ・セイント》〟をシンボルマークに使ってきたのに加えて〔※4〕、私たちが常用するコールサイン〝ブラック〟に因んで、チームは〝ブラック・セインツ〟と命名され、ボスに率いられて、定番の演技を披露した。ロン・トリンダー&レイ・ホーウッド搭乗機の独演もあった。私はコリン・バクストンと組んで二番機を務めたが、これは気楽な仕事だった。お披露目は大成功で、以後、〝ブラック・セインツ〟は何度かあちこちで展示飛行を実施している。

私たち16中隊は、おおかたの打撃／攻撃中隊の例に漏れず、定期的にサルデーニャ島デチモマンヌ基地で開催される兵器演習キャンプにも参加した。ここからは、運が良ければ、週末には地中海地域に点在するRAF基地に〝レインジャー〟と洒落込むチャンスがあるし、そうでなければイスモラスの名門コースでゴルフの練習に励むか、ローマ通りに繰り出すか、士官専用バー『豚とサナダ虫』の商売繁盛に貢献するか。ある週末、キプロスに〝遠征〟するというので大胆にもこの私に留守を任せたのは、ほかならぬピーター・ノリス中隊長だったが、それでどうなったかと言えば――さっそく、日頃ボスが公用車として使うRAFオースティン・ミニに最大何人乗れるか試したら面白い遊びになるだろうと思いついた奴らがいたわけだ。案の定、目も当てられない結果になったが、そこは優秀な地上員諸君のおかげで私たちは窮地を脱し、月曜の朝にはどうにかミニに見える代物を返しておくことができた。

当時また別の刺激的な発展と言えば、ニック・ベリマンとノーマン・ブラウンの監督下、『ペイ

『ブラックセインツ』、1982年3月

ヴスパイク』レーザー照準システムが使えるようになったことだ。これは我が中隊が第２連合戦術航空軍《2ATAF》の活動で、特にＲＡＦブリュッゲン駐屯ジャギュア部隊と一緒に暴れまわる大きな理由になったと思う。こうした任務には私を含めて何人かがよく参加したが、それが後年——一九九一年、湾岸戦争時の『グランビィ』作戦で、バーレーンに派遣されたバッカニアが、トーネードＧＲ１分遣隊——私はその指揮官だった——とともに出撃し、レーザー照準を担当することになった際、おおいに実を結んだ。現場に一人か二人でも、この連携プレーに多少は通じていて、なおかつバック部隊についても詳しい人間がいたことで、新しい投弾技術を初めて実戦に導入するのもいくらか容易になったはずだ。このとき私たちの上げた成果は、お互いの能力を熟知している結束の固いコミュニティの一員であることの意義を如実に物語るものだ。

一九八三年五月、XV／16の合同部隊が、カナダ軍コールドレイク基地で開催される『メイプルフラッグ』に派遣された。率いるはこのときもまたピーター・ノリスだった。派遣部隊は四月二九日にロッシマウスでの事前演習から戻り、その二日後、七日間の気候順応期間を過ごすべくエドモントンに飛ぶ予定だった。ところが、第38航空団［※5］の空輸計画が混乱していて、向こう一週間ばかりVC10が一機も手配できないという。我らがボスは断固たる態度でRAFドイツ上層部に最後通牒を突きつけた。「では結構！　仮に我々の空輸が叶わず、現地順応期間を確保できないとなれば、『メイプルフラッグ』には参加しません」。週末を挟んでの協議の末、RAFドイツは、バッカニアのクルー二六名が五月二日〇六三〇時に機械化輸送中隊の車両で発ち、日付けを跨いだストップオーヴァー無しのデュッセルドルフ～ヒースロウ～トロント経由でエドモントンへ民間機で向かう計画を、渋々ながら承認した。

私たちはこの三航程のいずれもクラブクラス［※6］で行くと聞かされていて、実際、デュッセルドルフ空港に着いてほどなく、その座り心地を試すべくルフトハンザのクラブクラスのシートにゆったりおさまり、ヒースロウまでの短いモーニング・フライトのあいだにもジントニックを何杯か楽しんだ。ちなみに、このとき16中隊の航法士でスコットランド出身のデイヴィー・ペイトンは、わざわざ正式なハイランド・ドレス［※7］を着込んでいた。彼にはさぞ無念だったろうし、眺めている私たちにはおおいに愉快だったが、彼は空港の保安検査の列から、えらくいかついブルンヒルダ［※8］にあっさりと連れ出され、女性専用の検査エリアに案内された挙げ句、「全身くまなく」チェックされるという辱めを受けた。

そもそもエドモントンまでずっとクラブクラスで行けるなんて夢みたいな話ではあった。そして、確かにそれは夢だった。ヒースロウに到着したところで、私たちは知ってしまった。大西洋横断レグは、英国航空《ブリティッシュ・エアウェイズ》のジャンボ機の最後尾のシートを埋めて過ごすことになるようだ、と。〝家畜《キャトル》〟クラスすなわち最安のエコノミークラスで大西洋を渡る八時間、ドリンク類に金を払わなくちゃならないとわかって――これは一九八三年、エコノミークラスはアルコールが有料だった時代の話だ――、みんなで抜かりなくターミナル3のデューティ・フリーのラウンジに突入して、トロント行きBA001便の搭乗案内アナウンスを待ちながら、たっぷり英気を養った。

さて、ボーイング747がヒースロウの滑走路を飛び立ち、トロント目指して北東方向に上昇を始めると、客室サービスマネジャーから乗客二〇〇人余りに向けてアナウンスがあった。「レディース・アンド・ジェントルメン、BA001便トロント行きをご利用いただき、ありがとうございます。本日は弊社ブリティッシュ・エアウェイズのカナダ・クラブの皆様にもご搭乗いただいております ので、日頃のご愛顧に感謝し、当機内のドリンク類はすべて弊社のサービスとさせていただきます」。このとき彼は、同じ乗客のなかにバッカニア・ボーイズの皆様もいたことを知らされていなかったのだろう。此奴らは無料サービスを目一杯楽しむことにかけては、たっぷり修練を積んでいるのだ。

およそ七時間後、とは言えトロントまでまだ残り約五〇〇マイルのあたりで、彼は再び機内アナウンスシステムを使わざるを得なくなった。「レディース・アンド・ジェントルメン、まことに恐れいりますが、アルコールドリンク類はほぼ品切れとなりました。ティア・マリア［※9］のボトルはまだ何本かご提供できますので、ご所望のお客様は……」。彼はアナウンスを最後まで続けられなかった。彼が言い終わらないうちに、最後尾の乗客たちが二六本の指先でいっせいにコールボタンを押したからだ。

トロントで短時間の待ち合わせの後、私たちはエア・カナダのコノスーアクラス［※10］でエドモントンまで運ばれたが、さすがに一日ぶっ通しの窮屈な空の旅のあとではもう疲れて苛立っていたので、パーサーの機内アナウンスで「一部のお客様が少々羽目を外されておりますので、バーの営業は終了させていただきます」と知らされたとたんに――何だって？　じゃあ寝るしかないな――。あっと言う間に、チームのほとんど全員、ぐっすり寝入ってしまった。

ＲＡＦドイツにおけるバッカニアの時代が終焉を迎えつつあった頃、ある金曜夜のハッピー・アワーで、デイヴ・ヘリオットと私が一緒に飲んでいたところに、基地司令のグレアム・スマートが

ラーブルックの16中隊飛行要員。1983年初頭（大隊長エディー・コックス中佐提供）

登場した。彼はしきりに知りたがった。RAFドイツでのバッカニアのお役目終了にあたって、16中隊は送別の儀式として何か計画していることはあるか。不意打ちを食らい、私たちは彼に乗せられた格好で、つい答えてしまった。一発「派手なこと」を考えているんですよ、そのために今いろいろ準備中です——と強調しながら。もし一週間後にまたここでお時間をいただければ、そのとき詳細をお聞かせ出来ますが。彼はバーで会えばビールを奢ってくれるという専らの評判だったが、そこまでこちらから言い出すのは出過ぎた話で、それくらいは私たちもわきまえていた！　というわけで——たまたま偶然だったのだが——デイヴと私は翌週のQRA当番に組み入れられていたので、その二四時間の拘束時間を有意義に利用して、計画を立てようと即決した。題して『丸め込み計画』。

バッカニアは、複座の高速ジェット機としては、破格の航続距離を確保していた。低高度で巡航速度の場合、燃料消費量は一分間あたり一〇〇ポンドだが、適確なスロットル操作と巡航高度の選択によって、たとえば高高度では三三％の削減が期待できる。デイヴは「その道のプロ」たる航法士が大胆不敵な計画を完成させるのに必要とする各種資料を山と抱えて、QRA待機施設に現れた。各大陸を網羅する飛行経路図、飛行計画書のコピー（乗員のバイブルだ）、気象統計表、高高度航法図その他諸々、これまで反故にした計画書まで彼の航法士用のバッグに詰め込まれていた。三時間ばかりで私たちは計画を決めて、それを検討し、空中給油という手段に頼らずにバッカニアで世界一周できることを確かめた。

最大の難所は太平洋横断だが、〝島から島へ《アイランド・ホッピング》〟の定番の航法を使えば――時には後戻りという形になることもあるが――ハワイ州ホノルルのヒッカム空軍基地まで、さしたる問題もなく到達できる。ただ、オークランド（ニュージーランド北島）からヒッカムまでの飛行ルートで、ひとつ厄介なことになりそうなのは、マーシャル諸島のクェジェリン島に置かれたアメリカ陸軍バックホルツ飛行場での途中降機《ストップオーバー》だ。ここの滑走路は六〇〇〇フィートしかない。と言っても、拘束装置が備わっていて、それを利用するのはジブラルタルで何度も経験しているから大丈夫だろう。それにバックホルツの滑走路は両端が海というわけではないし。本当の難関は太平洋横断の最終レグだ。胴体内タンクを満タンにして、翼下タンク、爆弾倉外皮タンクおよび爆弾倉内タンクも併せれば二万三〇〇〇ポンド。ヒッカムからサンフランシスコに近いマクレラン空軍基地［※11］までは二三〇〇マイル。上昇時は燃料消費が増え、降下時は減ることを計算しながらの、一瞬たりとも気を抜けないレグになるだろうし、下手をするとこの〝引退興行〟が中止に追い込まれるかもしれない――というのは分かりきったことだった。もっとも、統計上の気象風はまさしく順風、問題が生じても途中のサンフランシスコ国際空港に早めに降りる判断ができれば、よし、いける。この計画はじゅうぶんに実現可能だ――。続く二四時間で計画の細部を詰めるのはデイヴに任せた。ついでにバーで基地司令相手にプレゼンする準備も。〝ブリーフィング〟は決してハッピー・アワーの主目的ではないから、ここはどうしたって言葉巧みにさっさと片付けてしまわなければならない。

約束どおりの一週間後、グレアム・スマートは私たちに迫った。「面白い話を聞かせてくれるんだろうな」。彼を私たちの計画に引っ張り込むのに要した時間はわずか五分。バッカニア二機を投入し、それに支援装備を積んだVC10を一機随伴させ、三〇日かけて地球を一周するというのはどうでしょう。まずサルデーニャ島まで飛び、以下キプロス、エジプト、バーレーン、ボンベイ、スリランカ、ダーウィン、シドニー、オークランド、バックホルツ、ハワイを経由してカリフォルニアへ。そこからカナダを横断し、ケブラヴィーク、ロッシマウスへ飛ぶのは馴れたもの。そしてラーブルックへ帰還する――。やったぜ！　基地司令は度肝を抜かれたらしく、全面的に支持してくれた。それも、彼がデイヴと飛び、私は私が指名した航法士と飛ぶことを快諾するほどだった。ここまで来ると、残る問題はＲＡＦドイツのお偉方に納得させることだ。この計画は磐石で実現可能である、と。確かにそうだろう、とは彼らも同意した。だが、残念ながら、最終回答は否定的だった。退役目前の機種に〝地球一周〟をさせること、しかもその後継機――トーネードGR1――に同じことは出来ないとなれば、この計画は著しく好ましいメッセージにはならない、という事実に基づいた却下だった。結局、私たちはQRAの手持ち無沙汰の時間を精々有効活用したつもりだったが、残念無念、まったく徒労に終わってしまった。とは言え、これは計画立案に関する、ひとつの面白い机上演習だったし、我らが頼もしきバッカニアの能力、特にその航続距離の長さ――一九八三年にフォークランド諸島へ派遣された際に実証された能力――をデータ上で改めて強調することになった。

一九八三年半ば、ラーブルックに待望のトーネードGR1が到着するのに備えて、バッカニアがRAFドイツから順次引き揚げられつつあった頃、姉妹部隊たるXV中隊の、機種転換にまだ入っていない一部が16中隊に合流し、XV中隊長のエディー・コックスが16中隊長を引き継ぎ、私は彼の副官になった。私たちは〝ブラック・セインツ〟の再結成にも――私が率いる四機編隊のチームとして――、あっさりと成功した。だが、残念ながら、お楽しみはそこまでだった。一九八四年初頭、私たちはトーネード装備となった新生16中隊に指揮権を移譲した。自分は何もかも、たいそうな特別待遇に恵まれてきたと思う。RAFドイツの最前線部隊でほぼ五年間、ひよっこ訓練生時代からの憧れの機種で七〇〇時間近く飛んだ――信頼感抜群のハンターでも三〇〇時間――、それも、望み得る限り最高の飛行機乗りたちと一緒に飛んだのだ。

ともあれ、そこから私はバッカニア乗りのなかでも比類なき大物デイヴィッド・ウィルビーのトーネード1、つまり後継として、ハイ・ウィカムの打撃軍団司令部付きとなった。そして『バック・ブリッツ』へと物語は続くのだが、それはまた今度ということで。

※1 第8章参照。
※2 一九五七年フランス発祥の戦略ボードゲーム。
※3 米国フィラデルフィアで一八六五年創業の帽子メーカー『ジョン・B・ステットソン・カンパニー』による、縁の広い中折れのフェルト帽。単にステットソン、と言えばカウボーイ・ハットの代名詞である。
※4 サントメールはカレの南東三五kmに位置する小都市で、その名は七世紀フランスの聖人（聖オドマール）に由来する。16中隊は第一次大戦中の一九一五年2月に2／5／6の各中隊から分遣の小隊を統合して同地で創設された。
※5 一九四三年一一月に旧38大隊九個中隊をもってRAF輸送軍団傘下に編成され、この一九八三年五月当時は打撃軍団の航空支援部隊として輸送業務など担当。この直後の一九八三年一一月にいったん解隊され、その後も再編また解隊を繰り返すが、二〇一四年以降、工兵・兵站・通信・医療部隊をまとめて、RAF航空軍団の下部組織として改めて編成され、二〇二〇年一二月三一日に解隊されている。その司令官は駐英国米軍部隊や海外派遣のRAFの人員に対しても責任を負う立場にあった。
※6 〝ビジネスクラス〟のブリティッシュ・エアウェイズ流の言い換え（現在の同社は、短距離路線のビジネスクラスは〝クラブ・ヨーロッパ〟、長距離は〝クラブ・ワールド〟の名称を採用している）。このクラスは航空会社によって様々な呼び方がある。
※7 巻きスカート形状の〝キルト〟が印象的なスコットランド高地の民族衣装だが、その起源は岩場や水辺で戦うときの動きやすさを旨とした同地方の戦士の戦闘服と言われており、今なお民族のアイデンティティーの象徴また礼装として重んじられているのは周知のとおり。文中の航法士が旅装にこれを選んだのはいかにも誇り高きスコットランド出身の軍人らしいと言うべきか。
※8 ドイツの女性名。北欧神話を源泉とするゲルマンの英雄譚の主要な女性キャラクター、甲冑を身につけたヴァルキュリア（ヴァルキューレ）の姉妹の長姉ブリュンヒルデの数ある派生形のひとつ。ワーグナーの楽劇『ニーベルングの指輪』のヒロインとして定着したイメージがある、ということはさておき、ここでは威風堂々たるドイツ女性の代名詞的にこの名前が持ち出されたのだろう。

※9　ジャマイカ発祥のイタリア産コーヒーリキュールの銘柄。
※10　これもビジネスクラスの言い換え。connoisseur：原義は〝目利き〟、〝通〟、〝玄人〟など。
※11　正確にはサンフランシスコ北東約一三六kmのサクラメント市に置かれ、現在は民間の空港として機能している。

# 19

# 艦載機部隊、最後の航海

## デイヴィット・トンプスン

David Thompson

『アークロイヤル』上のデイヴィッド・トンプスン

私が先任オブザーヴァー＝航法士として８０９海軍飛行中隊《NAS》に何度目かの再配属となったのは、一九七七年八月のことだった。面白い偶然だが、私の最初の相棒で、『イーグル』乗り組みの８００中隊在籍当時、一年ばかり一緒に飛んだフランク・コックスもこのとき同時に中隊先任パイロットとして配属された。一九七八年一一月二七日に中隊がＲＡＦセント・アサン基地に直接降りて、その二週間後に解隊となるまでの一連の〝最終調整〟は、ここから動き出した。

８０９の解隊など、私とバッカニアとの長いつきあいが始まった一九六〇年代半ばの状況からは、およそ想像もつかないことだった。８００中隊で私がフランクとともに『イーグル』から飛んでいたのは、バッカニア中隊が相次いで編成され、Ｍｋ２への転換が進み、まだ空母四隻が就役中だった時期と重なる。そのうえ、固定翼機搭載の次世代空母（ＣＶＡ-01級）と、バッカニアＭｋ２スターのアップグレード版の開発計画もあった。後者は優秀なＭｋ２の機体に高性能の航法および攻撃・兵器システムを新たに取り入れることを狙ったものだった。だが、これが海軍機バッカニアの進化が最高潮に達した瞬間だった。何故なら、一九六七年の国防白書で、イギリス軍の〝スエズの東〟からの計画的撤退が告知されたからだ［※1］。結果として、空母の新旧交代と艦載航空団の機材増強、いずれのプログラムも中止となった。

それから一二年ばかりのあいだ、私は８０９中隊に四期連続で配され、そのうち一期は『ハーミーズ』から、三期は『アークロイヤル』から飛んだ。これにはひたすら感謝している。固定翼機搭載空母の計画が為す術もなく退潮してゆくなかで、空母勤務の継続を許されたという意味で。だが、さすがと言うべきか、こうした不吉な前兆があって、行く末は見えていたにもかかわらず、飛行員も甲板員もその勤務態度に何ひとつ変わるところがなかった。みんな意気軒昂で、たるんでいる暇はなかった。何しろ、自分たちには凄い飛行機があった。そして、やり甲斐のある任務、技量を試されるかのような飛行環境があったのだ。誰の業務も平常どおりの日々だった。

　空母戦力の縮小の影響は、たちまち８０９中隊に降りかかって来た。一九六六／六七年、アデン撤退［※2］の支援活動で、六ヵ月にわたる派遣任務から戻った私たちは、再派遣を控えて、折り返し《ターン・ラウンド》出撃のためロッシマウスに降りた。ところが、改修作業完了を目前にして小規模ながら火災を起こした『ヴィクトリアス』のスクラップ処分が決定された［※3］。その結果、同艦の艦載機部隊８０１飛行中隊が『ハーミーズ』に乗り組むことになり、弾き出された我が８０９は戻るべき母艦を失った。

　とは言え、虎穴に入らずんば虎児を得ず、我が中隊は五機編隊の曲技飛行チームを編成し、一九六八年のファーンバラ航空ショーやヨーヴィルトンの海軍航空祭で、同じく五機編隊のシー・ヴィクセンのチームと競演しようという決定が成された。いや、いくら言葉を尽くしてバッカニアの長所を数えあげても、編隊曲技飛行に優れているというのは、多分そのリストのトップには来ないだろう。だが、デイヴ・イーグルズ――凄腕の我らが先任パイロット――は、高難度のプログラムを組み立てた。バレル・ロール、ウィング・オーヴァー、クリーン&ダーティ・パス、そして〝トウィンクル・ロール〟［※4］その他のヴァラエティに富む演目。これらを超低高度・高速飛行で、轟音たてて低空航過を繰り返しながら実施する！　デイヴ・イーグルズに率いられてピート・スタート、パディ・ミークルジョン、ロビン・コックス、デイヴ・ベドーの各機が編隊を構成し、イギー・ミルンが予備機として飛んだ。〝ビグルズ〟［※5］ことトニー・リチャードスンがチームのマネージャー役で、七番機を飛ばした。先述の六ヵ月間の派遣任務中、私はこのビグルズと組んだが、まさに冒険小説に出て来るような、射出座席までは必要としない類の危機なら、ことごとく経験している。後席には中隊長《ボス》のアーサー・ホワイト、ピート・マシューズ、ピーター・キング、トウィッギー・カニンガム、イアン・〝ニック〟・ニクルズ、アンディ・エヴァンズといった面々が、わざわざ〝志願〟してきた。私はロビン・コックスと組み、五機の後尾機として飛んだ。

実際の話、展示飛行に向けた予行演習は極めて順調に進み、危ない場面はわずか二度ばかりで済んだ。一度目は初めてトウィンクル・ロールにトライしたときだ。まずは全機が同時に〝トウィンクル〟する、つまり、ひらりとロールを打つはずだった。だが、初回で気がついたのだが、この瞬間、機体は高度にして二〇〇フィートを失うだけでなく、五〇〇フィートばかり横滑りする。これがロールの半ばでキャノピーとキャノピーの接触につながる。ということで、この演目は白紙撤回となった。二度目は、三番機の位置に入っていたイギー機がバレルロールの途中でずるずると後退して来て、私たちの機の主翼に接触したときだった。おかげでＲＡＦチャイヴナー基地――私たちはその飛行場上空で訓練していた――には、異常な方向から密集したバッカニア編隊の〝ボム・バースト〟［※６］を披露できたわけだ。もっとも、さしたる被害はなく、ファーンバラの本番やヨーヴィルトンの航空祭に参加するに何の問題もないように思われた。自分もこの期間中おおいに成長した。〝バッカニア業界〟の一員であることの心意気とか、事態への適応能力や順応性がここで再び確かめられたからだ。一日休んで訓練再開に備え、次の日には展示飛行の演目の仕上げに戻っていた。

ひとつ付け加えておこう。私たちは二週間ばかりヨーヴィルトンに滞在したのだが、その間の私たち専用の交通手段の確保もビグルズの役目だった。予算には限りがあったので、彼の発案で一九五〇年代のオースティン・ウェストミンスターの救急車型にフライドチキン――と言うのはフェニックスのことだが――と中隊のモットーが描かれ、８０９専用らしく仕立てられた［※７］。その試乗会として、ある晩、ご機嫌な会食のあと、みんなでそいつに乗り込んだ。ビグルズがエンジンをかけ、ギアを入れ、アクセルを踏み込む。ところが何たること、救急車は動かない。たちまち乗客から盛大な野次が飛ぶ。「ギアチェンジだ」「バックに入れてみろ」「運賃払わないぞ、こんなポンコツ」。ビグルズはほとんど気付いてなかったが、エヴァンズとベドーは知っていた。救急車には

フェニックス5とウェストミンスター救急車（中隊長アーサー・ホワイト少佐提供）

油圧式ランプが装備されていて、これを思い切り下げると、タイヤが地面から六インチばかり浮くことを――本来は車体を固定して現場で応急処置室として使えるようにする措置だが――。ビグルズにしてみれば文字どおりの〝空回り〟すなわち〝無駄骨折り〟になった。

この時期、いくらか遅ればせながら、当局がついに了解した事実がある。バッカニアの兵器システムの運用に際しては、航法士《ルッカー》が大役を演じるということだ。それを受けて、空戦教官養成課程に私たち二名（私とニュージーランドから交換勤務のノエル・ロウボーン）が、パイロット二名とともに参加することになった。パイロットはロビン・コックス。もう一人はヴィクセンのパイロットだった。これで四人ひと組のチームの出来上がりだ。HMSエクセレント（＝ホエール島）での、三ヵ月にわたる退屈極まりないが避けて通れぬ地上講習に続いては、ロッシマウスの746中隊で四ヵ月間のハンター訓練というご褒美が待っていた。ここのボスはマイク・レイアード（未来の第二海軍卿）、のちに南ア空軍《SAAF》で輝かしい地位を築くディック・ロードが教習課程の担当将校だった。さらに私たちが幸運だったのは、飛行実習の段階に進んだとき、たまたまドイツ海軍から出向のＦ‐１０４Ｇのパイロットが二人いてくれたことだ。二対二の接近戦訓練で戦闘機動を繰り返すうちに、その二人が熱狂的ドイツ人に変貌したのには、正直な話、こちらも思わず（四〇年前に引き戻されたようで）血湧き肉躍る感覚を覚えた。

　こうして、多くの知識――四機編隊の先導の手順、敵機に遭遇した場合の対処法や降下角だの見越し角だのといった空中戦闘に関する種々の知識で〝理論武装〟を整えて、私は原隊復帰した。
　８０９中隊は母艦『アークロイヤル』が改修中のため、依然として陸《おか》に釘付けだった。彼女《アーク》は、このときの近代化改修で、Ｆ‐４Ｋファントムの搭載・運用が可能となる予定だった。同時期、同型の姉妹艦『イーグル』は８００中隊を載せて、まだなお航海中だった。８００の指揮官はデイヴ・ハワード［※８］、間違いなく今までにない最高のボスが、配下の中隊を洋上勤務に導く機会にも恵まれたと評判だった。だが、こちらも負けじと、我が中隊は〝使える〟戦術の開発に励んだ。なかでも最も大胆なのは、夜間出撃して『リーパス』フレア弾を投じ、『ブルパップ』ミサイルを発射するという戦術だった。三機が単縦陣形で高度四〇〇フィートから進入、先導機が『リーパス』を放り投げ、その閃光のなか二番機が『ブルパップ』を発射して離脱、と同時に三番機が目標――このときはスコットランド北西沖のグラリス・スキフ岩礁――に向けてそれを制御する。実に壮観で、見れば驚嘆すること請け合いだった。

その後、また幸運にも私はアメリカ海軍への交換勤務に指名され、ヴァージニア州オシアナ海軍航空基地からA-6A／Eイントルーダーを飛ばして二年間を過ごした。ただ、バッカニアの機体とエンジンにA-6の兵器システムが加われば、世界最高の艦上攻撃機が生まれていただろうに――という妄想はさて措くとして、私が悔やんでいるのは、長距離艦載機なればこそ貢献可能とされた大掛かりな作戦行動のひとつを逃したことだった。

それは、ローランド・ホワイト［※9］著『フェニックス・スコードロン』で詳述されているように、大西洋の向こうに急行した『アークロイヤル』から、バッカニア二機――ボスのカール・デイヴィスと航法士スティーヴ・パーク組、〝ブーツ〟・ウォーキンショーとマイク・ルーカス組の二機が発進、展開した一件だ。一九七二年一月、グアテマラの脅威にさらされている英領ホンデュラス（現ベリーズ）でイギリス空軍の存在感を示すべく、彼らは英領バーミューダの北東七〇〇マイル地点で発艦し、空中給油《AAR》を受けながら一五〇〇マイルの長距離任務に臨み、みごとに成功した［※10］。一方、その同じ月に姉妹艦『イーグル』が最終的に退役となったのは皮肉な巡りあわせだった［※11］。

今でも思う。イギリス海軍の固定翼機搭載空母とその艦載航空団が、この一〇年後も健在であれば、果たしてアルゼンチンはフォークランド侵攻などという危険な賭に出ただろうか、と。

　そして、私がバッカニアの世界に帰ってきた一九七三年三月、すでに固定翼機搭載の空母四隻のうち三隻までが姿を消していて、バッカニア装備の中隊は最後に残った『アークロイヤル』から運用される８０９ただ一個となっていた。艦隊航空隊《FAA》史上、ここで特筆すべき事件は、バッカニア部隊の精神的な故郷たるロッシマウスが空軍に明け渡されたことだ。バッカニア装備の部隊を一大戦力にまとめるというので、８０９中隊はサフォーク州のＲＡＦホニントン基地に移駐した。部隊運用の観点から見れば、いささか奇妙な措置ではあった。スコットランド北部はバッカニアを飛ばすために造成されたかのような土地だ。もはや伝説的な――飛行訓練にはうってつけの――天候、邪魔の入らない訓練空域、近場にあって、しかも低空飛行にはこれ以上望むべくもない立地の射爆場、森閑とした湖や入り江に、やる気をそそる演習用標的の数々。

　このスコットランド北部で私たちが謳歌した自由な飛行環境とは対照的に、イースト・アングリア（イングランド東部）の訓練空域はイギリス空軍機とアメリカ空軍機が犇めき合い、射爆場は予約殺到で常に満員御礼、北海の南部海域は天然ガス掘削施設が連なり、その支援業務にあたるヘリコプターが飛び交い、低空飛行に適切な空域まで何マイルも飛ばなければならなかった。それよりも、時折の〝里帰り〟演習――高高度飛行でスコットランド北部に飛び、低高度訓練をこなして、今や〝ＲＡＦロッシマウス〟になった古巣で再給油し、再び低高度訓練に出撃、その後ホニントンに戻る——は、よほどやり甲斐があったように思う。

とは言うものの、良かれ悪しかれ、一九七三年には８０９中隊も空軍基地《ホニントン》での駐屯生活や、そのスケジュールにすっかり取り込まれた。TacevalやMinevalといった演習［※12］には、多少の慣れが必要だったし、『アークロイヤル』の改修作業中に、８０９がＲＡＦ打撃軍団の打撃部隊運用計画《ストライク・プラン》に組み込まれたのはショックだった。だが、ロジャー・ディモック［※13］、それから先任海軍将校ジョニー・ジョンストンがいて、海軍飛行中隊の運用方式を自身で体験している空軍《ライトブルー》の同業者たちの理解と協力があって、私たちは何とかうまくやっていくことができた。

この時期、バッカニアは、レーダー《R》警報《W》受信機《R》と『マーテル』ミサイル・システムの導入による目覚ましい性能向上が図られつつあった。後席に電波高度計の表示装置が設置される気配がなかったのは（あくまでも個人的見解として）残念だったけれども。

この年、私たちがホニントンから作戦飛行に出た日数は比較的限られていたが、翌一九七四年は母艦の小規模改修が完了するまで半年以上の長期にわたって、このサフォークの空軍基地を活動拠点としてよく飛んだ。そして九月になって、ようやく私たちは年に一度のＮＡＴＯの演習に参加すべく改修成った母艦に再び乗り組んだ。それまでの一八ヵ月間、私はテッド・ハケットと飛んでいて、進入中ずっと俺がキャノピーに頭をガタガタぶつけながら左右を見ていなくちゃならないほど世話を焼かせるパイロットなんてお前だけだ、とかからかってやったものだが、本当に良い奴だったから、このとき彼が部隊を離れることになって、実に寂しい思いをした。

一九七五年を迎え、私は悲運の――相棒スティーヴ・カーショーは助からなかった――事故からの回復に半年を費やした［※14］。その後、巡洋艦『ブレイク』で一定期間の洋上勤務に耐え、水兵の真髄を改めて学んでから、私は――航法士のキャリアとしては理想のルートということになるが――８０９先任航法士への就任を控えて、２３７運用転換部隊《OCU》に派遣された。それまでにもＯＣＵへは定期研修に（計三回）訪れる機会があったが、そのたびに感銘を受けた。機体運用術と課程在籍者の資格認定に関する、教官陣のプロ意識と厳格な指導方針、その手法に。

ここで、海軍飛行中隊の運用哲学の（空軍との）違いを強調しておくことは大事だと思う。上陸中の私たちの任務は、何よりもまず、乗艦に備えて常に最高の作戦可能状態を整えておくことだった。艦載航空団に時と場所を選ばず飛行任務に出る資格を付与すべく、母艦が実施する作戦準備態勢検査《ORI》で鍵を握る存在でいられるように。私たちは、資材・人員ともに豊富な整備大隊がついていながら、いつも判で押したように変わらない空軍式の保守点検に甘んじてはいられなかった。海軍の飛行中隊がいったん陸《おか》に揚がったときに必要とする保守点検は桁違いだ。機体の徹底的な整備補修、改修、システムの更新。加えて、腐食との果てしない戦い。これらすべて、海の上では不可能な作業なのだ。飛行員、機付整備員の入れ替わりもあり、その訓練にも時間を割く必要がある。こうした部隊運用の周期的パターンは、母艦の改修スケジュールと密接に連動している。したがって、永遠に続くかのような保守点検プログラムの完了を目指し、そのあいだ同時に飛行員と地上員双方の訓練を遂行するというのは、凄まじいプレッシャーがかかる。

海に出れば出たで、艦載機の保守点検には、まったく別の難題が付きまとう。狭い作業スペース、時には酷暑のなかでの複雑かつ本質的に危険をはらむ機材の維持管理は、整備員の不撓不屈の精神が試される。しかもこの作業は、びっしり詰まった飛行スケジュールと並行して実施せざるを得ないので、さらなるプレッシャーが生まれる。おまけに多くの機材が一九五〇年代以来の、文字どおりの年代ものとあって、特に発艦と着艦は——耐えがたいほどの熱気と蒸気も相俟って——いつも任務遂行を脅かす最大の難局だった。だが、そんな狭苦しかったり不快だったりする作業環境にありながら、中隊整備員が任務完了できなかったことはまずない——それこそが彼らの不滅の業績だ。

飛行甲板で、カタパルトに載って、甲板員が〝サムズ・アップ〟する——つまり親指を上げてOKサインを出す——のを待つとき、私たち乗員は乗機が万全の作戦可能状態であると一〇〇％信じている。甲板員には、着艦機に着艦復行を指示する、あるいは飛行不能と判断された機体を点検補修のため格納庫に下げる、もしくは甲板上の限られた駐機エリアに押し込む——いずれの場合も、後続の発艦に配慮して作業が継続できるよう即断即決が迫られる。ここは窮地を切り抜けるユーモアのセンスと柔軟性、相手の判断への信頼に加えて、つまりはチームワークがすべてという世界だ。

発艦作業の一連の動きは——特にバッカニアのようなわずかながら大物を扱うときは——ほとんどバレエの舞台を観るように、錯綜していながら整然としていた。

さらに中隊にとって僥倖だったのは、志願し、あるいは交換勤務に選ばれて赴任してきた空軍士官諸氏が優秀で誠実な態度であったことだ。固定翼機搭載の空母戦力の縮小が決定されたことで、海軍のパイロットと航法士の育成・供給ラインは、あっさりと閉鎖に追い込まれた。その結果、海軍の飛行要員の育成は現練習生を最後に打ち切られることになり、809NASでも空軍《ライトブルー》からクルーを調達する必要が生じた。そもそも一九六五年以来、海軍のバッカニア中隊には常時ひと組みの空軍クルーが配されてきたが、809が『アークロイヤル』最後の航海に参加する頃には、クルーのほぼ半分はライトブルーで占められたほか、アメリカ海軍のクルーもひと組混じっていた。空軍から海軍へなど、異なる軍種からクルーひと組を迎え入れ、こちらの運用方式に慣れてもらって共感を誘うというのは比較的容易な作戦であり、派遣元と派遣先が意見交換することで双方とも利益を得たのは間違いない。だが、大人数を受け入れるとなると、何かしらの派閥主義、言い換えれば〝彼奴らと俺たち〟式の対抗意識が顔を出すのを避けるため、慎重に対応する必要があった。

一九七六年には、ブライアン・マハフィー、マイク・ラッド、ボブ・ジョーイ、エド・ワイヤー、リック・フィリップスらパイロットがすでに809の一員になっているか、なる予定だった。もちろん、同じライトブルーの航法士――ピート・ヒューエット、ディック・〝ベイカーストリート〟・エイトキン、マイク・ケネディといった面々の貢献も軽視できない。彼ら空軍勢の最大の功績は空母勤務に熱意をもって参加したことであり、そのおかげで、８０９中隊がまさしく一心同〝隊〟であり続けるとともに、今までにも増して強い結束力を誇る手強いプロ集団に成長する結果となったことだ。新参クルーが初めて空母着艦に成功したとき、彼らは真っ直ぐに主甲板下の艦内病院《シックベイ》に連れて行かれ、健康状態のチェックをするから服を脱げと言われ、その挙げ句そのままひとりずつ士官用ラウンジに案内されて、一杯のビールと『メアリーおばさん』のだみ声の合唱に迎えられる――というのはそれが空軍クルーであっても同じこと、忘れがたい共有体験だ［※15］。

彼らの適応能力の高さと臨機応変の柔軟性はたいしたものだった。たとえば、一九七七年三月、シュレースヴィヒ・ホルシュタイン州のドイツ海軍航空基地に派遣され、ドイツ海軍の高速巡視艇《ＦＰＢ》を相手に演習を実施したときのことだ。その日はＦＰＢが三隻、我が中隊の演習用に配置され、私たちはバッカニア二機を出して、ちょいとしたショーを見せてやろうということになった。エド・ワイヤーと私が長機として、ドイツ海軍のＦ‐１０４Ｇ中隊の指揮官を後席に据えた我らがボスのキース・サマヴィル‐ジョーンズの二番機をリードした。視界不良の曇天を衝いて高度三万フィートまで上昇、次いで海上のＦＰＢを目がけて降下。そこまでは良かったが、降りた先は雲底高度八〇〇フィート、視程五㎞だった。これでは爆撃周回路に入るのは――少なくとも型どおりに進入するのは無理だ！　だが、ためらうことなく、私はエドに〝緊急右舷《ブラヴォー・スターボード》〟機動を指示した。つまり、目標に向かって低空で接近し、目標の右舷から迫り、可能な限りの強烈な引き起こしをかけて、爆撃進入を開始すべく艦首左舷側に脱ける。エドは難なく指示どおりの機動を取り、私たちは一〇マイル先から四回の接艦に成功し、修正を加えたバント／レイ－ダウン手法による投弾で締めくくった。そして、やはり視界不良の雲中を撤収、二機ともに地上管制進入《GCA》で基地に戻った。エドも私も大満足で乗機を降りて、歩き出したとたんにキース・S－Jと鉢合わせしたのには笑った。この出撃中、彼は私たちを見失うまいと懸命に私たちを追い、後席にお客さんを乗せてバルト海周遊飛行を展開する羽目になったわけだ！　彼は上機嫌とはいかないようだったが、ともかくも私たちがここぞというときどれだけ〝根性〟を出せるかはわかってもらえたらしい。多分、その前夜に私たちが派手などんちゃん騒ぎをやらかしたのも、彼の渋い顔の一因だったのだろうが……。

　という次第で、一九七八年四月、『アークロイヤル』最後の航海に乗り組んだとき、中隊はこの上なく良い状態と言えた。まだ居残っている海軍《ダークブルー》のクルーは、幾度も〝お代わり《ラウンド・ザ・ブイ》〟つまり再配属されていて、バッカニアの洋上作戦に関してはたっぷりと経験を積んでいた。なかにはバッカニアでの飛行時間が各々二〇〇〇時間を越える四名の航法士（ピート・ヒューエット、マイク・キャラハン、トニー・フランシス、私）もいた。ロージー・タイバーグも二〇〇〇時間を記録したが、記念

1978年、809中隊所属9,000時間飛行達成の航法士たち。左から、ピーター・ヒューエット、デイヴィッド・トンプスン、トニー・フランシス、マイク・キャラハン

写真は残さなかった。その他ライトブルーとアメリカ海軍からの出向組も揃って経験豊富で意欲満々、そのうえ私たちには、バッカニアという機種が投げかけてくるであろう不具合を——すべてとまではいかなくとも——あらかた見抜いて対処してきた専門知識豊かな、熟練の技術陣がついていた。また、このときのボスはトニー・モートン、軽い調子の肩肘張らない指揮ぶりで、それがおおいに人気を集めた。先任パイロットおよび先任航法士と、飛行員や整備員との関係も、今までどおりの路線が追求された。私は幸運にも、809最後の一八ヵ月間、トニーと飛ぶことができた。地上ではいかにものほほんとした、実に気さくな人物だったが、いったん空に揚がるととんでもない〝猛虎〟に変貌した。要するに彼は艦載機部隊の指揮官には最適の人材であり（彼と飛んでいるあいだ、ボルトした、つまり制動索を捉え損なったことは一度たりともなかったはずだ）、常に先頭に立って

自ら見本を示しながら、部隊をリードした。彼の航法士として飛んだことは、私のバッカニア乗務時代の集大成になった。

日々の飛行メニューの〝定食〟は四機編隊――攻撃機四機と、それに加え、緊急給油に備えて飛行甲板上に待機する支援給油機一機――の運用訓練である。発艦から着艦まで平均的な飛行サイクルの所要時間を一時間半とすると、通常は一日あたり日中四~五サイクル、夜間二サイクルが実行できる。これは延べ三〇機が出撃するということであり、ひいては飛行甲板でも格納甲板でも膨大な点検作業が展開されるということだ。編隊出撃の課題は、極力、全機が揃って指定の標的に投弾することだった。となると、昼間出撃には空中給油《AAR》訓練――空中集合の直後に、給油機の給油ポッドへのアクセスを試す――が付きもので、その後、編隊は画像誘導《TV》/対レーダー《AR》『マーテル』ミサイルを中距離からトス爆撃の手法で（機上搭載された恐怖の画像誘導訓練装置を利用して）連携して発射する態勢を整え、標的艦その他の明確な目標に向かう。ここで私たちは敵機役を演じる長ッ鼻のF-4ファントムに邪魔されることもあり、交戦空域外に控えたガネットが両方に介入する――ファントムに進路を指示する一方で、対艦攻撃を監督する――こともあった。かくて四機編隊は長い曳索に引かれた曳航標的に迫る。空母随伴の給油艦やフリゲート艦が標的艦を務めるのもよくあることで、時にはHMS『ブリタニア』[※16]さえも使われていた。その過程で、給油機はF-4Kファントムの給油にも応じ、給油ポッド懸吊で生じる機動制限のぎりぎり範囲内ならば、

『アークロイヤル』最後の航海、艦上の809中隊士官たち（中隊長トニー・モートン少佐提供）

曳航標的への低空爆撃にも参加した。

バッカニア戦力の成熟の過程で、重要な進歩のひとつは、夜間の効果的な洋上運用能力が確立・維持されていると認められたことだ。熟練の飛行員と整備員がいて優秀な機体があれば、夜間飛行は〝日常茶飯〟になり、この姿勢は一九七〇年代を通じて変わることがなかった。私たちは『リーパス』フレア弾と二インチＲＰもしくは二五ポンド模擬弾を搭載した二機ひと組で——曳航標的に攻撃をかけるこのペアに給油機一機を伴って——出撃した。そして、巧みに放たれたフレア弾の閃光のなか、二機編隊の僚機が標的に三回の爆撃進入を敢行するのに並行して、フレアを投下して〝あらぬ方向〟から戻ってきた長機が二回に及ぶ攻撃を成功させ、二機で確かな成果を出した。

夜間出撃では、臨機応変の行動の自由は明らかに制限される。空母管制進入《CCA》で着艦する際に、じゅうぶんな予備燃料と時間的余裕が必要となるからだ。燃料は艦載機運用の成否の鍵であり、ひと言で済む合い言葉である。それは特に夜間には——ボルトした先行機が再給油を必要とする前に即座に再アプローチへ送り込まれるあいだ、一度ならず航過あるいは空中待機を強いられる可能性が増すため——顕著な事実だった。

空母では頻繁に防空演習《ADEX》が計画された。空母および護衛艦群の防空任務を担う艦載機部隊（Ｆ-４Ｋファントムとガネット ＡＥＷ３）と、連携攻撃で迫るバッカニアとの対抗戦である。これは双方にとって、攻撃手法、航法の精度や目標識別能力を、リアルな、実戦さながらの緊迫した状況のなかでテストする絶好の機会になった。この種の演習は随時開催され、時には他国の海軍を相手にＮＡＴＯの大規模演習の一環としても実施された。

こうして、『アークロイヤル』最後の航海になるはずのこのときも、従来の作戦行動のパターンが速やかに繰り返された。中隊は乗艦一〇日後には、カリブ海に浮かぶヴィエケス島の射爆場で一〇〇〇ポンド爆弾をレイ-ダウンもしくは二〇度の緩降下爆撃の手法で落とし、夜間は『リーパス』の閃光のもと二インチＲＰを発射する訓練を実施していた。

これはＵＳＳ『ケネディ』相手の空母対空母の演習時のエピソードだが、ここはいち早くアドバンテージを確保すべく演習開始と同時に偵察機を出そうということになった。キース・オリヴァーと後席ケン・マッケンジーが夜明けとともに発艦し、そこまでは良かった。ところが、その朝に私たちが出撃前のブリーフィングに参加している間に、外がどんどん暗くなってゆくように見えた。

そこで聞かされたところによると、本艦は昨夜来、西へ西へと針路を取っていて、明るくなるまであと二時間ばかりかかるという。深刻な問題ではなかった。キースが夜間飛行の資格認定をまだ得ていないことを除けば。別のパイロットを選んでいる暇がなかったため、キースは、夜間の誘導信号に関する手短なブリーフィングを受けただけで送り出されたのだった……。それでもすべて事なきを得て、偵察は上首尾だった。ただひとつ惜しかったのは、そもそも彼は夜間出撃できる立場になかったので、その手柄を飛行日誌に記入するわけにはいかなかったことだ！

Ａ-７コルセア部隊が駐屯するセシルフィールド海軍航空基地に降りていたあいだ［※17］、私たちは、一九六〇年代半ばに交換勤務で『イーグル』の８００中隊に配されてバッカニアで飛んでいたバート・チェイス海軍中佐のとても温かい歓迎を受けた。この上陸期間中のハイライトは、対艦スタンド-オフ・ミサイル攻撃に関する検討会のため、Ａ-６イントルーダー部隊の駐屯地であるワシントン州のウィッビー・アイランド海軍基地まで、四機編隊で二度にわたってアメリカ縦断飛行を実施したことだ。その途上の低高度飛行は、素晴らしい体験だった。

再乗艦して、『アークロイヤル』が地中海に向かったときは、空母という形態の戦力の即応能力の高さを今さらながら知らされた。『アーク』がシチリア島沖を航海する間、中隊は、クレタ島の北に展開中の地中海常設海軍部隊《STANAVFORMED》［※18］の艦艇への連携攻撃に参加したのだった。

ホニントンのピアノ、発艦

さて、『アーク』最後の旅も終わりに近づいたところで、記念行事として士官用ラウンジのピアノに〝臨終の儀式〟を執りおこなうことになった［※19］。このピアノは、私たちが最後の航海に出るときに、ホニントンの士官食堂からどうにかこうにか運び込まれて〝艦載ピアノ〟になったもので、艦から射出されて水葬に付されるのがいちばんふさわしいと判断されたのだ。英国海兵隊軍楽隊《ロイヤル・マリーン・バンド》の生演奏付きのセレモニーのあと、ピアノはテッド・アンスン艦長（のちに海軍中将サー・テッド）の手によって射出された。彼――テッド大佐は、ＮＡ39（と呼ばれていた開発時代のバッカニア）を飛ばした最初の海軍パイロットであり、その後もバッカニアのパイロットとして目覚ましい実績を重ねてきたということで、この儀式を締めくくるのには実に的確な人選だった。ちなみに、ピアノは一〇四ノットでカタパルトから離れたとき、空力的性能はまったく不十分であると証明された。

一九七八年一一月二七日、中隊は『アーク』からこれを最後に発進し、一四機のバッカニアはセント・アサン基地に降りて誘導路に駐機した。そのときも、また『アークロイヤル』が最後の〝精算〟に向けてデヴォンポート海軍基地に入港したときも［※20］、儀礼飛行は実施されなかった。それはすなわち、海軍航空戦力のある重要な章はこれで閉じられ、再び開かれることはないのだと現場の関係者の誰もが認識していた当時、当局が新たな章のページをめくると決めた結果だった。

このうえ私が何か付言するとしたら、バッカニア史の片隅に名を連ねることができたのは望外のしあわせだったということに尽きる。そこに関わった人々も機体も、素晴らしい思い出とともにいつまでも私の心のなかで特別な場所を占め続けるだろう。その数々の場面は過ぎゆく年月によって色褪せる気配もなく、つい昨日の出来事のように思われる。空母勤務に退屈している暇はなかった。その後の私の人生を振り返っても、あれに匹敵する日々はない。あの日々——忘れがたいバッカニアとの日々は。

※1 一九八三年一月、ウィルソン内閣がスエズ運河以東の旧英領に駐屯するイギリス軍の撤収を表明した件。イギリスは一九五六年のスエズ動乱(第二次中東戦争)での事実上の敗北以降も中東〜東南アジア地域に軍を駐留させていたが、財政悪化を背景に、アデンからの即時全面撤退に続き、順次マレーシア、シンガポールからも撤退を決定した。〝スエズの東〟というフレーズ自体は作家ラドヤード・キプリングが一八九〇年に発表した詩『マンダレー』に登場して以来、外交・軍事分野の問題を語るときにもよく使われるようになる。

※2 第3章※1を参照。

※3 HMS『ヴィクトリアス』は一九四一年三月末に就役、第二次大戦を経て、戦後は数度の近代化改修が施されて現役を続けてきたが、一九六七年一月より始まった最後の改修作業の完了目前の同年一一月に艦内から出火、退役予定を二年前倒しして、一九六八年三月一三付で退役となった。

※4 一九五九年のファーンバラ航空ショーで、FAA807中隊のキース・レパード少佐がシミター四機編隊を率いて初めて披露した演目。編隊全機が同時にロールを打つ。海軍の曲技飛行チームの定番的演技。

※5 自身も空軍パイロットだった作家W・E・ジョーンズが一九三二年から一九六八年まで書き継いだシリーズものの少年向け冒険小説の主人公の通称。第一次大戦中に活躍した戦闘機パイロットで、大胆不敵にして沈着冷静、優れた操縦技術を持つという設定。

※6 編隊全機でのループに続いて四方に散開する演技。

※7 809中隊のエンブレムの意匠が〝炎のなかから再生するフェニックス〟である。中隊のモットーは〝Immortal〟=〝不死なる者〟。

※8 第3章の執筆者。

※9　ケンブリッジ出身、リヴァプール大学で現代史を専攻したのち出版社勤務を経て、イギリス軍の戦史・戦記を中心に執筆活動をおこなうノンフィクション作家となり、二〇〇九年に『フェニックス・スコードロン』を上梓。

※10　英領ホンデュラスは第二次大戦終結後より独立を摸索、独立前の一九七三年にベリーズと改称しているが、隣国グアテマラも長らく（一八二〇年代から）領有権を主張しており、一九七〇年代後半にはイギリス軍とグアテマラ軍がにらみ合いを続ける事態となった。本文中のバッカニアの作戦行動はそれに先立ち、グアテマラの圧力に対抗すべく実施されたもの。なお、一九八一年にはグアテマラから承認を取り付けて、ベリーズは英連邦王国を形成する立憲君主制の一国家として独立を果たしており、同国にはその後もイギリス陸軍部隊が駐屯している。

※11　一九五一年一〇月に就役して以来、二〇年四ヵ月にわたって現役であり続けた『イーグル』は、F-4ファントムの搭載・運用を可能にすべく最後の改修が検討されたが、その費用があまりに嵩むとして、一九七二年一月二五日付けで退役となった。

※12　いずれも即応態勢のチェックと評価を目的とした演習だが、Tacevalは打撃軍団司令部の主催で年一回実施されるもので、それに備えて各基地が独自に毎月実施するのがMinevalと呼ばれた。

※13　海軍中佐。第1章参照。

※14　一九七四年一一月一一日、筆者トンプスン搭乗のバッカニアがリンカンシャーのウェインフリート射爆場で訓練中に墜落。乗員二名は緊急脱出し、航法士トンプスンは重傷を負いながらも付近の入り江で操業中の漁業関係者に救助されたが、パイロットはその二時間後に遺体で収容された一件。

※15　『Auntie Mary』。〝メアリーおばさん、ズロースのなかにカナリア一羽隠してた〟で始まるスコットランドの童謡。

※16　正確にはHMY『ブリタニア』である。

※17　一九七八年六月二一日～八月七日まで。

※18　NATO傘下の即応海軍戦力STANAVFORMEDの編成は一九九二年四月のことで、前身はNAVOCFORMED（地中海海軍即応部隊）と称した。本部はナポリに置かれる。この組織は二〇〇五年一月、SMNG2（第2常設NATO洋上群）に改称され、現在に到る。

※19　一九七八年一一月一七日、サルデーニャ島に寄港中のこと。

※20　一九七八年一二月四日。

20

# 戦場の南ア空軍バッカニア部隊

## ピーター・カークパトリック

Peter Kirkpatrick

ピーター・カークパトリック（右）と
相棒パイロットのヒル・ファン・デル・ベルク

私が第24飛行中隊に配された一九八五年末、南アフリカ空軍《ＳＡＡＦ》は再び戦場に駆り出されており〔※1〕、中隊はナミビアのフルートフォンテイン基地に待機中だった。アンゴラ解放人民運動《ＭＰＬＡ》は、アンゴラ全面独立民族同盟《ＵＮＩＴＡ》の打倒を目指し、マヴィンガに向けて南東に圧力をかけてくる。〝ブール人〟〔※2〕がそれを黙って見ているわけがない。陸軍部隊と空軍の戦闘機あるいは爆撃機中隊がＵＮＩＴＡ支援のため、国境を越えてアンゴラ内陸部のブッシュ地帯に送り込まれた。数週間の短期間ながら熾烈な戦闘の結果、ＭＰＬＡは戦意を失い、雨季に絡め取られるのを嫌って、マヴィンガ地域から撤退した。空軍の各中隊はそれぞれの基地に引き揚げたが、いずれまた紛争の渦中に投入されるのは時間の問題であることは敏感に察知していた。

一九八五年末と言えば、アンゴラ国内には三万名を越えるキューバ兵と、東ドイツおよびソ連の軍事顧問団三二〇〇名の姿があった。それに加えて、ＡＡ‐7空対空ミサイルを搭載したＭｉＧ‐23計三〇機をはじめ、一二〇機余りの戦闘機が集結済みだった。この時点でＳＡＡＦは、年代もののキャンベラ、バッカニア、ミラージュⅢなど実戦機六〇機余りを前線にかき集めるのに苦慮している。

ＭＰＬＡの軍事部門の総司令官はコンスタンティン・シャガノヴィッチ将軍である。アフガニスタンでも活動経験のある、ソ連の海外派遣軍では最古参の部類に入る歴戦の指揮官だった。これは、ソ連やキューバがアンゴラ内戦に勝利することを極めて重視していた証拠であり、アフリカ南部に対するソ連の野心こそが帝国主義そのもので、彼らは単に抑圧されたアフリカ諸国を解放すべくやって来た救世主――と信じたがっている向きも多かったようだが――というわけではないことの裏付けだった。

一九八六年を通して、ソ連は大量の地上兵器を供与し続けた。たとえばＴ-55主力戦車。あるいはＳＡ-8、ＳＡ-9、ＳＡ-13地対空車載ミサイル、ＺＳＵ-23-4管制レーダー搭載自走砲といった当時最新の防空システムだ。この年、アンゴラは即戦力になるＴ-55をすでに三五〇両ほど確保していたが、南アが用意できたのはオリファント（近代化改修を施したセンチュリオン）三二両だった。

一九八七年九月、アンゴラ軍――アンゴラ解放人民軍《ＦＡＰＬＡ》［※3］――が、アンゴラ南東部のＵＮＩＴＡに攻撃を仕掛けた。それに呼応して南アフリカ防衛軍《ＳＡＤＦ》［※4］も反攻に出て、ＦＡＰＬＡの四個旅団が――対空ミサイルと火砲の稠密な放列に守られて――布陣するロンバ川沿い［※5］で、ＵＮＩＴＡの防衛線の補強に乗り出した。

このとき、ＵＮＩＴＡ支援の作戦行動の一環として南ア空軍は防空任務あるいは対地攻撃任務に従事する五個中隊を投入、そのなかにバッカニア配備の第24飛行中隊も含まれている。

一九八七年一〇月、武力衝突は激化し、通常兵器による本格的な戦争に発展、ブッシュ地帯では戦車戦も展開された。一般にはほとんど知られていないことだが、これは第二次大戦後のアフリカ大陸で勃発した最大規模の戦車戦であり、南ア陸軍によって北西に押し戻されたＦＡＰＬＡの各旅団は、ここで計一〇〇両ほどのＴ‐54／55を失っている。我が第24飛行中隊は、ミラージュＦ1‐ＡＺ装備の第1飛行中隊とともに、ＦＡＰＬＡ地上部隊に対する連日の襲撃を実施した。目標に爆撃進入する際は、常にＳＡ‐8の脅威がつきまとった。

私たちは実に優秀なレーダー警報受信機《RWR》を装備しており、早期警戒が可能だったうえ、機体は各種のレーダー誘導対空ミサイル――特にＳＡ‐8――への対抗策として電波妨害装置《ACS》のポッドを搭載できるように改修されていた。また、チャフとフレアも目一杯積んでいた。チャフは機首を上げて投弾する前から、投弾完了後に低高度へ戻るまで散布する。フレアは赤外線ミサイルに対処すべく、投弾の佳境で発射する習慣だった。これで分かったのだが、ＳＡ‐7とＳＡ‐9はフレアがお好みで、食いつきが良かった！　ヒル・ファン・デル・ベルフと私はいつも編隊四番機を務めていたが、これは目標から離脱するのが最後になるということだ。何発ものＳＡ‐7ミサイルが私たちを追尾して来てはフレアに騙されるのを見るのは私にとって恒例のお楽しみだった。ありがたいことに、この手は毎度うまくいった。

この時期、私たちはある攻撃任務を課された。一九八七年一〇月一三日、退却するＦＡＰＬＡの旅団に物資補給をする車列がその対象だった。これは確かヒルと私の一〇回目の戦闘出撃だったはずで、そのせいか私たちは、初めて敵地に乗り込んだとき以上に神経過敏になっていた（いや、私たちが毎回いつも平然と落ち着いていたというのではないが）。乗機はバッカニア422で、三機編隊の三番機だった。投弾開始で機首上げしたところで、RWRが通常より喧しく騒いでいるのが分かった。離脱する瞬間にはそれが悲鳴に変わっていたし、電波妨害ポッドはクリスマスツリーのように盛大に点灯していた。もうSA‐8に追尾されていたのだ。六時方向から真っ直ぐ私たちに迫ってくる。私はヒルに回避しろと叫んだ。だが、間抜けもいいところで方向指示を忘れ、即座に聞き返された。どっちへ行く。下に持ち込めと私は答えた。低高度で、SA‐8の照準線との間に木々の梢が入るように飛べ、と。私たちは運良く無傷で速やかに低高度に戻った。攻撃手順、チャフとフレア、RWR、電波妨害ポッド、それにヒルが実行した強烈な機動——そのすべてがうまく噛み合って、私たちはいずれまた出撃する日のために生き延びることができた。

ヒルと私は、攻撃任務の帰途——低高度で四五分ばかり——はリラックスして軽口たたくのが常だった。だが、この日は着陸するまで、ほとんど黙りこくっていた。二人とも実感していたからだ。今回、生還できたのがいかに幸運だったか。あとになってわかったのだが、空軍のそれなりの情報部員が、SA‐8の展開位置の特定を誤り、実際よりも二マイル北にプロットしていた。その結果、私たちは事実上その真上に進入する形になった。私たちがかくも早々と捕捉されたのも、それで説明がつく。言うまでもないだろうが、私たち二人とも、この情報将校に恨み骨髄だった。

一週間後の一〇月二〇日、私たちは「落とし前をつける」機会に恵まれた。四機編隊に加わって、例のSA‐8──ある尾根の頂部に布陣して、あの地域における作戦行動の深刻な脅威になりつつあった奴を潰しに行く。このときの乗機はバッカニア414、進入発起点《IP》までは編隊列機と一緒に飛び、そこから先は個々に進入する。機首を上げて投弾、低高度に離脱したところで、私は一〇発連なって落ちて行ったMk82爆弾が、尾根の上空で次々に炸裂するのを見届けた。SA‐8もこちらを捕捉にかかっているのは、RWRの音声がけたたましくなってきたので分かった。列機の一斉投弾も尾根の頂部を狙って続き、RWRの音声は消えた。SA‐8がもう使い物にならなくなった証しだ。それが完全に破壊されたことは、数日後に地上部隊が確認した。完全な高速対レーダーミサイル《HARM》ではなかったにせよ、それ相応に厄介な相手だった。

一九八七年一〇月九日［※6］、ヒルと私はクイト・クァナヴァリ［※7］のクイト川橋梁付近の写真偵察任務を命じられていた。決行日は一〇月一一日、バッカニア部隊が九日間で一四回の爆撃を敢行するという大活躍の最中だった。

私たちは、他のバッカニア──並びに数機のミラージュF1──がクイト・クァナヴァリ南東〜ロンバ川間のFAPLAに対して攻撃を展開中に、偵察に出ることになった。

作戦は最高潮に達し、アンゴラ側のMiG‐23も当該地域（別掲地図参照）上空をくまなく飛び

［左から右］
クイト・クァナヴァリ　300海里　クァンド川　マヴィンガ

まわっているだろうというので、私たちはこの任務にはことさら慎重になった。

低高度ではアンゴラ南東部のほぼ全域が味方のレーダーの探知範囲外であるのを考慮し、私たちはもっぱら先住民居留地の上空を選んで飛ぶことにした。幸い、燃料には不自由していないし、ACSポッドはもちろん、チャフとフレアのポッドもぬかりなく搭載する。

私は戦闘空域を迂回して飛べるように飛行ルートを設定した。マヴィンガの東を通過し、クァンド川沿いに北上、渓谷で様子を窺いつつ、北東からクイト・クァナヴァリに接近する。これなら、地形を利用して最後の瞬間までクイトのレーダーの眼を逃れながら撮影進入、航過して低高度で南に抜け、戦闘空域に突っ込むことなくフルートフォンテインに帰れる。

一一日当日、私たちはバック416で〇九〇〇時に発進し、写真偵察に臨むべくマヴィンガ東方に針路を取った。このとき、主たる戦闘空域では24中隊のバック三機が打撃任務を遂行中だった。私たちの乗機の爆弾倉にはカメラユニット――ヴィンテン長距離傾斜撮影《LOROP》ポッド――が搭載された。比較的ローアングルから広範囲の斜め写真を撮るのに使われる機材である。これによって、目標の直上を飛ぶことで発生するリスクは軽減され、ミサイルや戦闘機の脅威に晒される時間も最小限で済む。パイロットは目盛付き自動照準装置と機体のロール制御装置を利用して操縦する。

離陸後、まずはルンドゥ［※8］の東側を抜け、対地高度一〇〇～二〇〇フィートの低空を四二〇ノットの巡航速度で飛ぶ。まだ友好地域の上空にいるあいだに、空撮システムを通常の手順で点検。回転式爆弾倉を開扉し、私はカメラの作動チェックをおこなった。ヒルがポッド右舷側のカメラ用窓の照準器越しに視角を確認し、それに合わせてカメラの設定角度を決める。この場合、右舷側に一〇度傾けることになった。これでチェック完了、設定はそのままに爆弾倉を閉める。

そこから四八〇ノットに加速し、一〇〇フィートまで降りて北上を続け、クァンド川に行き当たったら機首を北西に向ける。それまで南アフリカの幾多の河川を眼下に見てきたが、この川を目にしたときは本当に驚いた。氾濫原の幅四～五km、乾期にも関わらず、その水流の幅はオレンジ川の二倍はあった（オレンジ川は我が南アフリカ最大の川である）。それでも、アンゴラ南東部を流れる十数本の大河の一本に過ぎないのだ。

ともかくも、その川沿いに進入開始地点まで飛び、さらに西へ折れて、私たちは最終進入に入った。バッカニアに備わった航法システムは（当時としては）優れていたと言えるが、実質的には依然として推測航法システムの域を出ず、これで最善を期すには常に正確なデータ更新が必要だった。

私たちはクァンド支流の渓谷に入り、高度一〇〇フィートを維持しながら五八〇ノットに加速した。ＲＷＲは沈黙したままだった。撮影ポイントに到達したところで、ヒルが五Ｇの引き起こしをかけて一万フィートまで上昇、そのまま真っ直ぐ修理工場行きになる前に上昇率を抑えるべく反転ロールを打って五Ｇの機首下げ、水平飛行に移る。対地高度一万二九〇〇フィート（海抜一万五九〇〇フィート）で、ヒルが爆弾倉を開いた。この一連の機動に要した時間は約三〇秒。年経た中古車にしては上出来だ。

ここに至ってＲＷＲがやたら騒ぎ出し、ＳＡ‐８とＳＡ‐３が自己主張してきたのが分かった。私たちは撮影目標からは七マイルの距離を確保していたので、クイト地域に展開するほとんどの地対空ミサイルの射程外にとどまっていられた。だが、同じ空域で作戦中のＭｉＧ‐23の脅威には晒され続ける。いったんこちらの存在に気付かれたが最後、連中は長距離探知レーダーを介して迎撃に出て来るに違いないが、低高度から上昇した私たちを特定して追尾を開始するまでに少なくとも二〇秒はかかるはずだ。今や連中のレーダーは活発に活動を始めたらしく、ＲＷＲがにぎやかにわめきたてている。まだ直接の遭遇の危険はないが、もう待ったなし。さっさと仕事を片付けて、早いとこ安全な低高度に戻ろう。

ヒルが目標の橋梁にカメラの照準を合わせると同時に、私は撮影開始のスイッチを押し、カメラが機能しているのを確認した。ひとまず上々の流れだ。私たちは気付かれないうちに目標を通過、橋はあるべき位置にちゃんとあった。これで撮影航過は終了、私はカメラのスイッチを切った。ヒルは爆弾倉を閉め、瞬時に降下しようと納屋の扉《エアブレーキ》を開いて、低高度に突入した。すでにクイトからメノンゲまでの全レーダーの活動に呼応して、ＲＷＲが絶叫している。

私たちは五八〇ノットで低高度に飛び込み、南に機首を向けた。とたんに無線で告げられたのが「当機はそちらの七時方向にあり！」。ヒルと私は「はぁ…?!」と答えるしかなかった。何のことはない、私たちの南東で爆撃を実施して帰路についたピッキー・ジーブリッツが僚機のマイク・ボイヤーに話しかけているのをたまたま傍受したのだ、と分かったのは一五秒後だった。必死で全周を見渡して敵機の姿を探す、それは長い一五秒間だった。

それ以降は何事もなく、私たちは無事にフルートフォンテインに帰着した。

私たちが撮影したフィルムは現像に出され、分析に回された。自分たちは良い仕事をしたと思った。いや、そうだと確信していた。

二日後、私たちの上空通過が非常に迷惑だったとルンドゥから苦情が届いた。写真も不評を買い、画面の下側三分の一に収まっていなければならない橋が、真ん中あたりに写り込んでいると指摘が入った。使えないわけじゃないが、今後の作戦のために、もっと良い写真が欲しいと情報部員は言う。当然のように周囲から大笑いされた挙げ句、ヒルと私は再度の偵察行に出ることになった。「何てこった……」。ぼやきながら二人で前回の経路をトリプルチェックした。今度はどうしたって失敗できない。

一九八六年一〇月一四日、私たちは再びバック416で発進し、高度一〇〇〇フィートに上昇して任務遂行に入った。何としても前回の失敗の埋め合わせをする決意で。

ルンドゥ手前で撮影システムの点検を実施し、すべて異常なしと確認できたが、前回は何が悪かったのかは相変わらず不明だった。マヴィンガの北を通過したところで、ヒルが決断した。カメラの照準をもう一度チェックしよう。そこで彼が発見したのだが、ポッド右舷側のカメラ用窓に取り付けられた目盛付き照準器がわずかにゆるんでいて、振動で設定角度が当初の一〇度から八度にずれていた。ひとしきり悪態をついて、ヒルは設定をやり直した。その後は——毎度お馴染みRWRの大騒ぎ以外は——何の問題もなく任務完了。今回の写真の出来は情報部に好評で、彼らはご満悦、私たちも余計なけちを付けられずに済んでひと安心だった。

一九八七年一〇月末には、南ア軍とUNITAの地上部隊が、FAPLAの各旅団をロンバ川の

低空でブッシュ地帯上空を飛行する24中隊機

向こうに押し戻しつつあった。南ア軍としては、雨季が始まってあらゆる戦闘が停止される前に、マヴィンガ～クイト・クァナヴァリ間に出来るだけ広範囲に緩衝地帯を構築する意向だった。私たちは地上部隊の支援のため、実質ほぼ連日というペースで爆撃に出た。

我が中隊のバッカニアは、爆弾倉にＭｋ81またはＭｋ82を八発、それに加えて主翼下にはＭｋ82を八発、Ｍｋ81なら一二発を搭載できるように改修されていた。ちなみに、私たちは航空ショーに参加して演技を披露するのを常としていたが、その際は〝クリーン〟の、つまり外部兵装していないバック一機と、このフル兵装のバック一機で、厳しい機動を展開し、南ア空軍の他の中隊にも見せつけた。「どうだ、この真似が出来るかい！」

実戦運用の搭載弾には通常爆弾のほか、最大二万六〇〇〇個の鋼球を詰めて空中炸裂させる破片型爆弾もあった。その場合、トス爆撃が確実に生還可能な手法として選択されることになる。四機編隊での一斉投弾による効果範囲は一平方㎞に及んだ。

自分たちの生還可能性を高めるため、私たちはトス爆撃を多用した。それも標準的な中距離トス爆撃の手順に改良を加えて、投弾時の上昇角度を大きく（三八度〜四二度）取った。これによって、SA－8の射程外からの、つまりスタンドオフの投弾に際して、その距離をより長く——爆撃手順を実行し、無理なく安全に離脱するのにじゅうぶん長く確保できた。

当初、私たちはもっぱら空中炸裂信管付きの破片型Mk82を使用した。これは地上に露出した格好で展開している兵員に対しては極めて効果的だった。ただし、各個掩体にでも潜り込まれたら、効果は薄れる。情報部の報告によれば、FAPLAはたちまちそれを学習してしまったようだ。とは言え、破片型Mk82はトラックや軽装甲車両にも——特にそのラジエーターやタイヤに——効果抜群だった。メノンゲあるいはクイト・クァナヴァリ方面から来るFAPLAの補給部隊は、交換用のタイヤやラジエーターを運ぶのに必死だという報告も入った。そのぶん食料弾薬を積むスペースが削られるわけで、彼らの補給を断つという私たちの作戦は図に当たっていたということになる。

なかには頑強に居座るFAPLA旅団がいて、南ア軍とUNITA地上部隊は彼らを追い払うのに悪戦苦闘することがあった。そうなると、私たちは搭載弾を遅延信管付きの〝普通〟のMk82に切り替えた。遅延時間は二時間から四八時間まで幅を持たせて設定できる。私たちは段階的に時間設定した四八発のMk82を問題の旅団が居座る地域に放り込んだ。それらは柔らかい地面に突き刺さり、設定時間が来るまで地中にめり込んだままになる。つまり、私たちは事実上その地域に、向こう二日間にわたって一時間ごとに勝手に爆発する地雷を撒き散らしたようなものだった。二四時間も経つと、彼らは神経をすり減らして疲れ果て、撤退し始める。四八時間後、私たちが投下した爆弾がすべて爆発して、もう残っていないのを承知している南ア軍地上部隊が、入れ替わりにその地域に進出を果たした。

一九八七年一〇月二〇日《〔原文ママ〕》、ヒルと私はバック三機編隊の一翼に加わり、クイト・クァナヴァリの南東へ爆撃に出た。計画された飛行ルートは、まずクイト川沿いに接近してヴィーラ・ノーヴァ・ダ・アルマダを通過。爆撃進入の発起点《IP》への入口となる地上の目印を確認したら東に折れ、発起点——奇妙な形状の沼——を目指し、そこから北上して目標地域に向かう。投弾後は右舷側に離脱して、低高度で南下、基地に戻る。このルート設定の根拠は以下のとおりだ。

・攻撃目標たるＦＡＰＬＡの旅団は、周囲に布陣するＳＡ-９およびＳＡ-８対空ミサイル部隊によって守られている。陸軍情報部の報告では同旅団の南から南東にかけて、その防衛線に穴がある。

・これはミラージュＦ１-ＡＺの四機編隊との合同作戦であり、彼らは私たちの投弾予定時刻の三〇秒前に南東から攻撃を展開することになっていた。

・攻撃目標北側からの進入は、クイト・クァナヴァリにあまりに近づき過ぎることになり、危険である。

・その地域で爆撃進入のＩＰに使えるのは目標南の沼しかない。

出撃は一五二〇時、ヒルと私はバック422、例によって編隊三番機だった。先述したように、ここからは航法データを目標までの各通過点で正確に更新し続けることが必要不可欠となるが、先導の編隊長機からの方向指示電波に従って、幅三〇〇〇～六〇〇〇フィートの緩い戦闘隊形を形成して飛ぶとき、これは容易な作業ではない。ヒルと私は、編隊を維持しながら旋回する際には、先行二機と差をつけながら航法データ更新の目安になる通過設定点《フィックスポイント》に機体を持って行くテクニックに熟達していた。これは特にＩＰを目前にしていて――それが他にはめぼしい特徴のない地域の真ん中にある沼で、しかも自分たちは高度一〇〇フィート・四八〇ノットで飛んでいるとなれば、なおさら重要だった。

川沿いのフィックスポイントを確認してから、私たち――ヒルと私――は右に八〇度の旋回を図り、いつもどおり編隊で旋回中でも航法データの確実な更新に努めた。

編隊長機も右に旋回、ただし最大三〇度である。これから私たちは、ＩＰが右に流れてゆくのを見ながら、ミラージュ編隊が作戦中の地域を目指し――SA-8の防御砲火をかわしつつ――目標に真っ直ぐ突入しようとしていた。

私たちは常に――攻撃に出るときは特に――完全な無線封止が鉄則だった。それが身に染みついていたので、私はヒルに直接話しかけた。俺たちは今まさに災厄の真っ只中に飛び込もうとしている、と。ヒルは同意し、私が無線封止を破るのに賛成した。私は編隊長機の航法士を呼び出し、IPが右舷六〇度に見えているが大丈夫かと、慎重に訊いた。つまり、このとき私たちは一分間に八マイルの速さでコースから逸れつつあったということなのだ。

24中隊長にして編隊長のラフィス・ラブスカフニー中佐は、それが非常にまずい状況であることを認めた。速やかに事態の収拾を図るか、さもなくばとっとと基地に引き返すかしなければならない。彼はヒルと私に編隊のリードを任せると告げた。私は即座に二七〇度の左旋回をコールした。あらためてIPに西側から迫ろう。

白状すると、心臓が口から飛び出しそうだった。もしも自分が判断を誤ったとすれば、取り返しがつかないとわかっていたからだ。だが、IPを目前にした航法データの正確な更新の甲斐あって、私たちは――四〇秒遅れとは言え――その直上に到達し、投弾点を前に兵器システムの始動に入った。目標に向けて左へ急旋回、出力全開《バスター》で五四〇ノットに加速。列機二機も私たちのあとに続いた。投弾に備えてヒルが爆弾倉を開き、私はチャフの散布を開始した。私たちの左舷方向にはSA-

８の放列が展開していて、情報部の報告に間違いがなかったことはＲＷＲの反応から確認できた。ヒルがヘッドアップ・ディスプレー《HUD》に表示される兵器システム運用コマンドに合わせて機体を操り、高度八〇フィートを五五〇ノットで飛んだ。こうした状況における乗員二名であることの利点がこれだ。すなわちパイロットはひたすら操縦に専念するのみ、航法士は全周警戒の傍らで兵器システム、投弾設定、チャフやフレア、電波妨害機器の面倒を見る。目標まで四・七マイルの投弾点に達したところで、ヒルはＨＵＤのコマンドに従って、四Ｇの引き起こしをかけた。六秒後、三五度で引き起こしの最中、爆弾が自動的に投下される。自動投下装置《ERU》が作動し、爆弾が機体から離れる瞬間の鈍い音が伝わってきた。全弾の投弾完了とともに、ヒルは右に急旋回の離脱機動を取り、私は目視で投弾を確認して赤外線ミサイル対策のフレアを射出する。今やＳＡ－８のさえずりが喧しく、だが、連中はまだこちらに照準固定《ロックオン》するには至っていなかった。引き起こしから三〇秒後、私たちは比較的安全な低高度に戻って、五八〇ノットで南下を始めた。この段階での航法士の仕事は、ミサイルその他敵機に追尾されていないかチェックすることだ。爆弾が目標を直撃したか否かの判定もするつもりだったが——かくも特徴に乏しい地形、しかも六マイル遠くからでは簡単にはいかなかった。

　このような状況におかれたときのバッカニアの操縦性の良さには、いつも驚かされた。そもそもバッカニアは急旋回にかけては定評があった。五〇〇ノットでは確かにそのとおり。だが、三八〇ノット――トス爆撃で投弾直後の典型的なスピード――では事情が違う。このスピードであれば、パイロットはバッカニアの売りである際どいフリック‐インを敢えて試さずに、五Gのかかる旋回を安全に実施しようとする。我が中隊のパイロットたちは、実のところ、振動《バフェット》――機体が失速しかかっているときに起こる現象であり、これが起こるとどうなるか知っていれば警報も同然だ――の気配を、こうした状況での機体制御にむしろ利用していた。

以上、一連の出撃でバッカニアは一機たりとも失われなかった――という事実は、この機種の優れた操縦性を証明するものだ。私たちは一度、いや二度ばかり、偶発的にミラージュ部隊と同じ空域で鉢合わせになったことがある。作戦上の種々の制約によって、同じ旅団を同じ方角から攻撃したときのことだ。こういう場合、相手に反撃の余裕を与えないよう、ミラージュ部隊と私たちの攻撃のタイミングはわずか三〇秒差に設定される。仮にどちらか一方、あるいは両方ともがタイミングを外してしまったら、同時に投弾となる。ミラージュ部隊は目標六マイル手前で、私たちは――時間差の確保に――四マイル半手前で投弾することになっていたが、私が記憶する限りでは、アンゴラでの作戦行動で、これが起こったのは二度しかない。そのうちの一度は、マイク・ボイヤーが、投弾後の離脱機動の真っ最中にあるミラージュと編隊を組む格好になった。

この状況でもバックのパイロットは操縦以外のことに煩わされる必要がない――というのは、大変な強みだ。対照的に、気の毒なF1‐AZのパイロットは彼の操縦席《オフィス》で多忙を極める。搭載システムがほとんど統合されていなかったので、彼には相当の作業負荷がかかる。F1‐AZのパイロットのひとりレフ・ファン・エーデンが、離脱機動の最中に危うく地面に突っ込むところだったと、その一部始終を聞かせてくれたのを私は今でもよく憶えている。アンゴラで作戦行動を始めた当初から、バックの航法士は、地対空ミサイルや対空砲部隊の活動量をデブリーフィングで報告し続けてきたが、一部のF1‐AZのパイロットは私たちの報告に懐疑的な態度を示した。彼らは私たちと同じようにはそれを確認できないのだという無理からぬ事情があったからだろう。これは彼ら自身も認めたことだが、彼らには本当に周囲の警戒などしている暇がないのだった。五回ほど爆撃行を経験したあと、レフは離脱機動中にRWRをちらりと見るくらいは大丈夫だと思ったらしい。だが、RWRでSA‐8の飛来数を把握した瞬間、彼の言葉を借りれば「ちびりそうになって」、一刻も早く低高度に戻ろうと操縦桿を力一杯握った。その結果、大地に向かってほとんど垂直に急降下、ロンバ河岸の記念碑になる寸前でどうにか踏みとどまった。基地に帰着し、機から降りてきた彼はまさしく震え上がっていた。自分が見たものに、そして自分が死の一歩手前まで行ったことに。彼の話を聞いて、私は自分が上等な兵器システムと優れものの電子戦対応システムを搭載した乗員二名の機種で飛んでいる有り難さをますます実感した。

アンゴラでの作戦行動は一九八七年九月から一九八八年四月まで続いた。ミラージュF1‐AZ

部隊はわずか一〇機で延べ一〇〇〇回の、バッカニア部隊はわずか四機で延べ一五〇回の戦闘出撃を実施した。それらすべてが、堅固な防空態勢を敷いている地域への出撃であり、私たちは毎回必ず対空砲やミサイルの集中砲火を浴びた。第1飛行中隊は何度か低空でMiG‐23の群れに遭遇しているが、大抵の場合、そのキューバ人パイロットたちはレーダーの探知範囲外で活動するのを忌避した。驚くべきことに、この期間中、敵火によって失われた対地攻撃機はミラージュF1‐AZただ一機のみである。

私たちの損失率の、注目にあたいする低さには、幾つもの要因が挙げられる。すばらしく優秀な能動・受動両用の対電子《ECM》装備、目標数マイル手前からのトス爆撃という手法、そして、超低高度における抜群の操縦性。爆撃進入では、八〇フィートを五四〇ノットで駆け抜けるのは至って普通のことだった。そこはまさにバッカニアの独壇場だったのである。

※1　アンゴラ内戦。アンゴラではポルトガルからの独立を果たした一九七五年から、ソ連やキューバをはじめとする東側陣営の支援を受けたMPLA、アメリカや南アが支援するUNITAその他FNLAなど、複数の武装勢力が覇権を争い、米ソ代理戦争様の内戦が続いていた。南アは一九八八年に介入を断念、アンゴラから撤退するが、内戦自体は一九九一年の冷戦終結後も度々再燃し、終結したのは二〇〇二年である。

※2　南アフリカのオランダ系移民の子孫。〝ブール〟はオランダ語で「農場経営者」「農民」を意味する名詞で、彼らが自ら名乗った呼称。イギリス式に発音すると〝ボーア〟であるが現在では一般的でないようだ。

※3　元来はMPLAの軍事組織。MPLAが一九七五年に政権を掌握して以降アンゴラ政府軍として活動、一九九三年にアンゴラの正規軍に改組される。

※4　一九六一年に南アフリカが〝連邦〟から〝共和国〟に変わる直前に、それまでの連邦防衛軍を引き継いで国軍として創設されたのがSADFであり、一九九四年にはSANDF＝南アフリカ国防軍に再編された。

※5　アンゴラ南東部を東西方向に流れる。

※6　原著では、以下の年月日の記述には多少の混乱が生じている。

※7　アンゴラ南東部クァンド・クバンゴ州の小都市で、アンゴラ内戦〜南アフリカ国境紛争（ナミビア独立戦争）当時、たびたび激戦の舞台となり、なかでも一九八七年八月〜八八年三月の〝クイト・クァナヴァリの戦い〟は、第二次大戦以降のアフリカ大陸で最大規模の地上戦となった。

※8　ナミビアの北東部、アンゴラとの国境を流れるオカヴァンゴ川沿いに位置する。当時ナミビアは南アの実効支配下にあり、南アのアンゴラ内戦介入に際して、フルートフォンテイン空軍基地は南ア空軍の拠点となった。

# 21

# 『グランビィ』作戦

## ——精密爆撃——

ビル・コープ

Bill Cope

サダム・フセインのクウェート侵攻［※1］を受けて、イギリス空軍《RAF》は、湾岸地域における多国籍軍の一翼として、強力な航空戦力を速やかに築き上げた。第18航空団司令サー・マイケル・スティア中将は、統合司令部に対して、我が空軍において精密爆撃を遂行可能とする保有機材は『ペイヴスパイク』レーザー照準ポッドを搭載したバッカニアのみであると説いた。だが、私たち《バッカニア》の出る幕はないと告げられたという。そこで、私たちの基地司令ジョン・フォード大佐――バッカニアの熟練パイロットにして前中隊長――から12中隊長と私に相談があった［※2］。私たちは、今までの低空進入に加えて行う高度な〝くさび打ち《スパイキング》〟［※3］の手法を研究し、バッカニアの可能性を改めて追求してみようと衆議一決した。航空団司令の賛同も得て、バッカニア装備の二個中隊は訓練を実施し、この戦術が効果的であることをすぐに報告できた。

　多国籍軍による空爆が開始されたのはそれから間もなくのことで、トーネード部隊は低高度からの飛行場爆撃を展開し、その過程で四機を失っている。ひとたびイラク空軍が地上に釘付けになったのが明らかとなると、引き続きトーネードは第二次大戦の遺物――非誘導一〇〇〇ポンド爆弾を搭載しての中高度爆撃に使われた。航空団司令は再びバッカニア部隊の提供を申し出たが、返ってきた答えは数週間前と同じ、断固たる却下《ノー》だった！

　一方その間に海軍はペルシア湾に派遣する艦隊の編成を進め、その計画の一環で、私たちの姉妹部隊12中隊はジブラルタルに送られ、私の指揮下にある２０８中隊はＲＡＦセント・モーガン基地に移駐した。つまり私は、我が国が紛れもなく重要な役どころを演じた、いわゆる〝湾岸戦争〟の幕開けのシーンをテレビで観ていたわけだ。

実は、その何週間も前に私は、妻とスキー旅行に行こうと休暇を申請していた。それで一九九一年一月二二日の夕方、セント・モーガンの分散駐機場で、おそろしく有能な我が副官トニー・ラノン-ウッド少佐に指揮権の一時移譲をして、ロッシマウスからジョン・フォード自らの操縦で、我が中隊の視察に訪れる航空団司令を乗せたハンターが到着するのを待っていた。私はそのハンターでロッシマウスに戻り、休暇に入る手筈だった。ちなみに、このとき私は冗談で航空団司令に尋ねてみた。もしや私らを湾岸送りにして、私の休暇をぶちこわしにしてくださるおつもりじゃないでしょうね。彼は答えた。「残念だがね、ビル。相変わらず私たちはお呼びじゃないようだ。休暇を楽しんでくるといい」。

ロッシマウスに戻ってすぐに私は自宅へ帰って夕食を摂った。だから知らなかったのだが、ジョン・フォードは私ほど安穏とはしていられなかった。深夜になって、彼は大隊指揮センターの防諜回線の電話に呼び出され、いきなり訊かれた。「貴官のバッカニア部隊をペルシア湾に派遣するには、何日かかるか？」。それまで事前の根回しも受けていなければ、特別任務に必要な準備期間の正当な要求も出来ないまま、彼はすべてを呑み込んで答えた。「三日です」。

こうした経緯で、三〇年にもわたる就役期間の末に、この傑出した低空爆撃機はついに実戦参加することになった――それも高高度運用で！　何故この期に及んでこんな旧型機を実戦投入するのかと問われた国防相はこう答えたと伝えられている。「精密爆撃の水準を早急に引き上げる必要があるからです」。これが、いわばバッカニアへの公式の賞賛になった。

　ともかくも、三日間で、機体にはチャフやフレアの散布装置が取り付けられ、砂漠迷彩塗装が施されたのをはじめ、ＡＩＭ－９Ｌ『サイドワインダー』ミサイルが調達され、炸薬装填のうえ搭載された。通信機器は『ハヴクイック』保安無線システムに入れ替えられ、爆弾倉燃料タンクが装備された。一方の翼下にも燃料タンク、もう一方の翼下には肝心かなめの『ペイヴスパイク』レーザー照準ポッドが懸吊された。一四〇名の人員には――これは後に一八〇名に増員になるが――、想定されるあらゆる感染症に対応すべく予防接種が実施され、対化学兵器用の個人装備が支給され、家族への遺言書の作成が勧められ、個人携行火器も渡された。

　一月二六日〇四〇〇時、私たちは基地司令の別れの挨拶を受けて、まだ所々ペイントが乾ききっていない機体でロッシマウスを発った。私の航法士はカール・ウィルスン、二番機のクルーはグレン・メイスンとディック・エイトキンだ。私たちはイングランド南部でトライスター給油機と会合《ランデヴー》し、そのままバーレーンのムハッラク空港までノンストップで一緒に飛んだ。その後の数日で、さらに四機が私たちのあとに続いた。この湾岸分遣隊の第一陣は、２０８中隊と12中隊および２３７運用転換部隊《OCU》から選ばれた最も経験豊かなクルーで構成された。

ロッシマウス司令官ジョン・フォード大佐が、ビル・コープと航法士カール・ウィルスンに別れを告げる

私たちの到着に際しては何の出迎えもなく、正直なところ、拍子抜けした。ムハッラクのＲＡＦ作戦基地から誰ひとり飛び出して来ないのにはいささか驚いた。待っていたのは私たちの地上員だけだった。戦場のＲＡＦ部隊に今後欠くべからざる新たな能力を付与すべく現地入りしたからには大歓迎される――と本気で期待していたわけでもなかったから、さほど落ち込むことはなかったのだが。

そんなバーレーン初日の夜、私は私たちの宿舎となったホテルの最上階のバーで、ジャギュア中隊の指揮官ビル・ピクストン中佐と会った。話のついでに私は彼に訊いてみた。『スカッド』の飛来警報が出たらどう動けばいいか。全員ただちに地下の専用シェルターに駆け込むとか？　彼が答えて曰く「そんなことしてもたいして意味ないね。あれが一発このホテルを直撃したとする。あいつは全部の階のフロアを垂直にぶち抜いて地下に突っ

砂漠でトーネードとの演習を行う

込んでくるんだ、マッハ五で！　だから、警報が出たらここまで一気に駆け上がって、ビールでも飲みながら、海上大橋《コーズウェイ》のあっち側のダーラン［※4］から『ペトリオット』が飛んで行くのを見物する。だいたいみんなそうしてるよ」。なるほど、ほんの一瞬考えただけでも、それがいちばん現実的なアドバイスのように思われた。

　私たちは以下の三カ所の基地からRAFトーネード部隊とともに作戦に出るよう要求された。バーレーンのムハッラク、サウジアラビアのダーランとタブーク。私は、ひとりの中隊指揮官を、各基地間をつなぐ連絡将校に任命した。バッカニア／トーネード連携の標準手順を確立し、それを即座に共有するために。

　私たちはマナーマのホテルに分宿し、レンタカーを自分たちで運転してホテルと基地を行き来した。ある種奇怪な習慣に彩られた日常生活だった。これが今どきの戦場かというわけで。たとえば、私たちは飛行装備のまま市中を行き来するのを禁じられていた。そのため、レンタカーで〝出勤〟して、私服から砂漠迷彩色の飛行スーツに着替え、拳銃と弾丸を基地の武器保管庫から、必携のサバイバルキットを情報部窓口からそれぞれ受け取り、その日の業務《ミッション》の段取りを決め、爆撃に出て、戻って報告会《デブリーフ》を済ませて、着替えてホテルに帰る。ホテルのプールサイドでは、非番だったクルーがのんびり寛いでいる。プールサイドに並んだ寝椅子でひと息つけば、隣の奴が「今日はどうだった?」と、控え目に訊いてくるのが、こっちの本日の営業成績に寄せられる関心のすべてだった。

バッカニアには、航法システムと『ペイヴスパイク』レーザー照準システムを連動させるインターフェイスが整っていなかった。つまり、目標にレーザーを当てる作業を実行する電子的システムを欠いていた。そのため、機体が離陸滑走に入る前の誘導路上にあるうちに、クルーが自分たちで航法士のレーザー照準サイトと、目標に照準点を合わせるパイロットの投弾用サイトを同調させておくのが専らの頼りということになる。空に揚がったら、パイロットが目視で目標を捉え、それに照準を定め、航法士に「照準完了《サイト・オン》」を告げねばならない。それに呼応して、航法士は同じ目標を捕捉すべくレーザー照準サイトのファインダーを開く。驚くべし、これがモダン・テクノロジーで通っていた! しかも、ほぼ毎回うまくいったのだ。とは言うものの、地上で(たいていは一〇〇~二〇〇ヤードの短い距離で)実施されるサイト調整のいかなる微妙な誤差も、空ではかなりの差異になりかねない――よくあることだが視程が二〇マイルあるいはそれを越えていたり、同じタイプの目標が幾つも同じ地域に並んでいたりする場合は特にそうだ。これが一度ならず問題を引き起こした。

　クウェートに展開したイラク軍の兵站支援は、ことごとく本国から陸路で実行されていた。その兵站線を断つべく、私たちの最初のターゲットはイラクの橋梁――彼らの主要な輸送ルートと彼の地の大河の交差地点に架けられた数々の橋――ということになった。私たちは、レーザー照準担当のバッカニア二機（一機の照準システムに不具合が生じた場合に備えて）と、トーネード爆撃機四機で構成された〝標準パッケージ〟を運用した。これにアメリカ軍のF‐15イーグル戦闘機二機と、地対空ミサイル《SAM》制圧を請け負うワイルド・ウィーゼル任務機（通常はF‐16ファイティング・ファルコン）二機、F‐111Eレイヴン電子妨害機一機が護衛に就き、さらに、これがすべて、一定の間隔で心強くも〝友軍機のみ在空〟を送信してくる大型レーダー搭載の早期警戒管制機《AWACS》の万全な管制下にあった。結局のところ、私たちがイラク空軍機に空中で遭遇することは一度もなかった。

　私が思うに、中隊指揮官たるものの大抵は、初めて実戦に赴く心理を何かしら想定しているものだ。それをもとに、何ヵ月あるいは何年もかけて育成してきたクルーを率いることになるはずだった。だが、グレン・メイスンとノーマン・ブラウン組を二番機に従えた私自身の最初の出撃時、現実はいささか異なる様相を呈した。イラクに侵入し、アル‐サワイラ［※5］の橋梁を目指すあいだ、編隊を主導していたのは私ではない——トーネードだ。私たちは高高度にあった。低高度ではなく。さらに、それは対地作戦だった。洋上作戦ではなく。来訪者は必ずと言っていいほど、中東地域イコールぎらぎらと照りつける太陽と思い込んでいる。だが、それも違った。このとき私は、ひたすら先導のトーネードの翼端を凝視しながら雲中を飛んでいた。そして、シミュレーター訓練で耳にしたのと同じ、多数のソ連製レーダーシステムがたてる騒音に包まれていたが、これは本物の敵のレーダーが発する本物の信号だった。私は心のなかで叫んだ。「ずいぶん話が違うじゃないか！」

私たちは雲から抜けたものの——それ自体は気象予報が当たっていたわけだが——、依然として垂れ込める雲の下、鈍い薄日が射す平坦な茶褐色の風景のなかに飛び込んだ。道路も茶色なら、河川も（多くは）茶色に濁り、それ以外に対比できる色がないので、私たちバッカニアチームは目標捕捉に手間取った。それでも、レーザー誘導爆弾《LGB》六発の二機一斉投弾は全弾命中し、目標の橋は完全に崩壊した。「一丁あがり《ストライク・ワン》！」

こうした悪天候は決して珍しくはなかった。続く何週間か、私たちは曇天／降雨あるいは砂嵐のせいで、作戦に失敗したことが複数回あった。常に灼熱の太陽輝く砂漠という妄想は、これで雲散霧消した！

イラクの橋梁はどれも長大で、なかには吊り橋タイプの高速自動車道もあった。私たちは当初、お馴染みの一〇〇〇ポンド爆弾の威力にいくらか疑念を抱いていた。だが、蓋を開けてみれば、早業の連続投弾・炸裂の相乗効果で、橋梁の破壊には非常に有効であることがわかった。とは言え、作戦が毎回プランどおりに成功したわけではない。私たちが使用するLGBは〝バンバン〟システムで制御されたが、これは爆弾後端の安定翼が展張式である——投下後にバンと開いて、再び閉じる——ことに由来する通称だった。これが作動不良を起こせば、爆弾のコントロールが効かなくなる。ファルージャ［※6］近郊の橋梁を攻撃に出た際に、それが起こった。何発かの爆弾が制御不能となって、大勢の市民で賑わう市場に落ち、期せずして多数の民間人死傷者を出してしまうことになったのだ。

吊り橋タイプの橋梁を爆撃するとき、爆弾が橋の路面を貫通して、その下を流れる川のなかで爆発するということが何度かあった。この問題は信管の作動時間を短く設定することによって速やかに解決された。また、私たちは例の論争——吊り橋を破壊するには、どこを狙えば一番いいか。橋台か、それとも主塔か？——にも決

バッカニア乗員に捕捉された目標

着をつけた。何千トンものコンクリートで出来た橋台にいくら爆弾を落としても、目に見えるほどのダメージは与えられないが（驚くべし、驚くべし）、主塔を叩けば橋は崩落する。

私たちの攻撃は、思っていた以上の成果をあげた。イラクは光ファイバーケーブルを利用してクウェートの前線部隊と連絡を取っていた。その光ケーブルも橋に敷設されている。つまり、私たちは彼らの補給ルートだけでなく、後方連絡線をも断ってやったわけで、まさに一石二鳥なのだった。イラク側は浮き橋《ポンツーン》を設置して補給ルートの復旧を図ったが、橋台があまりに脆弱だったため、簡単にペルシア湾まで押し流されてしまった。

眼下ではしきりに――しばしば私たちの機体の周辺でも――対空砲弾が炸裂するのが見えたが、地対空ミサイル《SAM》の飛来はほとんど認められなかった。我らがレイヴンとワイルド・ウィーゼル機による支援は、敵ミサイル部隊をおとなしくさせておくのにじゅうぶん有意義だった。それでもＳＡＭの航跡が見えたときなど、彼ら電子戦の専門家からもらったアドバイスがおおいに役に立った――排気煙が〝ジャーキー〟に、つまり不規則に揺らいでいれば、そのミサイルは誘導されているし、単純に一直線に尾を引いているなら、目標に関する情報を与えられていないのだという。それで簡単に見分けがつくとわかったのは実にありがたいことだった。私の乗機に最接近したミサイルと言うなら、多国籍軍の高速対レーダーミサイル《HARM》だ。イラク軍のレーダー設備に向けて私たちの上空で発射されたうちの一発が、私の乗機の左舷の確か五〇フィートあたりをかすめるように降下していったことがある。「こちらは友軍機である」旨を、精々控え目な悪態混じりに伝えたところ、弁解がましい応答があった。「そりゃ済まなかったが、ＨＡＲＭは発射されたあとは勝手に目標へ到達するようになってるんでね。こっちからきみを狙ったわけじゃない」。

　多国籍軍地上部隊の攻勢開始が迫ると、イラク空軍機の進空と地上作戦への介入を阻むべく、私たちの任務は彼らの滑走路や誘導路、弾薬庫などへの爆撃に移行した。だが、これは最初に思っていたよりはるかに困難な仕事だった。イラクの飛行場はどれも（我がロッシマウス基地が何個も入るほどに）広大で、彼らの離陸滑走を不可能にしてやるまでには反復攻撃を展開しなければならなかった。さらに航空機格納用の強化掩体壕《ＨＡＳ》への爆撃任務も課せられたが、これにはＬＧＢ投下が非常に有効であるのがまたしても証明された。イラク側は、それら航空機シェルターへの直撃を免れようとしてか、そこはすでに爆撃済みだと私たちに思い込ませるべく無傷のシェルターの上面を円形に黒く塗り潰し、私たちの眼をごまかそうとした。そして、私たちがまんまとそれに騙されてしまうことも何度かあった。

　敵戦闘機の脅威はまったく感じられず、友軍護衛戦闘機が確立してくれた明白な航空優勢もあって、二月上旬あるいは中旬から、私たちはサイドワインダーを搭載せずに済むようになった。それに代わって、バッカニア一機につきニ発のＬＧＢを装備した。これら精密爆撃に使われる爆弾は四〇度の急降下爆撃――二万七〇〇〇フィートから降下に入り、二万フィートでリリース――で投下される。この厳しい急降下爆撃の遂行中に、航法士――主に経験の浅い若手の――が、うっかりと『ペイヴスパイク』の停止ボタンを押してしまう事例が発生した。トラックボール式のコントローラーで目標を捉え続けているところに急降下から四Gの引き起こし、となれば、こうした人為的エラーが起こってもたいして不思議ではない。ただ、その結果、爆弾は無誘導で落ちて行き、無駄になるばかりだ。

私たちの任務は、ほとんどの場合、飛行場の滑走路や誘導路あるいは駐機場の掩体壕が対象だったが、これに武器弾薬の貯蔵施設が加わることもあって、そうなるときわめて壮観な光景が展開するのが常だった。二月二七には、シャイフ・マズハル飛行場で、露天駐機中の輸送機二機を攻撃した。二発の爆弾――不発弾だった――が、一機を破壊し、もう一機を派手な爆発炎上に至らしめた。この二機が、湾岸戦争でイギリス空軍機により達成された唯一の〝撃墜〟記録だったかもしれないが、在地機の撃破ということで、厳密にはその定義に当てはまらなかったのではなかろうかと私は今も思っている。停戦が宣言されたのは翌二月二八日だった。

マスコミは、バッカニアが年経た旧式機であることをことさら言い立てて、〝昔日の花形〟などと渾名を奉ってくれた。事実、バッカニアはそうだったのだから、これは言い得て妙ではあった。

もっとも、私たちがこの戦場でRAFの最長老だったわけではない。そう名乗る栄誉はヴィクター給油機のものだ。トーネードのクルーは当初、我らがバッカニアの能力に懐疑的だった。こんな時代遅れが俺たちについて来れるのか、と。そいつは大間違いだった。確かに、航法精度という点では私たちはトーネードより劣っていたが（搭載している洋上レーダーが対地作戦にあわせた慣性航法システムの更新に対応できなかったからだ）、空力性能では明らかにこちらが優れていた。巡航速度・高度ともにトーネードを上回り、はるかに高高度で給油可能であり、しかもその量は少なくて済む。目標空域から離脱するのは常に最後という役割を負いながら、いつだって真っ先に基地へ帰還する。つまり、最新すなわち最良、とは限らないということだ。

戦闘による機体損傷に関しては、私たちは本当にラッキーだった。バッカニア全機とも一発たりとも被弾しなかったからだ。とは言うものの、これは妥当な成り行きだっただろうと私は思う。目標空域に到達する時点で、残っている燃料はタンク八個分だが、これはすべて胴体内の上半分にある。バッカニアの主翼は、電気系統の配線および油圧系統の配管を除いては、単なる金属部材の集積であって、翼内燃料タンクというものはない。

最新の双発戦闘爆撃機の大半は、胴体後部に二基のエンジンを並列で搭載している。熱源探知ミサイルが一方を直撃すると、もう一方にも被害が及び——つまり両方とも破壊される。対するに、バッカニアのエンジンは、胴体を挟んで左右に分かれて配され、約一五フィートの長い排気ダクトが後部へ延びている。したがって、一発の熱源探知ミサイルでエンジンが、それも両方一挙にやられることはまず考えられない。翻って、現用の最新鋭機のデザインを見るにつけ、戦闘中に損傷を被った場合の生還なんぞ二の次三の次、ないがしろにされている感は否めない。それについて政治家や大蔵官僚からは一片の理解も得られないのは知れたことだ。彼らには生産コストが最大の関心事であって、これぞまさしく的外れの節約主義の典型である。

私たち第一陣の成功は、投入されるバッカニアの倍増につながり、さらに六機が追加されて合わせて一二機となり、乗員一八名と、それに見合うだけの地上員が増強された。結果として初勤務の新人が増え、チーム全体としての経験値は低下した。だが、新人が任務に出るに際して熟練の指導役には不自由することなく、その点では実に人材豊富なのだった！　それより気がかりだったのは、トーネード部隊のクルーが露骨に示す疑念が、彼ら新人クルーにまで伝染しはしないかということだった。確かに彼らも不安そうだったが、幸いにも集団ヒステリーめいた状況にはついぞ陥らずに済んだ。多国籍軍航空戦力の貴重な一翼だった我が洋上バッカニア大隊の活躍ぶりを思うと、私は今でも誇らしい気分になる。彼らは冷静かつ手際良く、与えられた任務に取り組んだ。

任務から戻ってきたときの彼ら若手は、当然ながら、出るときよりはるかにリラックスして満足そうだった。だが、そこでマイク・スカーフが歩み寄ってくるのに出くわして、戸惑う場面もあったようだ。彼がえらく浮かない様子だったからだ。理由を尋ねると、彼はこう答えた。「使用不能になった飛行場の爆撃を命じられた」。一同が首をひねった数秒後、彼はニヤリと悪戯っぽく笑って付け加えた。「それがわかったのは、たった今の話さ！」

地上員も立派な仕事をした。機付き整備員は中隊が国内の基地にいるときの定数より増員——上級技術将校《SENGO》も二名派遣——されたのだったが、その甲斐あってか、彼らは素晴らしい成果をあげた。だからだろう、リヤドに置かれた司令部で、司令官が機体の稼働性の統計数値に関する朝のブリーフィングを中断させて、進行役のスタッフに質問するということがあった。諸君は決まってトーネードの稼働性ばかり強調するがそれは何故か。統計上は旧式のバッカニアおよびジャギュアの稼働性のほうがほぼ常にトーネードを上回っているが。これに彼らが何と答えたかは不明だ。だが、確かに当戦域における稼働率で、バッカニアはジャギュアに次ぐ二位の位置につけていた。私たちはいつでも飛ばせる状態の予備機にも事欠くことはなかった。そして地上員は、ストレスを抱えた乗員の少々困った癖やミスに忍耐強く対応した。時にはパイロットが『ハヴクイック』を適正に設定するのに失敗して機体が出撃不可になったケース——これは私もやらかしたことがある——にまで。

ロッシマウスからの技術支援は望み得る以上に手厚く、実際、申し分ないものだった。仮に私たちが任務を達成できなかったとしても、それはRAFロッシマウスの落ち度ということにはならなかっただろう。

停戦の発表後、リヤドの司令部付きの中佐から私に一本の電話が入った。「今般の派遣部隊の各指揮官がいかにRAFドイツの『航空幕僚心得』を参考にして作戦成功に到ったかと、空軍司令官閣下が知りたがっておられる――それについて貴官の見解は？」。私は次のように答えた。どこの『幕僚心得』の類であれ、それを参考にせよと誰からも指示された覚えはない以上、私としては何の見解も提供できない――我々は前線で戦ってきた立場であるから、と。

バッカニア／トーネードの協働作戦の成功は明白な数字に表れている。私たちは橋梁二四本と飛行場一五カ所、大規模燃料貯蔵庫一カ所の破壊という戦果を上げたほか、敵輸送機二機を地上撃破した。

私は作戦開始前のブリーフィングにおいて、出撃する全員を生きて戻すことが心からの願いだと表明した。その願いは通じた。全乗員生還――というのは、作戦成功の、より好ましい定義である。

私たちのバッカニア分遣隊は、目立って英雄的な功績を収めたわけではないだろうが、イギリス空軍の『砂漠の嵐』〔※7〕参加にあたって、もっとも重要な役割を果たしたものと信じている。故に、戦争終結後の叙勲が始まったとき、私たちの貢献がほとんど無視されていたのにはおおいに失望したのだった。

その無念は数年後、ベントリー・プライオリー基地でサー・ピーター・ド・ラ・ビリエール将軍と会った際に、いくらか晴れる。彼とは初対面だったので、私は「一九九一年当時、閣下の指揮下にあって、最古参の前線配備機の部隊を率いていた者です」と自己紹介した。彼は答えた。「お若いの（いや、私もたいして変わらぬ年格好だったように思うが）、きみの率いた機がイギリス空軍の名声を守ってくれた」。ちなみに、私はその言葉をそのまま引用する許可を彼からもらっている。かくてバッカニアの〝軍用機《ウォーバード》〟としての確固たる地位は、歴史書のなかで十二分に正当化され、保証されるに到った。

帰国した私たちを待っていたのは、出迎えの家族や地元の市民の盛大な歓迎と——一ヵ月の休暇だった！

※1 一九九〇年八月二日、イラク共和国防衛隊が隣国クウェートに侵攻、いわゆる湾岸戦争が勃発。イギリス空軍はその九日後には一二機のトーネードF3をサウジアラビアに派遣したのを皮切りに、ジャギュアGR1、トーネードGR1を展開させる。一九九一年一月一七日にはアメリカ主導の多国籍軍の航空戦力による空爆が始まると、イギリス空軍もこれに参加、バッカニアも上記戦闘爆撃機二機種のレーザー照準任務に前線投入される。

※2 ビル・コープは当時12中隊とともにロッシマウスに駐屯する208中隊の指揮官だった。

※3 spiking：目標へのレーザー照射によって照準をつけること。

※4 ダーラン（アラビア語の発音に従えばザフラーン）はサウジアラビア東部に位置する石油産業の中核都市であることから陸路・空路ともに交通網の要衝でもあり、サウジアラビア空軍基地も置かれている。文中で海上大橋と訳したのは一九八六年に開通したバーレーンとサウジアラビアを結ぶ海上自動車道キング・ファハド・コーズウェイのこと。

※5 イラク中部、バクダッドの南三五㎞、チグリス川西岸の都市。

※6　バクダッドの西七〇㎞、ユーフラテス川東岸の都市。アル-ファルージャ。
※7　湾岸戦争でアメリカ軍が展開した対イラク軍事作戦。アメリカ主導の多国籍軍による戦略爆撃を主軸とする。

# 22

# 限界への挑戦

ベニー・ベンスン

Benny Benson

舞台は一九九二／九三年の冬、ロッシマウスの208飛行中隊である。〝定番〟の洋上戦術訓練、随時実施される陸上低空飛行訓練、長距離任務、中高度あるいは低高度での『ペイヴスパイク』運用訓練、大規模演習、時折の実弾投下訓練が続く一方で、バッカニア時代の終焉に向けた計画第一弾がスタートした。退役を控えた最後の年に、洋上バッカニア大隊から展示飛行シーズンに二機を出そうと決まり、我が中隊でもクルー志願者の募集が始まった。これに私も名乗りを上げたのだが、バックでの飛行時間はまだ八〇〇時間というところであり、はるかに豊かな経験を積んでいる熟練揃いのなかでは、採用の望みは薄い。だが、気がつけば私は、ハンターで基地司令（ジョン・フォード）の〝評価〟を受けることになった。失うものは何もないので、ハンターと曲技飛行、その両方の大ファンたる私は、ウィック西側一帯の〝ムーン・カントリー〟上空を跳ねまわるのをむしろ楽しみ、優に七Gがかかる旋回率最大の垂直旋回演技を取り入れたアグレッシヴなハンター曲技飛行の手順を、ぶっつけ本番ながら精一杯忠実に再現して大佐殿を翻弄した。じゅうぶんな手応えに私は大満足だったが、右席の御仁の同意を得られるかどうかは定かでない。いや、それでも失うものは何もないはず……。

数週間後、新たに選ばれた展示飛行の我が相棒ゲーリー・デイヴィスを後席に座らせ、私はスコットランド東海岸モントローズ北の上空五〇〇〇フィートにいる。膝当てには〝公式〟のバッカニア展示飛行手順を書き込んであり、それをこれから試すところだ。（直属組織のお偉方すなわち第

18航空団司令部に言わせると、それは今までに披露された展示飛行とほとんど――実際にはまったく――変わりなかった。私が思うに、そもそも彼らは高速ジェット機の曲技飛行という発想に不快感を抱いており、ニムロッドの展示飛行と似たようなものとみなされたのだろう。つまり、何の新機軸もない、以上終了、と)。

全体の構成は、流れるようにとはいかない。機体が大きすぎ、演技は間延びしすぎ、エルロンロールはともかくも、〝針路安定《ステディノート》〟の迎え角《AOA》からの大幅な逸脱回避に努めるのは、それほど楽な仕事じゃない。私たちは何度か試演した。その都度、スピードやピッチ角を変えて。だが、結局は必ずしも満足の行く出来ではなかった。悪くはない。が、素晴らしいと言うわけにはいかない。なにしろ、事前にじゅうぶんと言えるほどの情報が得られなかった。208中隊と12中隊のあいだには、それなりに〝健全〟なライヴァル意識があった手前、向こうの熟練の展示飛行クルー（すでに展示飛行シーズンの常連）に細かいアドバイスを請うわけにはいかなかったからだ。いいさ、俺たちは俺たちなりにやるしかない、向こうより良い演技を見せてやろうじゃないか（今思えば相当な無鉄砲ということになるかもしれないが、当時はそれが当たり前であり、バッカニア乗りならばひたすら頷いてくれるに違いない！）。

すぐに展示飛行本番に使用する機体も決まる。疲労寿命にまだ余裕を残している登録番号XV864。私たちはさっそくこれを試した。良い機体だ。高速でも極端な偏揺れ《ヨー》に陥らず、適正なトリム設定により、過度のエルロンヨー／ロールとヨーのカップリング現象を避けられる。高度を下げるにつれ、快適さが感じ取れて、曲技飛行のために五〇〇フィート、さらに低空航過のために一〇〇フィートまで降りると、いよいよ本領発揮となる。

　その後、本番に備えて演技の詳細を決めた。会場空域には可能な限りの高速・低高度で進入する。もちろん規定の範囲内で、だが。となると、高度は一〇〇フィート、速度は五七〇～五八〇ノットだ。そこから低速の脚出し航過《ダーティ・パス》、スナップロールして四五度の急角度上昇に移る。試してみてわかったが、そのためには境界層制御システム作動時のフラップ・ドループ・水平尾翼フラップを三〇－二〇－二〇ではなく、三〇－一〇－一〇に設定することだ。つまり、印象的なピッチ角をできるだけ長く維持すべく、三〇－一〇－一〇を保ったまま四〇度の機首上げを実施、バンクを打って、アンロード加速［※1］から再び降下。そこから鋭い引き起こしをかけてバレルロール。引き起こし開始はできるだけ低高度――一〇〇フィート――でなければならない。続けて旋回率にして最大の三六〇度旋回に入るが、これはきれいな水平に見せるために、観覧席の遠位側では、やや上昇をかけつつおこなう（水平旋回は観衆の目には明らかに降下して行くように見えるからだ）。最後は水蒸気に覆われた主翼上面を見せる派手な引き起こしからのヴァーティカルロールで締める。この引き起こしは舞台中央で開始、舞台下手（左手）に退場する形で演技は完結する。

私たちはその手順で通し稽古した。それを管制塔から基地司令と208中隊長が監督する。基地司令の大佐殿《グルーピー》が吹き出し式フラップを三〇-二〇-二〇にせよと迫ってきたほかは（お言葉ですが三〇-一〇-一〇がベストです、ありがとうございます《サンクス・サー》！）、万事うまく運んで、私たちは一連の手順を流れるように円滑に進め、見映えも文句なし、通し稽古は五分四〇秒に収まった。これは要所要所の減速で二〇秒かそこらは削れたかもしれないが、所与の演技時間は六分なので、そこは敢えて気にしないことにした。それに、高迎角・低高度の演技となれば、数ノット余計でも悪くない。私たちは夜間訓練の最終陣が戻ったあとの早朝に、さまざまな気象条件下、飛行場あるいは湾の上空でも一連の通し稽古に励み、すべては順調だった。乗機への信頼感は増すばかりで、そもそも中隊での通常の飛行訓練においても、私たちはバッカニアの操縦性——特に低速時——には絶大な敬意を払ってきたが、おかげで上述の展示飛行の演目はたちまち完成の域に近づいた。

208の地上員《ライニーズ》諸君には、格好の見ものを提供できたはずだ。と言うのも、私たちはロッシの使われなくなった（それも管制塔のすぐ脇を通る）短滑走路を利用し、急旋回や低速からの引き起こし、脚出し航過など中隊の強化掩体壕《HAS》区域の真上で練習する形になったからだ。もっとも、彼らもなかなか手厳しい観客で、私たちが機から降りるや否やすかさず駆け寄ってきて、彼ら独自のデブリーフを始めてくれるのだった。いや、彼らが私たちの演技以上に楽しんでいたのは、中隊の下級技術将校が飛行場の外周路に沿ってのんびりとペダルを踏みながら自転車で出勤してくる、その頭上一〇〇フィートを私たちが五八〇ノットで進入し、慌てふためいた彼が自転車ごと引っくり返る朝の情景だったろうが。

ひとたび演技のルーティンができあがり、基地司令と中隊長も満足の意を表明すると、次はキンロス基地での検分が待っていた。航空団司令の面前で、手順どおり省略なしの通し稽古を二度にわたって披露すれば、その年の展示飛行出場認可《DA》を得られる。それを無事に済ませて、キャパ・フラスカ射爆場で開催の兵器運用演習に参加中だった中隊に合流すべく、私たちはデチモマンヌに飛んだ。だが、仲間たちに遅れて到着したのが金曜の夕刻だったので、私たちの歓迎会を兼ねたＤＡ取得祝いが散々なものになるのは目に見えていた。まさしくその夜は、何年経っても中隊勤務日誌のページをめくって思い出すたび頭を抱えたくなるような馬鹿騒ぎが繰り広げられた。翌日はまったく使いものにならなかった！

その一ヵ月後……

……周回待機……ファットボーイ（ゲーリー・デイヴィス）とタイミングを確認……アウトバウンド・レグに入る……コクピット最終チェック――燃料計、ＦＮＡバルブ、エンジン計器、水平儀、電波高度計バグとトリム……ディスプレー会場の境界線、天候、地形特徴の最終確認……会場空域に向かう……タイミング最終確認……一五〇〇フィート、四〇〇ノット……スロットル、フォワード……デイスプレー会場の観覧席センターを確認……四五〇ノット……順調に降下……五〇〇ノット……飛行場境界で一〇〇フィートを狙う……五五〇ノット……微調整しながら降下……五七〇ノット……さらに降下……電波高度計で一〇〇フィート……観覧席エリアに向けて軽いバンク……ヨー方向維持……五八〇ノット……観覧席センターに到達……左に急横転……スロットル、アイドル……エアブレーキ全開……五G……五・五Gに押し上げる……浅く上昇……「ここでロールアウトだ」とファットボーイ……アンロード加速……水平飛行に復帰……五・五Gの機首上げ……チェック……左に二七〇度の急横転……右に引き起こし……観覧席ラインのセンターを確認……引き起こし調整……減速……二八〇ノット……操縦桿を右手から左手に持ち替える……エルロン操作でさらに減速……操縦桿を持つ手を右手に戻す……一五-一〇-一〇を選択……「チーズ作動」……「チーズ静止」……フック下ゲ……二四〇ノット……ギア下ゲ……フラップを三〇に設定……降下……グリーン三個とも点灯……フック下ゲ、確認……三〇-一〇-一〇確認……ロールアウト……再び一〇〇フィート……高度維持……速度回復……出力上げる……ステディノート……そのまま維持……

……観覧席センター……ここだ……右ラダーペダルを目一杯踏み込んで、強烈な右ロール……出力全開&エアブレーキ閉じる……ステディノート維持……高度を下げるな……「ロールアウトだ」……風を捉えるため、ひと呼吸置く……ピッチ角維持の四〇度機首上ゲ……チェック……ギア上ゲ……レッド三個とも点灯……フック上ゲ……警告灯消える……「一五〇〇」……「二〇〇〇」……左へロール……引き起こすな……アンロード維持……スピード確認……一五〇ノット……加速中……〇-〇-〇を選択……「チーズ作動」……「チーズ作動」……「チーズ静止」……操縦桿を持ち替える……エルロン操作で加速……右手を操縦桿に戻す……ファットボーイとクリーン確認……引き起こしをかけながら……ステディノート……降下……ステディノート維持……引き起こし限界の判断を誤らぬように……観覧席に突入は何としても避けねば……よし、いいぞ……Gゆるめる……ロールアウト……三六〇ノット……四〇〇ノット……一〇〇フィート……今だ……着実に引き起こし……機首を水平線の上に……左へ横転……継続……背面姿勢……高度チェック……速度チェック……ロール継続……機首を引き上げながら……きれいにバレルロール……降下……障害物確認……四五〇ノット……一〇〇フィート……コクピットをざっと一瞥、確認……「左へロール」……五G……軽く上昇をかけ……観覧席センターを捜す……旋回継続……観覧席とのスペースを調整……パワー微調整……観覧席センター確認……四二〇ノット……三〇〇フィート……爆弾倉開扉スイッチ入れる……爆弾倉ドア回転開始……ドア開扉確認……右へ急旋回……五・五G……観覧席センターに来た……旋回継続……五〇〇フィートまで緩やかに上昇……風向きに合わせてG調整……

脚出しでミルデンホール上空を航過。1993年

一周まわったら再び観覧席センター、爆弾倉ドア閉鎖……おい、スイッチはどこだ……あった……三〇〇フィートまで降下……再び五・五G……パワー全開……もう観覧席センターだ……爆弾倉ドア閉鎖……Gゆるめる……爆弾倉ドア閉鎖を確認……G回復……「ロールアウト」……

……機首上げ……チェック……右に二七〇度旋回……目一杯引き起こし……五・五G……小さく一周……再び観覧席ラインに合わせて位置決め……五〇〇フィート、四二〇ノット……出力調整……維持……ここでロール……操縦桿を大きく左に倒す……当て舵、瞬時に主翼水平……ヨーイングが落ち着くのを待って……機首方向調整……速度チェック……四二〇ノット……観覧席センター……ここでロール……右へ強烈に……当て舵二七〇度……引き起こせ、もっともっと出力上ゲ……五・五

1993年の航空飛行展示要員、ベニー・ベンソンとゲーリー・デイヴィス

G……「ロールアウトだ」……機首上ゲ……チェック……左へ二七〇度の強烈なロール……引き起こせ、引き起こせ……四Gに落とす……見映えはどうだ……旋回率をあげるべくGをかけて……降下……四五〇ノット……四八〇ノット……観覧席ラインに沿ってロールアウト……五〇〇ノット……五二〇ノット……観覧席センターに来た……上空チェック……よし、引き起こし……主翼は水平に……五・五G……そのまま維持……左右確認……地形特徴チェック……ヴァーティカルに入る……チェック……キツい左ロール……当て舵……ここだ……ロール終了……畜生、IMC（計器気象状態）だ……IFIS（統合飛行計器システム）に貼りつきで……引き起こせ、目一杯……水平線上で主翼を水平に……コクピットを一瞥……やれやれ！

というわけで、以上、無事終了だ。数千人の観衆を前にした五分四〇秒の公認された暴挙。あとでボロくそ言われる恐れも（ほぼ）ないだろう！

言うまでもなく、たいしたシーズンだった。物議をかもすことがなかったわけではないが。ウォディントンから発進、バッカニアの故郷であるブラフでのデビュー戦は好評で、初披露した演技に問題らしい問題はなかった。ただし、私たちの進入に際して、駐車場に警報が鳴り響いたらしい。ロケーションは抜群とは言え、片側には高いビルや煙突が建ち並び、もう片側はハンバー川。そういう展示会場だった。

次の日曜日の舞台はロンドンデリー（正確にはエグリントン）で、私たちは次のふたつの理由から、何が何でもうまくやろうと意気込んでいた。まず第一に私たちはショーの幕開けに、ある有名女優との〝共演〟で時間ぴったりに飛ぶことになっていた。第二に、18航空団から北アイルランドの航空ショーに参加する了承を得るのに少なからず手間がかかっていた。『スティンガー』の脅威に備えてフレア射出装置を実装することに私たちが同意して、ようやくゴーサインが出たのだ。余談だが、このとき私は日焼け止めクリーム（デチモマンヌで中隊軍医がくれた奴）によるアレルギー性皮膚炎の真っ盛りで、謎の宇宙人みたいな顔になっていた。おまけに『パルース』エンジン始動機の非力のせいで、乗機がホットスタート［※2］になり、結局のところ、私たちは予備機を使う羽目になった。それがまた燃料は多すぎ、VHF無線は故障中という代物だ。こんなことで負けてたまるか、というわけで、私たちは何とか窮地を切り抜け、航空ショーの開幕を飾った。まったく、傑作な一日だった。私にもプライドというものがあるから、ここで詳細は控えるが、燃料投棄を経て演技を一部省略して、その後オルダグローヴ駐屯のウェセックス部隊に挨拶に立ち寄った、とだけ言っておこう。

その一件は、ほとんど私たちが（私が）やらかしたことではあるが、結局、私とファットボーイはシーズンを通してずっと必ずしも自分たちのせいではない不運に悩まされた。ミルデンホールでは、同基地駐屯の在英アメリカ空軍の優秀な地上員の皆さんが、地上電源車で機体の電気系統を吹っ飛ばしてくださった（補修には文字どおり1週間かかった）。デン・ヘルダー（オランダ）での展示飛行出場に際しては、ロッシを発とうというとき、変圧整流器《TRU》の故障に見舞われた。しかも、その帰途に空中給油のためVC10給油機のブラケットに合わせた途端に、それが再発した。セント・モーガンでは、ご当地名物の濃霧のせいで、計器進入からの一〇〇フィートの低空航過を二回披露するのが限界だった。ブリストル海峡を低高度で越える計画も中止となって、セント・アサンにお目見えすることさえ叶わなかった。そして、私たちがバッカニア最後の公開ディスプレーに備えてベルギーに降りた直後、ロッシでエアブレーキのある構造上の問題が発覚し、全機が運航停止となった。私たちはビールテントで鬱々としながら状況を見守り、ハンターが迎えに来てくれるのを待つことになった。その年の冬を元気に過ごしたものの、明けて一九九四年、私は水疱瘡に罹ってロッシにおける〝バッカニア退役記念祭〟のディスプレーには参加できなかった。ダイヤモンド・ナインには辛うじて間に合ったが。

とは言え、楽しい記憶は苦い記憶をはるかに上回り、たとえば、アクロティーリにおける毎年恒例の夜間戦術演習に派遣されて、早朝訓練で同基地の全駐屯部隊を叩き起こしたこと（加えて既婚者用宿舎エリアの住人たちを激怒させ、苦情の嵐を呼び起こしたこと）など、そのハイライトだ。なかでも、いちばん忘れがたい思い出と言えば、ジブラルタルの基地祭でヴァーティカルロールを披露し、その頂点から例の〝ザ・ロック〟を見下ろしたことだ。とんでもなく素晴らしい瞬間だった。お分かりだろうが、ディスプレー披露のたびに懲戒処分を食らっていたにもかかわらず、この老嬢《バッカニア》は空にあっては決して私たちの期待を裏切ることはなかった。私が思い出せるのは、ロッシに国立防衛研究学院《RCDS》の一団が訓練の見学に来た際に〝ヘアリー・レッグズ〟［※3］になった一件だけだ。

時々考えることがある。バックを飛ばした経験がある者は、かなり多数に上る。揺れる空母のデッキから恐れ気もなく飛んだ者もいれば、戦場を果敢に飛び回った者もいる。だが、バックでハンドリング・エンヴェロープの極限を経験した者は、そう多くない。私はとんでもなく幸運だったのだ。その少数派の最後だったことに乾杯するとしよう。

※1 ひとつの機動から次の機動に移る際に、迎え角をほぼ0度に維持し、空力抵抗を抑えることで速やかな加速を図る。機体は徐々に降下するが、速度を回復したら水平飛行に移行する。

※2　レシプロエンジンのホットスタートとは、連続運用でエンジンが高温状態のまま冷め切らないうちに再び始動させることを指す。対して、ジェットエンジンのホットスタートとは、単純な連続運用の結果ではなく、始動技術あるいは機器が適正でなかった結果生じるもので、エンジンに取り込まれた大量の空気は、まずは燃焼室を冷却する役割を果たすが、流入量が足りないとたちまち燃焼室およびタービンブレードの過熱・焼損につながる、その状況を指す。

※3　直訳すれば〝毛むくじゃらの脚〟だが、ＲＡＦのスラングで離陸後、降着装置（脚）が収納できない状態。脚が出っ放し、ということ。

# 23

# 最後の日々

リック・フィリップス
Rick Phillips

ごく幼い頃からずっと、私の夢は戦闘機乗りになることだった。後にその夢はもっと具体的な形を取り、それなら空母から飛ぶ艦隊航空隊《ＦＡＡ》に入るのがいちばん刺激的で格好良いだろうと思い定めるに到った。ところが残念無念、政府が私の人生設計を妨害してくれた。一九六〇年代後半、次世代空母と目されたＣＶＡ‐01級の建造計画が、時の労働党政権によって中止に追い込まれ、海軍における飛行訓練は回転翼機に限定されて、ＦＡＡの固定翼機部隊の未来は暗澹たるものに見えた。ヘリコプターのパイロットになるつもりはさらさら無かったので、私は空軍に鞍替えする決心をした。艦載攻撃機のパイロットになるという野望は、どうやら少年時代の夢のまま封印するしかなさそうだった。

ＴＳＲ２で飛ぶという新たな希望とともにイギリス空軍《ＲＡＦ》に入隊した一九六八年四月、私の人生プランは、またもや政治家連中にひっくり返された。ＴＳＲ２も開発中止となり、私はその代替機Ｆ‐１１１Ｋに照準を合わせた。これまた購入計画が頓挫したのだが、このときばかりは政治的事情という暗い雲の裏側とて銀色に輝いていた——空軍がバッカニアＭｋ２を受け入れることになったのだ。すでにＦＡＡでこれを飛ばした経験のあるクルーには熱烈に愛されていた機種だ。今度はこちらに照準を合わせ、私は運良く、冷戦時代の前半期を最前線で戦うＲＡＦドイツのバッカニア部隊に配属された。このＸＶ中隊勤務の期間中、海軍では現用空母の退役先延ばしが通達され、ＦＡＡはファントムやバッカニアやガネットを飛ばす固定翼機クルーを改めて確保する必要に迫られていた。この機会を逃してなるものか。私は真っ先に出向を志願した。乗艦に先立つ習熟訓練を経て、私はＦＡＡ最後のバッカニア部隊８０９海軍飛行中隊《NAS》に加わった。一九七七年五月のことだった。

　洋上で刺激に満ちた一八ヵ月間を過ごした後、私は空軍に復帰して、12中隊――一九八〇年一一月に〝解隊〟となるまでホニントンに数週間、その後はバッカニア部隊として再編されてロッシマウス駐屯――に勤務となった。第一線の洋上任務中隊に所属して、かくも好立地の基地から飛ぶというのは、まったく最高の気分だった。だからこそ、人事担当官から唐突に、君はＦ‐１１１部隊勤務に選ばれたと告げられたときは複雑な心境だった。と言うのも、この異動に応じたら、バッカニアのパイロットという自慢のキャリアに終止符を打つことになるのではないかと危ぶんだからで、それは辛い決断だった。いったん考えさせてくれと私が答えると担当官はショックを受けていたようだが、〝輝ける12〟――まさしく「先陣を切って」きた素晴らしい精鋭部隊［※1］――の一員たることで生じるプロフェッショナルの誇りとは、つまり、それほどのものだったのである。だが私は結局アメリカに赴き、充実した交換勤務を終えて一九八六年半ば、２０８中隊の小隊指揮官としてロッシマウスに出戻った。

　近年、私たちの戦術は、対レーダー版および画像《TV》誘導版『マーテル』対艦ミサイルの運用を基本に組み立てられていて、それがスタンドオフ能力の確保につながっていた。ただし、どちらも性能の限界から、特にＴＶ誘導版の方は、運用終了を迎えつつあった。

もうひとつ、より効果的な戦術の開発を著しく制限していたのは、航法士が取り扱う航法／攻撃システムの旧式化だ。すでに数年来、それが性能抜群のバッカニアという機種の唯一の弱点であることが、いよいよ露わになってきていた。だが、一九八〇年代半ば、ついに国防省が既存の慣性航法プラットフォームに基づいた新たな航法／攻撃システムを全機に搭載するだけの予算を確保した結果、状況は一変する。新式スタンドオフ対艦ミサイル『シーイーグル』の導入が迫るなか、航法士の扱う機器のアップデートは避けて通るわけにはいかなかったということだ。

こうして新しく付与された能力に、認定兵器教官《QWI》は夢中になった。彼らが後席に仕込まれたその最新の玩具を最大限に有効活用する手順をせっせと摸索しているあいだ、私たちは私たちでそれを利用した連携攻撃の新戦術を編み出そうとしていた。いずれもソ連のキーロフ級ミサイル巡洋艦――空母を除いては最大級の洋上戦闘艦――を破壊するための要件に沿って構想された。航空戦闘センターの専門スタッフがはじき出した〝撃沈〟確率によれば、相手の防空システムを突破して、この大物を沈めてやるには『シーイーグル』計二四発が必要であるとのことだった。という次第で、私たちは『シーイーグル』運用訓練に乗り出し、一定期間を経て、バッカニア装備の二個中隊がそれぞれ一日あたり六機を出せるまでに熟達した。

『ペイヴスパイク』・レーザー照準ポッドと『ペイヴウェイ』爆弾

この訓練成果の公表直後、私は外洋夜間攻撃を遂行する六機編隊の編成・訓練と主導を命じられた。まずは志願者を確保するのがひと苦労だった。一回の出撃に、闇のなか高度三〇〇フィートで密集編隊を維持しながらの二時間余りを要し、しかもそこに夜間空中給油という面倒臭いおまけつきとあっては、誰もが二の足踏むのも無理ないことだった。この時期、我が航法士は信頼感抜群のマイク・スカーフで、トニー・ラノン - ウッドとピーター・ビンハムのコンビによる副長機とともに、私たちは強豪チームを作り上げた。その任務は、デブリーフに到るまでも往々にして退屈で、そのくせ骨の折れるものだったが、〝若手〟連中もついに一九八八年九月、『チームワーク』演習に臨んだ際、自分たちの努力の集大成とも言うべき手本のような夜間攻撃を実施し、目標艦へのミサイル発射手順を披露して演習を締めくくり、プロとしてのやり甲斐を実感したはずだ。私たちは相手が目視でこちらを認めるまで、まったく察知されることなく目標艦に迫った。接艦の瞬間まで、戦闘機乗りの隠語で言うジップリップ《ZIPLIP》すなわち無線封止が徹底されていた。ヴィクターからの給油作業のあいだも含めて、だ。やって良かった、これは空前絶後の快挙じゃなかったかと私は思っている。トニー・ラノン-ウッドが、みごとにまとめて曰く「こいつはまさしく静かなる艦艇殺しの時代の到来と言っていい。我々は完璧な沈黙のうちにはるかな距離を越え、海の彼方へ唐突に出現し、戦慄の精度をもってミサイルをお見舞いする。それだけの技能をものにした」。私にはこれよりうまいことは言えなかったろう。

続く数ヵ月で、私たちは洋上超低高度の技量を磨き上げ、敵の水面行動艦艇に確実なダメージを与えてやれるという確信を得た。その後、中隊がジブラルタルに分遣されていたとき、ある晩、とあるバーで、私たちは第一次湾岸戦争の幕開けをテレビで観ることになった。自分が大急ぎでノースフロントの士官食堂に取って返したことを思い出す。そこで暗号指令「白い崖《ホワイト・クリフス》」を受け取った。その意味するところは「ただちにロッシマウスへ帰還せよ」だ。

その数週間前に、私たちは航空団司令から告げられていた。今回、諸君の出番はなさそうだ——。ところが、ここでいきなりお呼びがかかった。これよりペルシア湾に飛んで、中高度・対地作戦に臨むべし。これはまさに古い謳い文句「神出鬼没の航空隊」の、もっとも典型的な実行例に数えられるに違いない。

折に触れて私は公言してきた。もしも本当に戦争に行くことになったら、自分の乗機として真っ先に選ぶのはバッカニアしかない。私は間違っていなかった。我らが偉大なるバッカニアに、私は全幅の信頼を置いていた。私たち——私と相棒のハリー・ヒスロップにとって、最高に快感を覚えた任務は、緒戦でトーネードが仕留め損なった目標を始末した一件だ（トーネード部隊はレーザー《L》誘導《G》爆弾《B》を〝レーザーバスケット〟のなかへ放り込むのに手こずっていたようで、爆弾《ボール》が目標に到達せずに手前で落ちることも頻繁にあった）。この目覚ましい一件の前夜、（標的を基点に逆さまに広がる円錐として想定される）頂角四五度のバスケットのなかに、爆弾をその運動エネルギーが尽きる前に送り込むという作業の際どさを認識していたハリーと私は、宿舎にあてがわれたホテルの自室に我が中隊のアドバイザーＱＷＩのテリー・ヤーロウを招いて、一杯おごった。そして、今ちょいと走り書きでいいから計算してみてくれと持ちかけた。確実にバスケット内に投弾するため、通常より思いきりキツい、六〇度近い急降下爆撃が私たちに可能かどうか。言うまでもないだろうが、それはバッカニアの運用限界を超える行為であって、ここで一夜にしてひっくり返せるものじゃない——。だが、続く一杯のあいだに、その根拠はボスコムダウンの凄腕テストパイロットたちもそんなのは試したことがないというだけだ、と私たちは盛り上がった。さらにグラスを重ねた末、テリーは私たちに請け合った。大丈夫、何の問題もなくいけるだろう——。という流れで、私たちは翌日さっそく〝試技〟に出たのだった。結果は大成功で、その後も毎回の出撃でこの投弾手法が採用されるまでになった。ただひとつ、この急降下爆撃の好ましからざる局面は、上からも下からも対空砲弾を浴びる羽目になることだった。つくづく実感した。これを体験したあとでは、テインの射爆場に二八ポンドの演習弾を落とすなど、どうしたって同じ気分にはなれないだろう。

この戦争における〝嘘みたいな〟現実は、作戦基地が置かれたバーレーン――ジャギュア、それにトーネード部隊の一部もいた――で、私たちが高級ホテルに宿営したことだ。なかでも『ディプロマット・ホテル』はバッカニアとジャギュアの飛行クルーの専用だった。この異例の宿割りのおかげか、私たちのあいだに確固たる共通認識が生まれた。たとえば、ホテルから飛行場に通うのに気楽な私服のままで出て、着いたら〝脳内スイッチ〟を切り替え、砂漠仕様の業務用の装備一式に着替える。ただ、この当時は暑い気候を前提にした官給飛行服がなかったので、私たちは現地に着くと同時に、みんな揃ってぞろぞろと仕立て屋に出向いて、ひと晩で寸法ぴったりの飛行服を誂えた。さらにはサヴィル・ロウ仕立ての背広上下を各自二着ばかり注文し、非番の日はそれを着用に及ぶのが決まりだった。

そもそもイラクまで飛んで爆撃を実施して、高級ホテルに引き揚げるというのも、ほとんど正気の沙汰ではないように思われたが、上空からもはっきり目立つ濛々たる砂塵の尾を引いて、陸続とクウェート市に迫る我がイギリスの装甲車両の車列を目撃したのはまた格別だった。一生忘れられない光景で、心の奥底に根付いた愛国心をかき立てられた。と言いつつ、私たちバッカニアのクルーは、勇敢な陸軍将校《ボンゴ》を讃えて、毎晩のように夕食後にホテルの部屋で乾杯した。ロッシマウスを発つときに、モルトウィスキーを三ケース、諸々の装備品と一緒に乗機に積み込んだのは我ながら先見の明だった。この高い搭載能力も我らが逞しき軍馬《バッカニア》のいいところだ（水まで我が家の裏山の湧き水をボトルに詰めたやつを積んできたのだ！）。結局、空軍参謀本部は、バッカニア部隊とジャギュア部隊の宿舎選定に正しい判断をしてくれたということになる。これがサウジアラビアだったなら、絶対禁酒の〝しらふ《ドライ》〟な国とあって、こうはいかなかっただろう［※2］。

傑作な話で、当時私たちは体調管理の一端として医務官から睡眠導入剤を処方されていたのだが、アルコールと一緒の服用は「厳禁」と喧しく言われていた。それっきり目が覚めなくなる危険がある、と。今だから憚りなく公表するが、そんなことはなかった。その併用は効果抜群、結果として私たちは必ずや任務大成功だった。

ともあれ、今日では第一次湾岸戦争と称されるこの期間中、危機感は常に身近にあった。同僚たるトーネードのクルーが失われた悲劇を、いやでも思わずにはいられなかったからだ。任務から戻り、トーネード組のホテルに顔を出して彼らとテーブルを囲むのは慰めになったが、なかでも鮮明に思い出すのは、火曜日の夜のシェラトンのシーフード・スペシャルだ。私たちのホテルの料理もなかなかのものだったが、あれには及ばない。ところが、サダム・フセインがバスラの油井からペルシア湾に原油を放出させるという暴挙に出てくれたせいで状況は一変した。以降、地元の魚介類は〝品切れ〟状態だった。それも海洋環境生物学者の悲観的な予測を裏切って、一年後にはもとどおりになったようである。

バッカニアの実戦における信頼性はおおいに誇って然るべきだった。そう思った私は、出撃の合間を縫ってロイ・ブートに手紙を書くことにした。バッカニアの設計者であり、長年にわたってずっと私たち現場の乗員を気にかけ、運用の経過を見守ってくれていた人物だ。彼の傑出した仕事に対して、私はみんなを代表して心から謝意を伝えたかった。そして、私たちがこの飛行機に深い愛情と満足感を覚えていることを彼に微塵も疑ってもらいたくなくて、それも改めてはっきりと伝えたかったのだ。当時、何らかの――おおかた政治的な――理由で、私たちがテレビのニュース番組で採り上げられることは皆無に近かった。脚光を浴びるべきはトーネード、というわけで、私たちが撮ったヴィデオ映像が出処も何も明示されないまま一緒に流されておしまいだった。そうしたなかで私の手紙は、まったくの偶然ながら彼の七五歳の誕生日の朝、朝食前に配達された。後日、彼はビールのグラスを手に、涙ぐみながら私に言ってくれた。あの手紙は、これまでの人生で最高の誕生日プレゼントだった、と。

湾岸から帰還すると、また新たな課題が私を待ち受けていた。一九九三年の女王公式誕生日に、ロンドン上空を儀礼飛行で航過するバッカニア編隊の長機を拝命したのだ。この儀礼飛行が退役を目前に控えたバッカニア最後の公式の晴れ舞台になる、というのもこれまた偶然の巡りあわせだった。

当初、この大役が自分に転がり込んできたことに私は驚いた。こういうのは、自分よりもっと上の立場の、キャリア志向の人間が〝つかみ取る〟のだとばかり思っていた。だが、私もすでに最近の大規模な記念行事で儀礼飛行を何度か率いてきた身だ。であるからには、まったく予想外の大抜擢というわけでもなかったのだろう。私はこうした任務を常に重く受け止めてきたが、だからこそ言わずにはいられない。その重荷こそがプロフェッショナルの喜びというものだった。しかも自分の背後にいるのはとびきり優秀な飛行チームだとわかっていたから、私はいつも彼らに揺るぎない信頼を置き、成功へ導くことができた。さいわいにも、バッカニア部隊はクルーの選抜と訓練において一切の妥協を許さなかった。厳しい要求水準に達していないと判断された者は即座に外された。他の後発機種では、訓練すれば何とかいけるだろうという期待のもと、候補者が〝甘やかされる〟場合もあったが――監督機や長機ばかりか列機クルーにとっても気が殺がれること甚だしい――、私たちは決して〝訓練リスク〟になりそうな者は受け入れなかった。

最初に越えるべき高いハードルは、航空団司令相手のブリーフィングだった。制限時間は質疑応

イギリス海軍を退役した"古参"のバッカニア航法士スティーヴ・パーク。左からナイジェル・イェルダム、スティーヴ・パーク、ビル・コープ、リック・フィリップス

答も込みで二〇分。それなのに開始早々ほんの二〇秒で、私の説明は司令にさえぎられた。「リック、きみは今回の儀礼飛行の全容を説明してくれるはずじゃなかったかね、バッカニア編隊のことだけでなく」。私はそこまで心づもりしていなかった。そのままノースウッドの航空団司令部で新たなブリーフィングの準備をするのに――今度はヴィクター編隊や〝75〟を描きながら殿《しんがり》を務めるホーク編隊［※3］を含む参加全隊の総指揮官としての私に――与えられた時間はわずか四時間だった。なるほど、私の航法士（ナイジェル・マドックス）が、この最初のブリーフィングにつきあってくれなかった理由がわかった。

　幸運にも、このとき、私の湾岸以来の古い相棒だったハリー・ヒスロップが航空団司令部勤務になっていた。私は彼に手伝ってもらって、残り時間と競争で待機経路や各編隊の時間調整レグの図表を作成したのはもちろん、それを再ブリーフィングにあわせたスライドに仕立て上げた（まだパソコンもパワーポイントもなかった頃の話だ！）。他機種の編隊長にもアドバイスを求めて電話したが、誰もつかまらなかった。ただひとり、ヴィクターの航法士がリンカンシャーのゴルフ場にいるのが突きとめられたので、ヴィクターの待機速度その他諸々について参考意見を聞き出せただけだ。ともあれ、再ブリーフィングは順調に進み、航空団司令からは何の疑義も呈されなかった。ただ、彼の参謀長からひと言あって、それが少しばかり厄介だった。そのとき私は関連スライドを見せようとしているところだったが、いや驚いた、航空団司令が立ち上がり、私に代わってその質問に完璧に答えたではないか。彼は私の説明をただ聴いていただけでなく、もっとありがたいことに、全面的に理解していた。彼は儀礼飛行の本番をアドミラルティ・アーチの屋上で監督することになっていたのだが、それでもう私が余計な心配をする必要もなくなった。

私はバッカニア編隊をＲＡＦマンストン基地から発進させると決めた。ロンドンに近く、予行演習も最短距離でいける。本番の一週間前には、私個人の大事な予行演習として、ヘリコプターで儀礼飛行のルートを下見した。これは実に有意義だったし、このとき自分が選んだチェックポイントは、今に到るもすべて脳裡に焼き付いている。以降、編隊維持のため、私がランダムに選んだ一機と随伴予備機が入れ替わる訓練も含め、何回かの編隊飛行演習はいずれも上々の出来だった。主翼を折りたたんだバッカニア二〇機（うち四機は予備機として飛ぶ）が、〝追い込み屋〟［※4］のハン

フィリップスが“高速ジェット”による6,000時間飛行を達成。左からマイク・スカーフ、ハリー・ヒスロップ、リック・フィリップス、エド・ゴールデン（作戦指揮官を勤める）、ティム・コートン

ター一機を伴って、私の号令一下、マンストンの駐機場から次々と出て来る様は素晴らしく壮観だった。

晴れの日当日、メディアの取材も入るブリーフィングを控えて、私は天候の確認に忙しかった。過去に同様の大がかりな儀礼飛行で、他人の判断に任せて、えらい目に遭ったことがあるからだ。今回私は、儀礼飛行の進行表に、編隊長機のクルーが天候チェックを行い、実施の最終判断を下す旨を明記しておいた。結果、ブリーフィングでは成功への確信とともにルートの解説をおこなうのみだった。私たちは予定時刻に搭乗し、全機異常なく地上走行に入った。滑走路へと進むあいだ、大勢の地上員や基地関係者が手を振って見送ってくれて、私たちはその頭上で一六機によるダイヤモンド編隊を組んで彼らに披露してから、一路ロンドンへ向かった。

その後も飛行コースと時間ともに計画どおり、私が編隊長機として操縦に専念する一方、ナイジェル・マドックスが際だった仕事ぶりで、より重要なことだが〝老骨〟全機に気を配り、万事順調だった。ただ案の定、宮殿の二〇マイル手前に到達したところで、どこかのカメラマンが、私たちの飛行コースの真正面に待ち構えて、私たちを非公式に撮影しているのがわかった――扱いにくい大編隊を率いていると、こういう手合いは迷惑そのものでしかない。宮殿上空を時間ぴったりに航過して、コールサイン『ブラックバーン』編隊は、ちょうど基地祭を開催中のコニングズビィに機首を向けた。ところが、あいにくの天候と航空交通管制の不手際で、針路変更を余儀なくされ、一六機編隊による儀礼飛行の最後の舞台はロッシマウスということになった。そのあたりでようやく私は実感した。何という重圧だったろう。このような任務で、ひとつのミスも犯さずに済んだというのはおよそ考えられないことだった。すべてがうまく運んで、私はすっかり気が楽になったが、これすべて堅実な計画と訓練、優秀なクルー、そして言うまでもなく、素晴らしい飛行機が揃った結果だった。

この忘れ得ぬ一大イベントの直後、私はまたもや運に恵まれ、ブリティッシュ・エアロスペース社のブラフ飛行場にバッカニア一機を届ける任務に指名された。ブラフと言えばバッカニアの生まれ故郷だ。かつてバッカニアは専らその近隣のホーム‐オン‐スポルディング‐ムアから――機体を主要部ごとにばらしてブラフの製造工場から陸路でホームに運び、再び組み立てて――飛んでいたのだった。この意義深い任務に同行してくれたのは、やはりナイジェル・マドックスだった。自力空輪については安全上の理由から強い反対の声があがっていたのだが（ブラフの滑走路は極端に短く、それを外れたすぐ先にオフィス棟が迫っている）、だからこそ私はブラフ工場製の最高傑作の一機を、開発初期に悲しくも命を落とした人々への慰霊碑を兼ねた展示見本になる機体として、空路で届けることを厭《いと》わなかった——私たちがこうしてバッカニアを飛ばすことへの喜びや満足感を味わってこれたのも、彼らのおかげなのだから。

　その頃には空軍におけるバッカニアの運用も終了目前であり、最後の〝海賊祭〟の企画も続々と発表されていた。私自身は、バッカニア退役の直前まで中隊に残ると決めていた。すでに何度か後席に高位高官をお乗せして飛んだりしてはいたが（私たちが解隊の準備に入っているというので、今さらながらこのユニークな飛行機に乗ってみたいと言い出すお偉方が多かったのには特に驚きもしなかったが）、私はかくも素晴らしい性能を備えた飛行機と自分との長いつきあいに終止符を打つ最後の飛行として文句なしの、ある任務に巡り会った。愉快な、忘れがたい、そしてもっと大事なことだが、私たちの伝統と遺産を後々まで語り継ぐのに益するような、格好の任務で大団円だ。

　つまり私は、ＦＡＡ博物館［※5］からの依頼で、一機のバッカニアを海軍航空基地《RNAS》ヨーヴィルトンに自力空輪で運び込むことになったのだ。これまたおおいに意義ある任務に、私は喜び勇んで協力を了承したが、それも海軍の博物館がいわば買い戻したその機体がショーベリの保管庫に眠ったままで、おまけに補修対象のシリアルナンバーを振られた代物であるのがわかるまでだった。まだ飛行は可、にもかかわらず、軍用機として飛ばすのは不可の機体だった。すかさず私は国防省の機材管理部局の――誰とは言わないが――手品師たちに掛けあい、遠からずスクラップ処分となる機体のリストから、まだ現役で飛んでいる一機を運良く〝調達〟できた。

という顛末で、私は航法士フィル・ウォルターズとともに、記念すべき最後の任務でロッシマウスからヨーヴィルトンまでXV333を飛ばしたのだった。一九九四年三月の、よく晴れた日だった。二時間の航程の大部分は、高度五〇フィートで進んだのではなかろうか。インナー・ダウジング[※6]の灯台船の乗組員に向けて展示飛行の定番の演目を披露したのと（私たちの伝統として！）、昔なじみの風景への純粋な懐旧の念からノーフォークのある農場滑走路の上空を航過したのを除けば、だが。その後、ラムズゲートを出港した海峡横断のホバークラフトとの（連絡の手違いによる）ニアミスと、ビーチィ岬の白亜の絶壁の下で数羽の馬鹿でかいカモメとあわや衝突という一幕を経て、私たちは低空航過からの離脱、着陸進入で無事ヨーヴィルトンに降りた。

こうして締めの言葉を綴りながら、私は改めて実感している。バッカニアが我が人生においていかに大きなウェイトを占めているか。もっとも、かく言う私とて、今日に到るまで私たちを固く結びつけ、これからも失われることのないであろう友情を生み出したこの無類の飛行機と出会った幸運に等しく恵まれた海賊仲間の、単なる一員に過ぎないことはさらに言うまでもない。皆、バッカニアを飛ばすという信じがたい名誉に与っていた喜びを、いつでも熱く語りたくてしかたない兄弟たちである──と言えるほど強い絆を呼び起こした飛行機など他に見当たらない。

※1「先陣を切って」は12中隊のモットー。
※2 イスラム教の戒律で飲酒が禁忌とされているのは周知のとおりだが、同じ中東地域のイスラム国家でも、観光立国の側面もあるバーレーンでは、一定のホテルや飲食店での飲酒が容認される程度には寛容と言われており、他方、コーズウェイの橋一本でつながるサウジアラビアは、来訪者に対しても飲酒はもちろん酒類持ち込みも禁止など、きわめて厳格な対応がなされるようである。
※3 一九九三年はRAF創設七五周年にあたる。
※4 編隊の上空を飛びながら、編隊の形が崩れないように無線で指示を送る監督機。
※5 英国海軍航空博物館。イングランド南西部サマセット州のRNASヨーヴィルトン内に所在。
※6 リンカンシャー(州)のウォッシュ湾口一帯の浅瀬。

# 24

# 追憶と余韻

グレアム・スマート&
グレアム・ピッチフォーク
Graham Smart AND Graham Pitchfork

『バッカニア・ボーイズ』の物語を締めくくるにあたって、グレアム・スマートとグレアム・ピッチフォーク――両名あわせたバッカニア乗務歴は三六年、飛行時間四〇〇〇時間に達する――が、最後にひと言。

## グレアム・スマート

RAFサウスサーニィ基地で士官候補生訓練部隊《OCTU》の小隊長だった当時、パラシュート訓練中の負傷から回復途上にあるあいだ、あれこれ思案して暇を潰していたことがある。自分の前途に待ち受けている飛行任務は何だろうか。この先いかにしてV-フォース行きを免れるか。

そこに、あるニュースが飛び込んできた。海軍でバッカニアの乗員志願者を募っている、と。パイロットならばキャンベラの乗務経験者で認定飛行教官《QFI》たるべきこと。私は両方の条件を満たすことができたし、それがV-フォースからいちばん遠ざかる道のように思われたので、躊躇なく応募した。これは、バッカニア部隊での交換勤務を終える頃には空軍にTSR2が配備され、空軍初のバッカニア乗務員は全員そちらに回されるという筋書きになっているのだろう、と私は理解した。それはそれで結構な話だった。

こうして、まだ幼い子供のいる家族をマルタに置いて、私はグレアム・ピッチフォークとともに、ほどなく大人数になるはずの空軍研修生の最初の二人として、この先どうなるやら何もわからぬま

グレアム・ピッチフォークとグレアム・スマート

まロッシマウスに着いた。本当に、このときは予想すべくもなかった。よもやＴＳＲ２もＦ‐１１１も計画だけに終わり、それから一八年にわたって、バッカニアが切っても切り離せない我が人生の一部になろうとは。ましてや自分がバッカニアで作戦飛行することに尽きない喜びと充足感と誇らしさを味わいつつ、海軍の教官まで務めようとは。中央戦術審査会《ＣＴＴＯ》のバッカニア委員に任命され、続いて空軍のバッカニアＯＣＵの主任飛行教官に就任し、バッカニアが本来そのために開発された洋上任務に従事する12飛行中隊の指揮を執ることになり、最終的にはドイツのＲＡＦラーブルック基地――と言えばバッカニア配備の打撃／攻撃二個中隊（ＸＶおよび16）とジャギュア配備の一個偵察中隊（２中隊）の本拠地――の司令を拝命しようなどとは。

だが、これすべて後々の物語であり、まずはバッカニアＭｋ１とその搭載エンジンであるジャイロンジュニアの性格を把握するのが最初の関門だった。艦隊航空隊《FAA》については、人生に対する考え方がかなり楽天的な連中の集まりらしく、その点、私たち空軍の人間がしばしば物事を深刻に捉えすぎる傾向にあるのとは対照的だというのが第一印象だった。だからこそ軍種の違いを越えて、海軍と空軍とのあいだにあっさりと業務提携が成立したのだと私は確信している。私たち最初の交換勤務組がすぐに周囲に馴染んだのもそのおかげだ、と。

バッカニアそのものについてはこれまでの各章で書き尽くされているだろうから、私からはこう言うにとどめておく。Ｍｋ１は純粋に空を飛ぶ喜びを、一方その搭載エンジンは――特に飛行の最難関ステージすなわち離着陸時に――パイロット稼業の奥深さを実感させてくれた、と。実際、私は習熟飛行五回のうち、一回目および三回目と五回目で片発での着陸を強いられた。この問題は容赦なく尾を引き、一年後の某日、『イーグル』艦載の８００中隊に配属されてベイラ・パトロールに出ていた最中に、片発飛行に追い込まれたこともある。だが、すでに語られているとおり、エンジンをロールスロイス製スペイに換装したＭｋ２の導入以降は、その手のドタバタ騒ぎも収まった。

空母から飛ぶのはなかなか面白かった。天候が穏やかな日中、緊急時の代替飛行場が確保できている場合の着艦は、言うなれば公認された愉快な蛮行だった。夜間で、代替飛行場のあても無く、常に揺れ動く母艦に着艦するとなれば話はまた別、冷や汗ものだったが！　こうした空母からの機体運用に加えて、高難度の洋上任務──12中隊の独壇場だった──や、苛酷な（昼夜を問わない超低空・超高速の密集編隊での）対地任務を課されてきたという事実は、「バッカニア・ボーイズはちょっと違う」理由を説明するいささかの手がかりになる。

本機は純イギリス製にして、機体設計は想定された任務に理想的、Ｍｋ１、Ｍｋ２いずれの型式も飛ばすこと自体が楽しかったうえ、作戦運用に際して実に優れた性能を発揮した。クルーは熱烈な忠誠心と親しみを抱くに到り、そうした乗機への愛着は他のどんな機種のクルーより顕著だったように思う。私は何と幸せにも同種の任務で複数の機種──Ｆ－１１１やファントム、ジャギュア、トーネード──を経験しているけれども、どれもバッカニアを飛ばしたときほどの快感は得られなかったし、どれもバッカニアほど今なおクルーのあいだに感傷的態度を呼び起こすことはない。

さらには洋上任務であれ対地攻撃任務であれ、ドイツで、ノルウェイで、はたまた中東で、南アフリカで、バッカニアに振られた役割も見逃せない要素だ。すべて厄介な任務であり、〝蒸気機関〟に例えるのがふさわしいような年代ものの航法補助装置と旧式の電子機器が詰まった機内で、クルーはありったけの集中力と信頼関係の確立を要求された。つまり、任務遂行のためには、相棒を信じ、そのスキルに互いに完全に依存するしかないわけだ。バッカニアのパイロットと航法士には、相棒への信頼以外の頼る先も逃げ場もなかった。皆が皆、互いの技量を熟知していたし、だからこそ、どういう理由にせよ所与の任務が務まらないと判断されれば、当然ながら外された。そうした事例は少なくなかった。

もちろん、私たちの〝兄弟の絆《バンド・オブ・ブラザーズ》〟意識は、バッカニア戦力の規模が限られていたことで強化されていた面がある。私たちは全員が全員を見知っていた。この特別感は各中隊から分遣された海外遠征部隊のなかではいっそう露骨になった——口喧しい女房や原隊の監視の目も届かないのだから！　結果として、とてもここには書けないようなものから、どこかの中隊長や基地司令に軽い頭痛の種を提供する程度のものまで、悪ふざけが横行した——飛行装備に身を固めた一二人がどうやってデンマークのホテルの定員四人のエレベーターを破壊したのやら、私には今もって謎だ。

要するに、そこには何とも奇跡のようなシナリオが展開していたのだ。素晴らしい飛行機、困難な状況で困難な任務に就く少数精鋭の集団、乗員二名の磐石の信頼関係、時には血湧き肉躍り、時には異国情緒をたっぷり味わえる海外派遣、そして——何よりも肝心だが——完成されたプロの技量。これだけ揃えば、バッカニア・ボーイズが他とはちょっと違う集団であることに何の不思議もあるまい？

## グレアム・ピッチフォーク

---

エルギンを発って、かつて通い慣れた道をロッシマウスに向かって北上するあいだ、その北方前

哨基地で過ごした四年間の楽しい記憶で私の胸は一杯だった。もっとも、その日に限っては、マリ湾越しに広がる一大パノラマや古馴染みの灯台を再び目にした喜びにも、一抹の寂しさが上塗りされていた。

一九九四年三月二五日、〝バッカニア戦友会〟に招集がかかった。私たちが愛してやまない飛行機の引退セレモニーがこれからロッシマウスで挙行される。昔の同僚たちやその家族が何百人も集まって、然るべき作法に則って我らがバッカニアに別れを告げようというのだった。私たちの記憶のなかに永遠に生き続けるであろう特別な週末が、幕を開けようとしていた。

数えきれぬほど多くの元同僚たちと改まった挨拶を交わしあったあとは、士官食堂バーの例の雰囲気のなかで昔話に興じる一夜が明けて、翌朝、私たちは駐機エリアに集まり、ずらりと列線に並ぶ八機のバッカニアと対面した。それが、その日見ることになる幾多の感動的光景のスタートであり、有終の美を飾ってやろうというバッカニア・ボーイズ最後の世代の並々ならぬ決意が伝わってきた。

208中隊長ナイジェル・ハッキンス中佐は、この日に備えて編隊列機それぞれに空軍のバッカニア配備中隊のマーキングを施すという最高のアイディアを出し、しかも素晴らしい気遣いで、ひそかに八機のうちの一機は海軍の809中隊仕様で塗装させていた。これを知った航空軍団司令官

最後の“バッカニア・ボーイズ”(大隊長ナイジェル・ハッキンス大佐提供)

はおかんむりだったが、時すでに遅し、だ。

　ナイジェルのブリーフィングは簡潔そのものだった。

「まずは威風堂々の編隊航過、きっちり決めたらブレイクして、轟音たてつつ低空で迫り、飛行場にアタックをかける、以上、何か質問は?」。彼は８０９中隊仕様機で先頭に立って誘導路を出て来て、また心憎いまでの演出手腕を発揮し、全機をバッカニア乗りにとって懐かしの滑走路23に導いて、大観衆の拍手喝采を引き出した。

　非の打ち所なく整然たる編隊航過の繰り返しに続いては、バッカニア最後の雄姿をご覧あれとばかりに、ルール無用にしか見えない儀式が展開される。飛行場への四方八方からの〝お礼参り〟だ。私も長年この名物儀式をそれこそ幾度となく見物し、参加もしてきたが、このバッカニア最後のショーは言葉に尽くせぬほど壮観だった。あれは到底忘れられるものではない。それから再び編隊を組んで見納めの一航過を披露した後、完璧な着陸進入で各機次々と見守る私たちの目の前を通過して誘導路に入り、列線駐機して、編隊長の合図で揃って主翼をたたむ。一六基のスペイ・エンジンが一斉に切られる。瞬時に圧倒的な静寂が訪れ、居並ぶ元バッカニア乗りの猛者たちさえ目を潤ませているのが見て取れた。

そうやって飛行場に佇んでいると、無数の思い出があふれんばかりによみがえる。それは追憶のひとときだった。私は殉職した同僚に――イギリス海軍・空軍そして南ア空軍の仲間たちに――想いを馳せた。私たちの連帯感やプロ意識、ともにバッカニアを飛ばした刺激的な日々に。

バッカニア部隊が、何度かあった悲劇あるいは挫折にいかに対処してきたか、そしてその都度いかに速やかにそれを乗り越え、運用可能状態を取り戻したか、私はその実例を幾つでも思い出せる。なかでも真っ先に思い浮かぶのは、一九八〇年二月にネリス米空軍基地で悲惨な――ケン・テイトと〝ラスティ〟・ラストンという二名の精鋭が失われる――事故が起こった際の対応だ。頑健さをもって鳴る我らがバッカニアにも長年の酷使によって主翼に疲労破損が生じているのがわかり、全隊全機が飛行停止となった。思いがけない事態に直面し、私たちはバッカニアの最後に立ち会っているのかもしれないという憶測が飛び交った。

ブラフのブリティッシュ・エアロスペース社では専門チームが徹底的な検証作業に入り、問題を明らかにしたうえで、救済策を探った。その一方で、私たちバッカニア部隊の行く末は依然として不透明だったが、国内駐屯の各中隊にハンター6など、当座しのぎの代替機が割り当てられた。我が208中隊にもハンターが配備され、なかでも二名の小隊長はハンター部隊出身とあって、この旧知の機種との再会を喜んでいたが、まさか自分たちのボスが航法士として横に座るとは思ってもいなかったろう！　およそ四ヵ月間、中隊地上員がみごとな集中力を発揮してくれたおかげで、私たちは普段どおりに業務を続け、バッカニアを飛ばすのと同等の、複座機ならではの訓練を――投弾訓練以外は――実施できたが、これは航法士の技量を維持するうえでも計り知れない価値があった。

という次第で、同年八月に晴れて飛行停止が解除された際、バッカニア配備の全中隊が作戦可能状態をすぐにでも取り戻せる状態にあった。それ自体が地上員と飛行員双方への、ひいては第1航空団司令部や検証作業にあたったブラフの技術者たちへの賛辞だった。バッカニアがまた同じ事故を起こすだろうと懸念を表明する向きもあったが、それは彼らの技量や覚悟や献身の過小評価もいいところだった。彼らの功績は、その後さらに一四年にもわたってバッカニア・ボーイズの一員たることを享受した面々によって、じゅうぶんに証明されている。

この追憶のひとときが一段落しても、記念すべき週末はまだ終わらない。我らが頼もしき地上員たちとも旧交を温める楽しみが待っていた。彼らのなかには――私たち飛行員と同様――そのキャリアのほとんどをバッカニア部隊勤務に費やしてきた者が少なくない。その夜の晩餐会では、仲間意識や、一緒に働いた日々を彩った愉快な思い出が再確認された。そして、座がおおいに盛り上がるなか、私たちの心の奥底に流れていたのは、自分たちの人生における山場の一章がこれで閉じられるのだという共通の想いだ。明日には名残を惜しみながらそれぞれに南へ去って行く、生涯の友人たちがそこにいた。

このバッカニア退役イベントは、また新たな忘れ得ぬ節目となった。私たちはこれからも互いに連絡を絶やさぬことを約束して別れた。早速その数週間後だ。私はデイヴィッド・ヘリオットから電話をもらった。バッカニアの飛行員協会を設立しようと考えているが「どう思う?」と。さらに数週間のうちに、私たちはバッカニア運用歴のあるすべての部隊からあわせて数百人の会員を集めた。バッカニアの開発に貢献したかつてのブラックバーン社とブリティッシュ・エアロスペース社のテスト飛行員も含めて。それから最年長の先輩〝ボーイズ〟のふたりに、会長と副会長への就任を要請した。会長には元ラーブルック基地司令サー・マイケル・ナイト空軍大将、副会長は〝ミスター・バッカニア〟、と言えば私たちのあいだで知らぬ者はいないテッド・アンスン海軍中将。そして、会の活動の一環として一機のバッカニア(湾岸戦争にも参加したXX901)が、わずか五〇〇〇ポンドと引き替えにスクラップ屋から救出され、終の棲家が決まるまで一時保管されることになった。二年後、XX901はヨークシャー航空博物館に陸路で搬入され、現在も湾岸戦争時の塗装で、国防省を始めとする正式なルートから寄贈された数々の搭載兵器を装備して、永久展示に供されている。

　実を言えば、こうした親睦会設立の種はすでに蒔かれていた。一九八〇年代から、デイヴィッド・ウィルビーという熱意あふれる幹事を得て、私たちは一二月の初めに〝バッカニア会議《ブリッツ》〟と称してロンドンのとあるパブに大勢で集まったりしていたのだ。一九九四年ともなれば、これは毎年の恒例行事としてすっかり定着して、この〝会議〟を口実にロンドンに集まる参加者のためにも欠かせないイベントに成長していた。会場のパブ付近では、非番のRAF警察隊員が入場者のチェックを買って出てくれて、ちゃっかり紛れ込もうとする奴は彼らの誰何を受けて、つまみ出された。間もなくそのベルグレイヴィア地区の名物パブ『ナグズ・ヘッド』が毎年大入り満員で手狭になってからは、海軍の好意で彼らの広々した福利厚生施設が会場として確保された。参加者は年々増え、今や『ブリッツ』はバッカニア・ボーイズにとって終生の生き甲斐に等しい、特別な集会である。ちなみに私たちは隔年でだが『レディース・ナイト』も開催している。毎度お馴染みの武勇伝、どんちゃん騒ぎ、強固な一体感は会場に満ち溢れ、参加者の高齢化にもかかわらず、いっこうに衰える気配はない。

　私たちは何かの節目ごとにヨーヴィルトンやホニントンあるいはロッシマウスへ〝聖地巡礼〟しているが、どこでどういう行事に参加しても、私たちバッカニア・ファミリーの結束の強さが改めて浮き彫りになる。たとえば二〇一〇年四月、ヨーヴィルトン航空博物館で展示されているコンコルドの主翼の下で、バッカニアが〝バッカニア〟の正式名称を背負って初飛行してから五〇周年を記念する食事会が開かれたことがある。終了後、それぞれの妻あるいはパートナーを伴い、総勢七〇名の私たちは南アフリカに飛んだ。彼の地でも同じ名目で開催される式典に、南ア空軍の同僚たちと並んで出席するために。

プレトリアでの週末も、これまでのそうした行事のどれにも引けを取らぬ大盛況で、興奮と刺激に満ちた感動的な――バッカニア・ボーイズが自分たちを特別な集団と自認している理由がありありとわかる光景が展開した。厳粛な式典と愉快な無礼講の四日間に、私たち全員が大切にしているものが全部詰まっていた。南ア空軍の元24中隊長にして今や最高司令官のヤン・ファン・ロッヘレンベルフ将軍が、式辞のなかで、私たちの想いに応えるように言った言葉が「バッカニアの世界は、兄弟の絆で出来ている」。

皆揃って白髪が増え、顔を合わせれば話題は人工股関節だの心臓のバイパス手術だのという今日この頃だが、私たちを結びつけている精神は今なお変わらず燃えさかっている。年二回発行の会報、『ブリッツ』や毎年恒例のゴルフ大会、さらには国内で、あるいは南アフリカでも頻繁に開かれる気楽な有志の集い――これらを通じて、私たちの人生に最大の影響を与えながら形成された仲間意識は強固になるばかりだ。

バッカニア――最後の純英国製爆撃機。

# バッカニア・ボーイズ名言録

「これはつまりバッカニアそのものと言うより、バッカニアとともにあった人生あるいは生き方の話になる。精鋭として鳴らした中隊、人材豊富な飛行員、優秀な整備員、昼夜を問わない困難な任務、華麗な低空飛行と多彩な搭載兵器。そこにあったのは、決して私たちの期待を裏切らない、逞しくも誠実な獣のような飛行機だ」

——ロジャー・ディモック海軍少将、801中隊長、駐RAFホニントン海軍航空部隊司令

「新鋭機トーネードを飛ばすのは常にスリルと興奮に満ちていたが、その当時でさえ、他のどんな打撃／攻撃機よりも遠く、速く、低く飛んでいたのがバッカニアだ。私にとっては魔法をかけられたような六年間の飛行体験だった」

——ピーター・ハーディング空軍少将、12中隊長、RAFホニントン基地司令

「自分が最後にバッカニアで飛んでから何年経ったのか、今となっては思い出すのもひと苦労だが、あの素晴らしい飛行機で飛びまわっていたときの高揚感はいつでも難なく思い出せる。私たちは何という特権を享受していたことか！」

——南アフリカ空軍ヤン・ファン・ロッヘレンベルフ中将、24中隊長、南ア空軍最高司令官

---

「私とバッカニアとのつきあいは一二年余り続いた。顧みれば、その間、海軍と空軍双方の傑出した飛行士たちと一緒に飛ぶことができたのは望外の幸せであり、最高の思い出である。バッカニアが喚起した乗機に対する忠誠心たるや、私の飛行歴においても、他に類を見ないほどのものだった」

——マイク・コール海軍少将、700Z小隊、801中隊、736中隊

---

「退役の日を迎えて、自分のキャリアのあれやこれやを振り返り、私は何時間も感傷的な追憶にふけった。なかでも、交換勤務に送られてバッカニアの航法士としてホニントンで過ごしたあの夢のような三年間が、ずっと頭から離れなかった」

——アメリカ空軍スコット・バーグレン少将、237OCU

「私が思うに、二人ひと組のチームで飛ぶというのは最強だ。バッカニア部隊で洗練された乗員二名の協働態勢は、他の複座機部隊も目指すべき〝最高水準〟となった。XV中隊勤務に何故あれほど特別感を覚えたか？　そこにいた人間たち、がその答えだ」

――ボブ・オブライエン空軍少将、XV中隊

「我が南アフリカ空軍においてもバッカニア・スピリットは今なお健在だ。かつてのバッカニア乗りたちに共通して認められるそのスピリットは、他のどの機種の乗員が抱くより強烈なものだ。と、私たちは自負しているが、異議を唱えようという者はいないだろうね？」

――南アフリカ空軍ニール・ネイピア大佐、24中隊

「イギリス海軍FAAでの交換勤務は、私のパイロット人生でも最高にやり甲斐のあるものだったが、それもあの航法士諸君の支えがあったればこそだ。彼らには心の底から感謝している」

――フランス海軍ジャン・クロード・ブランヴィレン少将、800中隊

「よく働き、よく遊ぶ。とは、多くの飛行部隊でお馴染みのモットーになっていて、バッカニア部隊も陸にあろうと洋上にあろうとそれを存分に体現していたことは疑いの余地がない。だが、バッカニア部隊には他の部隊では感じ取れなかったほどの、乗機に対する熱烈な愛情がその根底にあった」

――サー・ピーター・ノリス空軍中将、XV中隊、237OCU、16中隊長

# 寄稿者略歴

## サー・マイケル・ナイト

サー・マイクは、国民兵役法による徴集パイロットとしてRAFでのキャリアをスタートさせた。駐キプロスのキャンベラ中隊指揮官、シンガポールのRAFテンガー基地駐屯の打撃大隊指揮官などを経て、一九七三年一二月、RAFラーブルックの基地司令に就任、これに先立ちバッカニアへの転換訓練を果たす。その後、第1航空団司令官としてRAFホニントンを指揮下に収め、以降も打撃軍団司令部の上級参謀、次いで空軍委員会の機材補充・管理担当の委員を歴任、バッカニアに関わり続ける。ブリュッセルのNATO本部にて英国軍事代表委員を務めた後、一九七三年に退役。バッカニア飛行員協会設立から一八年、その頼もしき会長である。

## グレアム・ピッチフォーク

航法士としてクランウェルの空軍士官学校で訓練を受けた後、駐独キャンベラ写真偵察中隊に勤務。一九六五年四月、FAAでの三年間の交換勤務に入り、800中隊に配され『イーグル』艦上で一年間を過ごし、736中隊で教官職に従事。空軍に復帰以降はホニントンのバッカニア部隊に勤務、二期目を終了後、一九七九年七月より208中隊長。国防省出向、クランウェルの空戦学科長などを経て、RAFフィニングリーの基地司令を拝命。最終ポストは国防省情報局の情報部長(投入計画担当)。一九九四年に退役、現在はバッカニア飛行員協会の議長を務める。

## ビル・ライス

ビル・ライスはシー・ホークおよびシミターでスエズ動乱に参加、その後、最初にバッカニアを飛ばした海軍パイロットのひとりとなる。集中飛行試験部隊700Z小隊を経て、『ヴィクトリアス』乗り組みの801中隊に配属。最終ポストは736中隊教官。一九六六年に海軍を去り、民間の航空会社でパイロットとしてのキャリアを重ね、ブリティッシュ・ヨーロピアン航空で当初はヴィッカース・ヴァイカウント、後にはボーイング社製の旅客機に乗務。さらにブリタニア航空に移り、二一年間にわたって教官機長を務める。セーシェル航空の教官機長を最後に、六二歳の誕生日を目前に控えて現役を引退。

## デイヴィッド・ハワード

水兵として六年間の勤務経験を有し、将校任命辞令を受けるとともにパイロット訓練に入る。スエズ動乱にシー・ホークで参加、ほどなくシミターに転換。AWI＝空戦教官の資格を取得して、AWI養成中隊の教官となる。一九六五年、バッカニア転換訓練を経て、800中隊の先任パイロットに着任。以後、ロッシマウス駐屯の736中隊、続いて809中隊の指揮官を歴任。北海の漁業権を巡る対アイスランド第二次タラ戦争中にはHMS『リンカン』艦長を務めるも、その後はRNASヨーヴィルトンの航空隊司令。NATO大西洋連合軍にも出向し、一九八四年、三七年間に及ぶ海軍勤務に終止符を打つ。

## テオ・デ・ムニンク

一九五七年、南アフリカ空軍に入隊、航法士として訓練を受け、キャンベラおよびヴェンチュラに乗務。バッカニア転換訓練のためSAAFからロッシマウスに送り込まれた最初の航法士二名のうちのひとりであり、24中隊の創設メンバーでもある。後年、シャクルトン部隊を経て、航空航法学校の教官を務める。洋上軍団司令部付きなど数々の幕僚職を経験、空軍最高司令部の情報部長にも就任。最終ポストはケープ州の南部方面航空軍団司令官。一九九二年、退役。

## アントン・デ・クラーク

一九六〇年、南アフリカ空軍に入隊、航法士訓練を開始。士官学校を修了後、キャンベラ装備の12中隊に勤務。一九六五年、バッカニア転換訓練を受けるSAAFクルーの第一陣に加わって、ロッシマウスに赴く。24中隊を経て、SAAF航空航法学校の副校長。空軍情報部に転じたのに続いて、空軍士官学校の校長。国防長官の個人秘書官を務めた後、二〇〇六年、退役。

## トム・イールズ

クランウェル空軍士官学校でパイロット訓練の後、駐ドイツのキャンベラ爆撃機中隊に勤務。一九六六年、バッカニア転換訓練を受けて、海軍で交換勤務に就く初の空軍パイロットのひとりとなる。801中隊に配され、『ヴィクトリアス』および『ハーミーズ』に乗り組み、洋上任務に従事した後、736中隊の教官に納まる。以来、中央飛行学校認定のQFIの資格をもって、12中隊での一勤務期間を挟んで237OCUで通算三期をバッカニア・ワールドの住人として過ごし、なかでも一九八四年には237の首席教官すなわち中隊長就任に至る。その後、中央飛行学校勤務を経て、RAFリントン・オン・ウーズの基地司令。一九九七年に退役後、予備役という立場で一〇年にわたってケンブリッジ大学飛行中隊で奉仕活動。バッカニア飛行員協会の副議長。

## デイヴィッド・マリンダー

カナダ空軍に夜間戦闘機パイロットとして勤務、飛行教官を一期間務めて、一九六四年にイギリス空軍入隊。アクリントン基地で教官業務に従事した後、キャンベラ爆撃機装備の駐キプロス32中隊に転属。一九六九年一〇月、バッカニア配備を受けてホニントン移駐となった12中隊の再編メンバーとなる。その後、237OCUに主任飛行教官、次いで中隊長として併せて二期の勤務。さらに、RAFドイツ参謀部およびNATOに勤務、一九八八年、退役。以後もプリマスの海軍初等練習小隊の教官を一〇年ほど続ける。

## アル・ビートン

アリステア・ビートンは一九六六年にイギリス空軍入隊。飛行訓練を修了後、736中隊主催の空軍バッカニア課程第四期生。同課程に送られる初の空軍新人パイロット二名のうちのひとりだった。駐ホニントン12中隊に加わり、二期目は駐ラーブルック16中隊に配される。一九七六年、QFIとしてヴァリー基地に赴任、ハンターおよびホーク使用の実技教習を担当。現場復帰してバッカニア乗務の三期目は12中隊を経て、208中隊の小隊長。続いて、バッカニアでの二〇〇〇時間超の飛行経験を買われてHMSドライアド(=ポーツマス)の洋上戦術学校に勤務。一九八四年にイギリス空軍を退役し、カタール空軍に招かれ、同11飛行中隊指揮官。その後も民間航空会社でさらなるセカンドキャリアを積んでいる。

## サー・デイヴィッド・カズンズ

クランウェル空軍士官学校を卒業後、ライトニング部隊を経て、バッカニア部隊での――主としてラーブルック基地における――長いキャリアをスタートさせる。バッカニア配備を受けたXV中隊の再編メンバーであり、QWI=認定兵器教官の資格を取得後、一九七七年には16中隊の指揮官に就任。一九八四年、ラーブルックの基地司令として、バッカニア二個中隊がトーネード中隊として改編される場面に立ち会う。国防省作戦企画局に数期の勤務後、クランウェルの校長、続いて打撃軍団司令部の上級幕僚。最終ポストは人事・訓練軍団司令官兼空軍委員(人事担当)。RAF共済基金の監査役員を五年間務める。

## デイヴィッド・ヘリオット

航法士としての訓練を修了後、一九七一年、初の空軍仕込みの新任航法士として、自身言うところの〝バッカニア・ライフ〟をスタート。XV~12~237OCU~16の各中隊を渡り歩いて四勤務期間を勤め上げ、バッカニアでの飛行二五〇〇時間を達成している。QWI課程を修めて、16中隊では兵器主任。その後、駐ブリュッゲン17中隊でトーネードに乗務、さらに同基地の兵器規格審査官を務める。地上勤務では、空軍士官学校の候補生大隊指揮官としての一期以外は、すべて兵器運用と空戦訓練に関連するポストに就いている。コソヴォ紛争時にはRAFイタリア派遣部隊の指揮官を務める。クランウェルのRAF空戦センター訓練大隊指揮官を最後に、二〇〇七年、退役。バッカニア飛行員協会設立の立役者であり、名誉事務局長。

## ブルース・チャップル

飛行教官として海軍練習生を相手に一勤務期間を過ごした後、二期目はキャンベラB(I)8部隊。一九七二年、12中隊勤務となり、バッカニア・ワールドに足を踏み入れる。一九七五年、237OCUに転属、第一飛行訓練学校時代に指導した海軍パイロットと再会する一幕もあった! 一九八一年まで、兵器教官や飛行教官、計器評定教官、展示飛行パイロットなどさまざまな立場で12~237OCU~208~216勤務。その後、トーネード配備の9中隊に兵器主任として三年間の勤務を経て、ボスコムダウンのトーネード運用評価部隊に移り、セント・アサン基地で部隊専属テストパイロットを務める。ほぼ四〇年にわたって飛び続けた末にその年齢が改めて当局の注意を惹き、年次健康診断は肉体年齢二五歳でパスしていたにもかかわらず、退役勧告を受けるに到る。

## ミック・ウィブロー

航法士訓練を修了後、一九六三~一九六六年、駐キプロスのキャンベラ対地攻撃中隊に勤務。FAAバッカニア部隊に送り込まれた最初のRAF航法士のひとり。その一期目は『ハーミーズ』乗り組みの801中隊に、次いで教官として736中隊に配される。五年間のFAA勤務の後、RAFに復帰、新設のバッカニアOCUに教官職で加わる。続いて12中隊にQWIとして五年務め、航空団司令部付きとなり、バッカニア演習計画を担当。一九九四年、駐ドイツおよび国内駐屯のトーネード対地攻撃中隊で兵器主任を一二年間務めた後、RAFを去る。退役後はFRアヴィエーションに入社、それから一〇年にわたって電子戦の訓練教官として飛び続ける。

## テッド・ハケット

ブリタニア海軍士官学校——通称ダートマス——を卒業、インドネシア紛争時には掃海艇の航海士。パイロット訓練を経て、一九六九年、『ハーミーズ』の801中隊に加わる。その後『アークロイヤル』の809中隊でAWI、一九七四年には同中隊の先任パイロットに着任。バッカニアで五一二回の着艦を果たす。国防省の海軍空戦局に出向後、一九八二年、軽空母『イラストリアス』の艦載機部隊指揮官に就任。一九八八年には22型駆逐艦HMS『コヴェントリー』の初航海で艦長を務め、後にポーツマス海軍基地司令。一九九四年に退役、一九九六年に海軍裁判所の判事に任命され、二〇〇七年まで同職。

## デイヴィッド・ウィルビー

航法士訓練を修了、当時キャンベラB（Ｉ）８装備の駐ラーブルック16中隊に一期の勤務。一九六九年八月、ＦＡＡでの交換勤務を開始、『アークロイヤル』艦載のバッカニア装備８０９中隊に配される。その後、ホニントンで12～２３７ＯＣＵ～２０８に勤務。ＥＷＯ＝電子戦将校およびＱＷＩの資格認定を受ける。国防省の兵器運用要件局、打撃軍団司令部付きを経て、トーネードに転換を果たし、ラーブルックの作戦大隊指揮官を一期務める。さらにＲＡＦフィニングリーの基地司令を務めた後、ボスニアに展開した国連軍に一期の派遣勤務。国防省の情報部長（投入計画担当）に就き、最終ポストはＮＡＴＯのＳＨＡＰＥ＝欧州連合軍最高司令部の特殊兵器部長。二〇〇〇年、退役。バッカニア・ブリッツの発起人である。

## ヘルト・ハーヴェンハ

一九六三年にＳＡＡＦでパイロット資格を取得、ヴァンパイア、インパラ、セイバーで飛ぶ。一九七五年一月、24中隊に加わると同時にバッカニアへ転換。一九七八年一二月、同中隊長に就任、南西アフリカ（当時）北部およびアンゴラ南部への作戦飛行に従事。バッカニアでの飛行一〇〇〇時間を達成した直後の一九八二年一月、ＳＡＡＦ打撃軍団の先任作戦将校に推され、中隊を離れる。一九九〇年、准将に昇進、ＳＡＡＦ作戦計画部長に任命されたのに続き、一九九三年には防衛政策局長として国防省に出向。一九九五年、退役。

## フィル・ウィルキンスン

国民兵役法下、戦闘機管制官として地下施設で勤務。その傍らオックスフォードで現代語の学位を取得した後、駐ドイツのキャンベラ打撃中隊に配される。交換勤務でパリに送られ、チップマンク練習機使用の初等訓練教官を務め、さらにキャンベラ中隊勤務を重ねたことが、一九七七年から一九八一年にかけて、２３７ＯＣＵ首席教官としてバッカニアに関与する足がかりとなる。その後は文字どおりの東奔西走で、アメリカ空軍のアラバマ航空戦学校に交換勤務し、『ベルリンの壁』崩壊時にはＲＡＦガートウの基地司令であり、最終ポストは在モスクワ英国大使館付き空軍駐在武官。一九九六年、退役。以後、退役軍人の福利厚生事業に携わる。

## サー・ロブ・ライト

一九六六年、RAF入隊。ハンター部隊に配されて中東で一期の勤務の後、ファントムに転換、RAFドイツでの一期を経て、交換勤務でアメリカ海軍へ派遣され、ファントムの兵器教官を三年間務める。一九七九年、バッカニア転換訓練を受け、駐ホニントン208中隊に副中隊長としてほぼ三年間勤務。続いてトーネード装備の9中隊の中隊長から、RAFブリュッゲンの基地司令に。打撃軍団、人事・訓練軍団の上級職を歴任し、さらにモンスに置かれたSHAPEの政策担当局の上級ポストに就いて三年の任期を満了後、NATOの英国軍事代表委員となり、ブリュッセルのEU本部にも勤務。二〇〇六年に退役して以降は、RAF共済基金の監査役員。

## ゲーリー・グーベル

第二次大戦の戦闘機エースの息子ゲリー・グーベルは、自身も一九六六年にアメリカ空軍に入隊。ヴェトナム戦争時、F-105で北ヴェトナムへ五〇回、ラオスへ九〇回の作戦飛行を経験。一九七一年、F-111転換訓練を受け、再びヴェトナムに送られ、さらに二〇回の出撃を重ねる。一九七三年、イギリス空軍に派遣され、12中隊に三年間の交換勤務。アメリカ帰国後は、A-10の教官。一九八六年に空軍を去り、ボーイング航空機株式会社に生産工学の専門家として入社。熱烈な小型機愛好家グループ『ブラックジャックス』のメンバーで、今なおRV-4で飛び続けている。

## ケン・アリー

一九七一年にパイロット訓練を修了、F-111装備の飛行隊に配される。ヴェトナムで七二回の――大半は北ヴェトナムへの――出撃をこなし、DFC=殊勲飛行十字章を受章すること三度に及ぶ。その後、イギリス空軍での交換勤務に就き、12中隊を経て教官職で237OCUに配され、三年間をバッカニアとともに過ごす。一九八一年に帰国後はF-16飛行隊の中隊長、続いてOV-10飛行隊の指揮官に任命され、パナマ侵攻や湾岸戦争に参加、韓国駐在も経験。最終ポストはサウスカロライナ州ショー空軍基地駐屯のF-16装備の航空団副司令官。一九九七年、退役。

## マイク・ラッド

一九六九年、RAF入隊。パイロット徽章を得るとともにジェット・プロヴォストのQFIに任命される。一九七五年、『アークロイヤル』艦載機部隊たる809海軍飛行中隊に配され、〝バッカニア団〟の一員となる。一九七七年六月には12中隊に移り、続いて駐ラーブルックのXV中隊で短期の研修勤務。一九八二年、飛行小隊長として12中隊に復帰、レバノン内戦中のベイルートに作戦飛行を敢行。一九八五年、トーネードGR1装備となっていたXV中隊の中隊長に着任、その後、ヴァリーの基地司令を拝命。旧ユーゴスラヴィア領内に展開したUNPROFOR＝国連保護軍、次いで、RAFインズワース基地を本拠地とする人員・訓練軍団に勤務。その当時の階級は准将。一九九七年に退役後は、ブリティッシュ・エアロスペース社に迎えられ、ユーロファイター輸出事業部の部長。

## ジェリー・ウィッツ

一九六八年、クランウェル空軍士官学校に入学。キプロスなど国の内外でパイロットとしてヴァルカンB2を飛ばし、バッカニアへの転換訓練を修了後、駐ラーブルックの16中隊に二期連続で——二期目は副中隊長として——勤務。幕僚職を経て一九八九年、トーネードGR1装備の駐ブリュッゲン31中隊の中隊長。湾岸戦争時はサウジアラビアに赴き、ダーランを拠点にトーネードGR1／1A装備の分遣隊の指揮を執る。数々の爆撃任務を成功させ、DSO＝殊勲章を受章。大佐に昇進すると同時に、ドイツ南西部ラムシュタイン空軍基地に派遣され、NATO在欧アメリカ空軍司令官の副官に。その後、RAFノーソルトの基地司令。最終ポストは在アメリカ英国大使館付き空軍駐在武官。二〇〇五年、退役。

## デイヴィッド・トンプスン

航法士訓練を修了して、バッカニアとの長い付き合いの始まりは一九六四年、終わりは809中隊の先任航法士として『アークロイヤル』最後の航海に臨んだ一九七八年一二月である。その間、六期にわたりバッカニア装備の中隊に勤務、『イーグル』『ハーミーズ』『アークロイヤル』から作戦に出て（『アーク』には三期連続の乗艦）、空母着艦六〇〇回余りを重ね、バッカニアでの飛行時間は累計二五〇〇時間に達する。また、AWI課程も修めている。その後、HMSドライアド（＝ポーツマス）の洋上戦術学校、米国ヴァージニア州ノーフォークに置かれたSACLANT＝大西洋連合軍最高司令部の幕僚を経て、核政策局の局長補佐として国防省勤務。最終ポストはパリの海軍駐在武官。一九九九年に海軍を退役、ニューヨークの国連本部の職員を五年間務める。

## ピーター・カークパトリック

一九八〇年、航法士訓練を受け、当初は輸送部隊の南ア空軍28隊に配され、C-130で五七回の作戦飛行を経験。一九八五年、バッカニアに転換、24中隊に加わり、後に中隊の兵器・戦術将校となる。一九八〇年代後半、南西アフリカ（現ナミビア）およびアンゴラへ二七回の対地攻撃任務を遂行。その後、工学の学位を取得して転属、チーターDのシステムエンジニア兼航法担当将校として2中隊に勤務。一九九六年に退役以降は、軍用レーダーシステムの開発・プログラミング業に携わる。

## ビル・コープ

RAF高速ジェット機パイロット養成コースを順調に辿り、バッカニア部隊に配される初の空軍新人パイロット二名のうちのひとりに選ばれる。12中隊で洋上攻撃任務に、次いで駐ドイツ16中隊で対地打撃／攻撃任務に従事。続いてナットあるいはホークといった練習機のQFIとして第4飛行訓練学校に赴任。その後はRAFドイツのバッカニア部隊に復帰、XVおよび16中隊に勤務。幕僚養成大学校を経て、208中隊長に就任、一九九一年の湾岸戦争に際してはバッカニア分遣隊の指揮官を務め、自らもイラクへ一二回の作戦飛行を敢行。バッカニアでの飛行二五〇〇時間という、もっとも経験豊かなパイロットのひとりである。後にEAG＝欧州航空団の参謀長、さらにRAF飛行安全管理部の副監察官を務める。二〇〇二年、退役。

## ベニー・ベンスン

ニール・〝ベニー〟・ベンスンは一九八六年一〇月にパイロット訓練を修了、そのままジェット・プロヴォストのQFIとしてクランウェルに新卒初勤務。続く二期目はバッカニア転換訓練のためロッシマウスに移り、一九九〇年一〇月、208中隊に加わる。一九九三年のシーズンにバッカニアの展示飛行パイロットに選ばれ、ハンターの機長の資格を持つ最後のバッカニア・パイロットとなる。一九九四年、バッカニアと訣別の時を迎えて以降は、ホークのQFIおよび戦術教官兼QWIとしてヴァリー駐屯の74（F）中隊勤務を経て、19（F）中隊の指揮官に就任、やはりホークを用いた教官育成にも励む。一九九九年に空軍を去り、民間の航空会社で監査役機長としてキャリアを積み、二〇一二年、CAA＝英国民間航空局入り。

## リック・フィリップス

初勤務はキャンベラ部隊だったが、一九七三年、バッカニア・ワールドに参入。駐ラーブルックのXV中隊で三年の任期満了後は、FAA出向を志願、『アークロイヤル』最後の航海に乗り組む809中隊に加わる。一九七九年、ロッシマウス移駐を控えたホニントンの12中隊に短期間の在籍の後、一時216中隊を経て、12中隊に復帰。アメリカ空軍のF-111部隊での交換勤務を挟んで、一九八六年、208中隊の小隊長としてロッシマウスに戻り、以降、一九九四年にバッカニアが退役の日を迎えるまで、駐ロッシマウス洋上バッカニア大隊にとどまる。その後七年間、キャンベラPR9で飛び続け、二〇〇二年に第一線を退くも、今なお空軍練習機テューター装備の駐ルーハーズ12AEF=飛行体験小隊で後進の育成に協力している。

## グレアム・スマート

キャンベラ爆撃機の熟練パイロットにしてQFIであったグレアム・スマートは、一九六五年四月、交換勤務でFAAに送られて以来、バッカニアと長く関わることになる。FAAでは『イーグル』艦載部隊たる800中隊勤務を経由して、736中隊の教官。RAF復帰後は、CTTO=中央戦術審査会でバッカニア担当の参謀将校に続いて、237OCUの主任飛行教官を務める。その後、12中隊長に就任し、さらにイギリス国防連絡将校団の一員としてワシントン勤務を経て、RAFラーブルックの基地司令。最終ポストは国防省航空兵装局長。一九八九年四月、退役。

| | | |
|---|---|---|
| SWAPO | South West Africa People's Organisation | 南西アフリカ人民機構 |
| SWP | Standard Warning Panel | 標準警告パネル |
| TBC | Tactical Bombing Competition | 戦術爆撃競技会 |
| TFM | Tactical Fighter Meet | 戦術戦闘機競技会 |
| TLP | actical Leadership Programme | 戦術リーダーシップ・プログラム |
| TOT | Time on Target | 目標到達視程時刻 |
| TVAT | TV Airborne Trainer | 画像空中訓練装置 |
| TWU | Tactical Weapons Unit | 戦術兵器部隊 |
| ULL | Ultra Low Level | 超低高度 |
| UNITA | National Union for Total Independence of Angola | アンゴラ全面独立民族同盟 |
| USAFE | United States Air Force Europe | 在欧アメリカ空軍 |
| VFR | Visual Flight Rules | 有視界飛行規則 |
| WP | Warsaw Pact | ワルシャワ条約 |

| | | |
|---|---|---|
| LOPRO | Low-level Probe | 長距離傾斜撮影 |
| LSO | Landing Sight Officer | 着艦視認士官 |
| MARTEL | Missile Anti-Radar Television | 画像誘導対レーダーミサイル |
| MNF | Multi National Force | 多国籍軍 |
| MPLA | People's Movement for the Liberation of Angola | アンゴラ解放人民運動 |
| MRR | Maritime Radar Reconnaissance | 洋上レーダー偵察 |
| MU | Maintenance Unit | 整備部隊 |
| NAS | Naval Air Squadron | 海軍飛行中隊 |
| NOTAM | Notice to Airmen | 乗員向け航空運用情報 |
| OCU | Operational Conversion Unit | 運用転換部隊 |
| QFI | Qualified Flying Instructor | 認定飛行教官 |
| QRA | Quick Reaction Alert | 即応警戒態勢 |
| QWI | Qualified Weapons Instructor | 認定兵器教官 |
| RAAF | Royal Australian Air Force | オーストラリア空軍 |
| RADALT | Radio Altimeter | 無線高度計 |
| RAFG | RAF Germany | RAFドイツ |
| RNAS | Royal Naval Air Station | 英国海軍航空基地 |
| RP | Rocket Projectile | ロケット弾 |
| RSA | Republic of Sauth Africa | 南アフリカ共和国 |
| RWR | Radar Warning Receiver | レーダー警報受信機 |
| SAAF | South African Air Force | 南アフリカ空軍 |
| SADF | South African Defence Force | 南アフリカ防衛軍 |
| SAM | Surface-to-Air Missile | 地対空ミサイル |
| SARAH | Search and Rescue and Homing | 捜索救難・誘導／捜索・救助及び帰投 |
| SENGO | Senior Engineering Officer | 上級技術将校 |
| SID | Standard Instrument Departure | 標準計器出発方式 |
| SOP | Standard Operating Procedure | 標準運航手順 |

| | | |
|---|---|---|
| DH | Direct Hit | 目標直撃 |
| DLP | Deck Landing Practice | 着艦訓練 |
| ECM | Electronic Counter Measure | 能動的対電子 |
| EMCON | EMission CONtrol | 電波輻射管制 |
| EW | Electronic Warfare | 電子戦 |
| FAA | Fleet Air Arm | 艦隊航空隊 |
| Fam | Familiarisation flight | 習熟飛行訓練 |
| FAPLA | Angolan Forces | アンゴラ解放人民軍 |
| FONAC | Flag Officer Naval Air Command | 海軍航空団司令官 |
| FPB | Fast Patrol Boat | 高速哨戒艇 |
| GCA | Ground Control Approach | 地上管制進入 |
| GIB | Guy in the Back | 航法士(後席の男) |
| GIF | Guy in the Front | パイロット(前席の男) |
| GPI | Ground Position Indicator) | 対地測位表示器 |
| GPS | Global Positioning System | 全地球測位システム |
| HARM | High-Speed Anti-Radar Missile | 高速対レーダーミサイル |
| HAS | Hardened Aircraft Shelter | 強化掩体壕 |
| HE | High Explosive | 高性能爆薬 |
| HF | High Frequency | 高周波 |
| ICAO | International Civil Aviation Organisation | 国際民間航空機関 |
| IFIS | Integrated Flight Instrumentation System | 統合飛行計器システム |
| IFTU | Intensive Flying Trials Unit | 集中飛行試験部隊 |
| IGV | Inlet Guide Vanes | 入口案内翼 |
| INS | Inertial Navigation System | 慣性航法装置 |
| IFIS | Integrated Flight Instrumentation System | 統合飛行計器システム |
| IRE | Instrument Rating Instructor | 計器評定教官 |
| LGB | Lasar-Guided Bomb | レーザー誘導爆弾 |

# 略号便覧

| | | |
|---|---|---|
| AAA | Anti-Aircraft Artillery | 対空砲部隊 |
| AAR | Air-to-Air Refuelling | 空中給油 |
| ADC | Aide de Camp | 副官 |
| ADD | Airflow Direction Detector | 気流方向検知機 |
| ADSL | Auto Depressed Sight Line | 自動俯瞰照準線 |
| AEO | Air Engineering Officer | 航空技術士官 |
| AFB | Air Force Base | 空軍基地 |
| AFNORTH | Allied Forces Northern Europe | 北部欧州連合軍 |
| AOA | Angle of Attack | 迎え角 |
| AOC | Air Officer Commanding | 航空指令 |
| APC | Armament Practice Camp | 搭載兵器実習キャンプ |
| ASI | Air Speed Indicator | 対気速度計 |
| ATAF | Allied Tactical Air Force | 連合戦術航空群 |
| ATC | Air Traffic Control | 航空交通管制 |
| BAA | Buccaneer Aircrew Association | バッカニア飛行員協会 |
| BAI | Baccaneer Attack Instructor | バッカニア攻撃技術教官 |
| BLC | Boundary Layer Control | 境界層制御 |
| CAG | Carrier Air Group | 空母航空団 |
| CAP | Combat Air Patrol | 戦闘空中哨戒 |
| CBU | Cluster Bomb Unit | 集束爆弾／クラスター爆弾 |
| CCA | Carrier Controlled Aproach | 空母管制進入 |
| CFB | Canadian Forces Base | カナダ軍基地 |
| CFI | Chief Flying Instructor | 主任飛行教官 |
| CFS | Central Flying School | 中央飛行学校 |
| CHAG | hain Arrestor Gear | チェーン拘束装置 |
| CTTO | Central Trials and Tactics Organisation | 中央試験および戦術機構 |
| DA | Display Authorisation | 展示飛行出場認可 |
| DFGA | Day Fighter Ground Attack | 昼間戦闘機対地攻撃 |

# 翻訳参考文献


"HMS ARK ROYAL 1976 to 1978 The Last Commission" Royal Navy Commissioning Book (PDF)

"HMS EAGLE 1964 to 1966 Commisioning book" Royal Navy Commissioning Book (PDF)

"Encyclopaedia of the FLEET AIR ARM since 1945" Paul Beaver / Patrick Stephans Limited

"Modern Combat Ships 2 'INVINCIBLE' Class" Paul Beaver / Ian Allan Ltd.

"BLACKBURN/BAE BUCCANEER All marks (1958-94)"
Keith Wilson / Hynes Owner's Workshop Manual

"Blackburn Buccaneer S Mks 1 & 2 - Aeroguide 30" Roger Chesneau / Ad Hoc Publications

"Hawker Siddeley / Blackburn BUCCANEER - Warpaint Series No.2"
Paul Jackson and Peter Foster / Hall Park Books Ltd.

"Blackburn Aircraft since 1909" A. J. Jackson / PUTNAM

"Wings of Fame Volume 14" Aerospace Publishing ltd.

"Royal Air Force" Paul Jackson / Ian Allan Ltd.

"PER ARDUA AD ASTRA A Handbook of the Royal Air Force"
Philip Congdon / Airlife Publishing Ltd.

"Encyclopaedia of MODERN ROYAL AIR FORCE SQUADRONS"
Chris Ashworth / Patrick Stephens Limited

"The Squadrons of the ROYAL AIR FORCE" James J Halley / Air-Britain Publication

"The Squadrons of the FLEET AIR ARM" Ray Sturtivant / Air-Britain Publication

"Shore Establishments of the Royal Navy"
Compiled by Lt. Cdr. Ben Warlow, R.N. / Maritime Books

"Air Force Manual number 335-25 Feb 1956" Department of the Air Force (PDF)

"JACKSPEAK A Guide to British Naval Slang & Usage" Rick Jolly / FoSAMA Books

"BBC Pronouncing Dictionary of British Names" Oxford University Press

"Oxford Dictionary of Pronounciation for Current English" Oxford University Press

"A Dictionary of Travel and Tourism Terminology" Allan Beaver / CABI Publishing

"A-Z Great Britain ROAD ATLAS" Geographers' A-Z Map Company Ltd.

"MOD Acronymus and Abbreviations - Definition for terms and acronyms used throughout MOD documents" PDF document

"火器弾薬技術ハンドブック(改訂版)" 弾道学研究会 編／(財)防衛技術協会

"ドッグファイトの科学" サイエンス・アイ新書 赤塚 聡／ソフトバンク クリエイティブ

"アンテナ工学ハンドブック" 電子情報通信学会 編／オーム社

"航空宇宙辞典 増補版" 木村秀政 監修／地人書館

HJ軍事選書 013

# バッカニア・ボーイズ

## 最後の純英国製爆撃機を飛ばした男たちの物語

グレアム・ピッチフォーク 編・著
岡崎淳子 訳

2024年6月25日　初版発行

編集人　木村学
発行人　松下大介
発行所　株式会社ホビージャパン
〒151-0053　東京都渋谷区代々木2-15-8
Tel.03-5304-7601(編集)
Tel.03-5304-9112(営業)
URL;https://hobbyjapan.co.jp/
印刷所　大日本印刷株式会社

定価はカバーに記載されています。

乱丁・落丁(本のページの順序の間違いや抜け落ち)は購入された店舗名を明記して当社出版営業課までお送りください。送料は当社負担でお取り替えいたします。ただし、古書店で購入したものについてはお取り替えできません。


ISBN978-4-7986-3477-7 C0076

Publisher/Hobby Japan Co., Ltd.
Yoyogi 2-15-8, Shibuya-ku, Tokyo 151-0053 Japan
Phone +81-3-5304-7601 +81-3-5304-9112